岩波講座　基礎数学

線型不等式とその応用

監修

小平邦彦

編集

*岩堀長慶
河田敬義
藤田　宏
小松彦三郎
田村一郎
服部晶夫
飯高　茂

岩波講座　基礎数学

線 型 代 数 vii

線型不等式とその応用

——線型計画法と行列ゲーム——

岩　堀　長　慶

岩　波　書　店

目　　次

第1章　準備事項. 順序体の概念

この章では本講全体にわたって登場する順序体(2元間の大小関係をもった体)の準備を主目的とし，その他記号や線型代数学からの基礎事項をまとめておく．線型不等式論や線型計画法への応用上の見地からは，実数体あるいはその部分体を基礎の順序体と思って第2章以下を読まれても差支えない．

§1.1　諸記号

環と体の定義はこの講座の多くの分冊中に述べられている(例えば“線型空間I”§2.1, b))のでここでは述べない．以下頻出する環と体の記号を定めておく．

$\boldsymbol{Z}=\{0, \pm 1, \pm 2, \cdots\}$: 有理整数環(単に整数環ともいう)，$\boldsymbol{Q}$: 有理数体，$\boldsymbol{R}$: 実数体，$\boldsymbol{C}$: 複素数体．

環 R (あるいは体 K) の元を成分とする m 行 n 列の行列の全体のなす集合を $R(m, n)$ (あるいは $K(m, n)$) と書く．$R(n, n), K(n, n)$ は行列の加法・乗法により環となる．

特に $K(m, 1), K(1, n)$ はそれぞれ m 次元の列ベクトル，n 次元の行ベクトル(K の元を成分とする)の全体からなるベクトル空間である．$K(m, 1)$ を K^m と書く．

行列 $A=(a_{ij})\in K(m, n)$ の転置行列を ${}^tA$ と書く．${}^tA\in K(n, m)$ である．

K^m の2元 $\boldsymbol{a}={}^t(a_1, \cdots, a_m)$，$\boldsymbol{b}={}^t(b_1, \cdots, b_m)$ の内積 $(\boldsymbol{a}|\boldsymbol{b})$ を例のごとく

$$(\boldsymbol{a}|\boldsymbol{b})=a_1b_1+\cdots+a_mb_m$$

で定義する．(本講では直積集合 $A\times B$ が頻出し，その元を対 (a, b) と書くので，$(*|*)$ という記号にした．ついでながら $\langle \boldsymbol{a}, \boldsymbol{b}\rangle$ という記号や $[\boldsymbol{a}, \boldsymbol{b}]$ という記号も第2章で別の意味に使う.)

$A\in K(m, n)$ と $B\in K(n, l)$ の積 AB は $\in K(m, l)$ である．特に $m=l=1$ の場合には，$A\in K(1, n)$，$B\in K(n, 1)=K^n$ で，$AB\in K(1, 1)$ となる．今後は $K(1, 1)$ の元，すなわち1行1列の行列 (α) と $\alpha\in K$ とを同一視し，したがって $K(1, 1)$

と K とを同一視する．行列や行ベクトル，列ベクトルと対比して，K の元をスカラーともいう．

集合 S に属する元の個数を $|S|$ と書く．これは特に S が有限集合のとき有効な量である．S が元 $a_1, \cdots, a_r$ からなる集合であることを示すには，

$$S = \{a_1, \cdots, a_r\}$$

と書く．

集合 T が集合 S の部分集合であることを $T \subset S$ と書く．これは $T=S$ でもよい．$T \subset S$ かつ $T \neq S$ のときは $T \subsetneq S$ と書く．$\cup$, $\cap$ はそれぞれ和集合，共通部分を表わす．

集合 S とその部分集合 $T_1, \cdots, T_r$ に対して，

$$S = T_1 \cup T_2 \cup \cdots \cup T_r$$

かつ $i \neq j$ ならば $T_i \cap T_j = \phi$（空集合）が成り立つとき

$$S = T_1 \dotplus T_2 \dotplus \cdots \dotplus T_r$$

と書く．集合 $S, T, S \supset T$, に対し，S における T の補集合を $S-T$ と書く：

$$S-T = \{x \in S \mid x \notin T\}.$$

§1.2　順序環と順序体

a）定　義

R を単位元 $1\,(1 \neq 0$ とする$)$ をもつ可換環とする．直積集合 $R \times R$ のある部分集合 Γ が与えられている（すなわち，R 上に一つの2項関係が与えられている）としよう．$(x, y) \in R \times R$ が $(x, y) \in \Gamma$ を満たすとき，これを記号 $x>y$ または $y<x$ で表わすことにする．これを x は y より大である，y は x より小であると読む．この2項関係 $<$ が次の条件(i), (ii), (iii)を満たすとき，組 (R, Γ) を（あるいは単に R を）**順序環** (ordered ring) という．

（i）R の任意の元 x, y に対して

$$x > y, \quad x = y, \quad y > x$$

のうちの何れか一つ，しかもただ一つだけが成り立つ．

（ii）$x > 0$, $y > 0$ ならば $x+y > 0$, $xy > 0$.

（iii）$x>y$ ならば，R の任意の元 z に対して $x+z>y+z$.

例1.1　有理整数環 $\boldsymbol{Z}$ において普通の大小関係 $x>y$ をとれば，$\boldsymbol{Z}$ は順序環

をなす. ——

順序体の定義も同様である. すなわち可換体 K 上に一つの2項関係 $x>y$ が与えられていて, 上の(i), (ii), (iii)を満たすとき, K を**順序体**(ordered field)という.

例 1.2 有理数体 $\boldsymbol{Q}$, 実数体 $\boldsymbol{R}$ は普通の大小関係により順序体となる. ——

順序環 R の部分環 S が R の単位元1を含むとする. S の元 x, y に対して R 上の順序 $x>y$ により S 上で $x>y$ と定めれば, (i), (ii), (iii)の成立は容易にわかるから, S も順序環となる. 特に順序体 K の部分体 K_0 はこの意味で順序体になる.

b) 非負元, 正元

順序体 K の元 x に対し, $x>0$ (または $x<0$) ならば x は正 (または負) であるという. K の元 x, y に対して $x>y$ あるいは $x=y$ の少なくも一方が成り立つとき, これを $x\geqq y$ (または $x\geqslant y$), あるいは $y\leqq x$ (または $y\leqslant x$) と書き, x は y 以上である, あるいは y は x 以下であるという.

ついでに順序体 K の元を成分とする行列や列ベクトル, 行ベクトルについても便利な記号を導入しておく.

$A=(a_{ij})\in K(m,n)$, $B=(b_{ij})\in K(m,n)$ とする.

$$a_{ij}\geqq b_{ij} \qquad (i=1,\cdots,m;\ j=1,\cdots,n)$$

が成り立つとき, $A\geqq B$ と書く. また

$$a_{ij}> b_{ij} \qquad (i=1,\cdots,m;\ j=1,\cdots,n)$$

が成り立つとき, $A>B$ と書く. 特に B として零行列0をとったときは, $A\geqq 0$ なる A を**非負行列**(non negative matrix)といい, $A>0$ なる A を**正行列**(positive matrix)という. $m=1$ なら行ベクトルについて, また $n=1$ なら列ベクトルについて, 非負ベクトル, 正ベクトルの概念が定義される.

注意 $m+n\geqq 2$ ならば, ある $A, B\in K(m,n)$ に対しては, $A\geqq B$ も $B\geqq A$ も成立しないこともある.

c) 初等的性質

以下 K を順序体とする. 実数体のときと類似の"不等式"の諸性質が上の公理(i), (ii), (iii)から導かれる. 例えば

$$x>y \Longrightarrow x\neq y \qquad (\Longrightarrow \text{は"ならば"と読む})$$

とか，

$$x > y,\quad y > z \Longrightarrow x > z$$

である．これを示すには，(iii) から直ちに出る性質

$$x > y \Leftrightarrow x-y > 0$$

を使って，(ii) に帰着させればよい：$x-y>0$ と $y-z>0$ とより，$(x-y)+(y-z)>0$．∴ $x-z>0$．∴ $x>z$．

以下，このように容易に導かれる初等的性質を一々列挙するのは略して，後からよく使うものを二，三述べておこう．

(1°)　$x\geqq 0$，$y\geqq 0$ ならば $x+y\geqq 0$，しかも等号 $x+y=0$ が成り立つのは $x=y=0$ のときに限る．

[証明]　$x>0$，$x=0$，$y>0$，$y=0$ に従って四つの場合が生ずる．それを全部検討しよう．(イ) $x>0$，$y>0$ ならば (ii) より $x+y>0$，(ロ) $x=0$，$y>0$ ならば $x+y=y>0$，(ハ) $x>0$，$y=0$ ならば $x+y=x>0$，(ニ) $x=y=0$ ならば $x+y=0$．よって証明が済んだ．▌

(2°)　$x_1\geqq 0$，…，$x_n\geqq 0$ ならば $x_1+\cdots+x_n\geqq 0$，しかも等号が成り立つのは $x_1=\cdots=x_n=0$ に限る．

[証明]　n に関する帰納法で (1°) に帰着する．▌

問　この証明を実行せよ．——

$$x > y,\quad z > 0 \Longrightarrow xz > yz$$

は，$x-y>0$ と (ii) とからすぐわかる．次に

(3°)　各 $x\in K$ に対し $x^2\geqq 0$，また $1>0$，$-1<0$．

[証明]　$x>0$ ならば $x^2>0$ (∵ (ii))，$x=0$ ならば $x^2=0$，$x<0$ ならば，両辺に $-x$ を加えて $0<-x$ (∵ (iii))．∴ $0<(-x)^2=x^2$．$1\neq 0$ と仮定したから，$1=1^2>0$．∴ $-1<0$．▌

上の証明中に

$$x > 0 \Longrightarrow -x < 0,$$
$$x \geqq 0 \Longrightarrow -x \leqq 0$$

が示されている．これより

$$x > 0,\quad y < 0 \Longrightarrow xy < 0,$$
$$x < 0,\quad y < 0 \Longrightarrow xy > 0$$

である．例えば $x<0$, $y<0$ なら $-x>0$, $-y>0$. $\therefore (-x)(-y)>0$. 一方 $(-x)(-y)=xy$. $\therefore xy>0$.

したがって正元同志，または負元同志の積は正，正元と負元の積は負である．

この事実は (i), (ii), (iii) のみから導いたから，順序環 R でも成り立つ．よって R では

$$x \neq 0,\quad y \neq 0 \Longrightarrow xy \neq 0$$

が成り立つから，R は零因子を持たない．すなわち順序環 R は整域である．

順序体 K の元 $x\neq 0$ に対しては，x の正負と逆元 x^{-1} の正負が一致する．(一方が正でもう一方が負ならば，その積である 1 が負となり，(3°) に反する．) さらに $x>y>0$ なら $x^{-1}<y^{-1}$ である．実際

$$\frac{1}{y}-\frac{1}{x}=\frac{x-y}{xy}=(x-y)x^{-1}y^{-1}$$

で，$x-y>0$, $x^{-1}>0$, $y^{-1}>0$ だから，$y^{-1}-x^{-1}>0$. $\therefore y^{-1}>x^{-1}$.

順序体 K の標数は 0 である．すなわち，列

$$1,\quad 1+1,\quad 1+1+1,\quad \cdots$$

の中には決して 0 は登場しない．実際 $1>0$ だから，この列の元は皆正となるからである．

順序環または順序体において，元 x の**絶対値** $|x|$ を

$$|x|=\begin{cases} x, & x\geqq 0 \text{ のとき}, \\ -x, & x<0 \text{ のとき} \end{cases}$$

と定義する．このとき，実数のときと同様に場合をわけて検討することにより，次の性質がわかる．

(α)　$|x| \geqq 0$,　しかも $|x|=0 \Longrightarrow x=0$.

(β)　$|xy|=|x||y|$.

(γ)　$|x+y| \leqq |x|+|y|$.

問　(α), (β), (γ) を証明せよ．——

K の部分集合 $\{a_1, a_2, \cdots\}$ 中に最大元，すなわち各 i に対し $a_i \leqq a_{i_0}$ となる a_{i_0} があるとき，a_{i_0} を $\max\{a_1, a_2, \cdots\}$ または $\mathrm{Max}\{a_1, a_2, \cdots\}$ と書く．同様に最小元 (各 i に対し $a_i \geqq a_{j_0}$ となる a_{j_0}) があるとき，これを $\min\{a_1, a_2, \cdots\}$ または $\mathrm{Min}\{a_1, a_2, \cdots\}$ と書く．$\{a_1, a_2, \cdots\}$ が有限集合なら最大元も最小元も存在する．

§1.3 順序づけの一意性

体(可換体である!) K が与えられたとき, §1.2, a) の (i), (ii), (iii) を満たすような関係 $<$ を K 上に定義できる(このとき, K は順序づけができるという)とは限らない. またできても一意的とは限らない. 例えば, K 中に $x^2+1=0$ なる元 $x\in K$ があったとしよう. すると §1.2, (3°) により $0\leqq x^2$, 一方 $x^2=-1<0$ で矛盾が生ずる. したがって複素数体 $\boldsymbol{C}$ は, $i^2+1=0$ により, 順序づけができない.

次に, 実数体 $\boldsymbol{R}$ の部分体 $K=\{a+b\sqrt{3}\mid a\in\boldsymbol{Q}, b\in\boldsymbol{Q}\}$ を考える. この K を $K=\boldsymbol{Q}(\sqrt{3})$ と書く. K の2元 $x=a+b\sqrt{3}$, $y=c+d\sqrt{3}$ $(a,b,c,d\in\boldsymbol{Q})$ に対して, $\boldsymbol{R}$ における順序 $x>y$ とは別に, もう一つの順序 $x\rhd y$ を

$$x\rhd y \iff (a-c)-(b-d)\sqrt{3}>0$$

で定義する. $\rhd$ が §1.2, a) の (i), (ii), (iii) を満たすことがわかるから, $K=\boldsymbol{Q}(\sqrt{3})$ は $>$ のほかに $\rhd$ という順序づけも可能である.

問 $\rhd$ が (i), (ii), (iii) を満たすことを確かめよ. ——

しかし, $\boldsymbol{Q}, \boldsymbol{R}$ には順序づけがただ一通りしかできない——すなわち, 普通の大小関係によるものしかない——ことを証明しよう. いま, $\boldsymbol{Q}$ の普通の順序を $x>y$ とし, 他に (i), (ii), (iii) を満たす順序づけ $x\rhd y$ があったとする.

$$P=\{x\in\boldsymbol{Q}\mid x>0\},\qquad S=\{x\in\boldsymbol{Q}\mid x\rhd 0\}$$

とおく. (iii) により大小関係 $>, \rhd$ は正元の集合 P, S でそれぞれ決まるから, $P=S$ をいえばよい. (P は正の有理数の集合である.) P の元は $1+1+\cdots+1$ の形の数の商だから, $P\subset S$ である($\because$ $1\rhd 0$). $P\neq S$ とすれば $x\in S-P$ がある. x を $x=a/b$, $a\in\boldsymbol{Z}$, $b\in\boldsymbol{Z}$, $b>0$ と表わすと, $x\notin P$ により, $a<0$. $\therefore$ $-a\in P$. これと $b^{-1}\in P$ より $-x=-a/b\in P$. $\therefore$ $-x\in S$. $\therefore$ $-x\rhd 0$. $\therefore$ $0\rhd x$ (矛盾). よって $\boldsymbol{Q}$ の順序づけの一意性がわかった.

$\boldsymbol{R}$ の順序づけ $>$ (普通のもの)と $\rhd$ とがあったとし, 上同様に正元の集合を $X=\{x\in\boldsymbol{R}\mid x>0\}$, $Y=\{x\in\boldsymbol{R}\mid x\rhd 0\}$ とおくとき, $X=Y$ をいえば, 順序づけの一意性がわかる. $x\in X$ なら $x=y^2$ なる $y\in\boldsymbol{R}$ がある. $y\neq 0$ だから $x\rhd 0$ となる($\because$ §1.2, c), (3°)). $\therefore$ $X\subset Y$. もし $X\neq Y$ ならば, $z\in Y-X$ が存在する. $-z>0$ だから, $-z=y^2$ なる $y\in\boldsymbol{R}$ がある. $z\neq 0$ 故 $y\neq 0$ である. よって, $z=-y^2\lhd 0$. これは $z\in Y$ に矛盾する.

これで $\boldsymbol{Q}, \boldsymbol{R}$ の順序づけの一意性がわかったので，以下は $\boldsymbol{Q}, \boldsymbol{R}$ については“どの順序づけについて”なのかを指定する必要がないわけである.

問 $\boldsymbol{Z}$ の順序づけも一意的であることを示せ. ——

順序体 K は標数 0 だから，$\boldsymbol{Q}$ を部分体として含む——と見なせる．このとき K の順序が $\boldsymbol{Q}$ 上にひきおこす順序は，上述より普通のものと一致するわけである.

§1.4 多項式環(無限大変数と無限小変数の添加)

a) 無限大変数の添加

体 K の元を係数とするような変数 t の多項式

$$a_0+a_1t+\cdots+a_mt^m \qquad (a_0, a_1, \cdots, a_m \in K)$$

の全体のなす集合を $K[t]$ と書く．$K[t]$ は K 上の，1 変数 t の多項式環と呼ばれている．$K[t]$ は，

$$1, \quad t, \quad t^2, \quad \cdots$$

を基底とする K 上のベクトル空間である．$K[t]$ の 2 元(すなわち多項式 $P(t)=a_0+\cdots+a_mt^m$ と $Q(t)=b_0+\cdots+b_nt^n$ の積 PQ を多項式

$$S(t) = c_0+c_1t+\cdots+c_{m+n}t^{m+n},$$

ただし，$c_p=a_pb_0+a_{p-1}b_1+\cdots+a_0b_p$ $(0\leqq p\leqq m+n)$，であると定義すると，$K[t]$ は加法(ベクトル空間としての)とこの乗法により，可換環をなす．K は $K[t]$ の部分環である．K の単位元 1 は $K[t]$ の単位元にもなっていて，かつ $1\neq 0$ である.

さて，K が順序体であるとき，環 $K[t]$ に順序づけを導入して，$K[t]$ を順序環化しよう．いま $K[t]$ 中の 0 でない多項式 $P(t)=a_0+a_1t+\cdots+a_mt^m \in K[t]$, $a_m\neq 0$，に対し，$P>0$ なることを

$$P > 0 \iff \text{最高次の係数 } a_m > 0$$

で定義する．また $P, Q \in K[t]$ に対し $P>Q$ を

$$P > Q \iff P-Q > 0$$

で定義する．すると §1.2, a), (i), (ii), (iii) の 3 公理が容易に確かめられる．実際 (iii) は定義自体から明らかである．(i) は，$P, Q \in K[t]$ に対し，$P-Q$ の最高次の係数の正負を考えればわかる($P\neq Q$ なら，$P-Q\neq 0$ だから，$P-Q$ の最

高次の係数は $\neq 0$ となる！). (ii) は，P, Q の最高次の係数が正のとき，$P+Q$ や PQ の最高次の係数が正であることに帰着する.

かくして順序環 $K[t]$ が得られた. $K[t]$ 上の順序が K 上にひきおこす順序はもとからあるものと一致している. また K の各元 α に対し，定義から

$$\alpha < t$$

となっている. このことより，この順序環 $K[t]$ を，“**順序体 $\boldsymbol{K}$ に無限大変数 $\boldsymbol{t}$ を添加した多項式環**”と呼ぶことにする. 特に，$\boldsymbol{Z} \subset \boldsymbol{Q} \subset K$ であるから，t はいかなる自然数 n に対しても

$$n < t$$

を満たしている. t は K の元に対しては“無限に大きい”という位置にある.

$K[t]$ の商体を $K(t)$ とする. すなわち $K(t)$ は，変数 t の有理式 (係数は K の元) $P(t)/Q(t)$, $P \in K[t]$, $Q \in K[t]$, $Q \neq 0$, の全体のなす体である. $K[t]$ の順序を利用して，$K(t)$ を順序体化しよう. いま，$f(t)=P/Q \in K(t)$, $f \neq 0$, (P, Q は多項式で $P \neq 0$, $Q \neq 0$), に対して $f>0$ なることを,

$$f > 0 \iff PQ > 0$$

で定義する. これは，f を多項式の商として表わす仕方によらないことを注意しよう. 実際 $f=P/Q=P_1/Q_1$ とすると，$PQ_1=QP_1$ であるから，“$xy>0 \iff x, y$ は同符号 (すなわち x, y の正負は一致する)”を用いて，P, Q_1 は同符号，Q, P_1 も同符号となる. よって,

$$PQ > 0 \iff P, Q \text{ が同符号} \iff P_1, Q_1 \text{ が同符号}$$
$$\iff P_1Q_1 > 0$$

を得る.

次に，$f, g \in K(t)$ に対し，$f>g$ を

$$f > g \iff f-g > 0$$

で定義する. すると §1.2, a), (i), (ii), (iii) の 3 公理が成り立つことがわかる. 実際 (iii) は定義自体から明らかである. (i) を見よう. $f \in K(t)$ が $f \neq 0$ かつ $f>0$ ではないとすると，$f=P/Q$ において，$PQ<0$ となる. $\therefore -PQ>0$. $\therefore -f=-P/Q$ は >0. すなわち，$K(t)$ の元 f は

$$f > 0, \quad f = 0, \quad f < 0$$

のいずれかである. しかもそのただ一つが成り立つことも明らかである. (i) は

これと $f>g$ の定義とからすぐわかる．(ii)を見よう．$f>0$, $g>0$ $(f, g \in K(t))$ とする．$f=P/Q$, $g=P_1/Q_1$ と多項式 P, Q, P_1, Q_1 の商の形に表わせば，$f+g=(PQ_1+QP_1)/QQ_1$, $fg=PP_1/QQ_1$ となる．さて，必要あれば分母に -1 を掛けて，$Q>0$, $Q_1>0$ としてよい．すると $PQ>0$, $P_1Q_1>0$ により，$P>0$, $P_1>0$ となる．$\therefore$ $PQ_1+QP_1>0$, $PP_1>0$. $\therefore$ $f+g>0$, $fg>0$. これで $K(t)$ に順序体の構造がはいった．$K(t)$ 中の順序からひきおこされる $K[t]$ の順序づけは，先のものと一致している($\because$ $P=P/1$ だから)．

b) 無限小変数の添加

順序体 K に無限大変数 t を添加した多項式環 $K[t]$ の商体 $K(t)$ の中に，$\varepsilon=1/t$ とおいて，部分環 $K[\varepsilon]$ を作る．$K[\varepsilon]$ は K の元を係数とする ε の多項式

$$a_0+a_1\varepsilon+\cdots+a_m\varepsilon^m$$

の全体のなす集合である．$K[\varepsilon]$ は K 上のベクトル空間で，$1, \varepsilon, \varepsilon^2, \cdots$ が K 上の基底となる．

$K[\varepsilon]$ は多項式環 $K[t]$ には含まれない．しかし順序体 $K(t)$ の部分環であるから，$K(t)$ 中の順序から $K[\varepsilon]$ の順序づけがひきおこされ，$K[\varepsilon]$ も順序環となる．この順序環を，"**順序体 K に無限小変数 ε を添加した多項式環**"という．

$K[\varepsilon]$ での順序を具体的に調べてみよう．

$$P(\varepsilon) = a_0+a_1\varepsilon+\cdots+a_m\varepsilon^m, \qquad Q(\varepsilon) = b_0+b_1\varepsilon+\cdots+b_n\varepsilon^n$$

を $K[\varepsilon]$ の2元とする．$m>n$ なら，$b_{n+1}=\cdots=b_m=0$ を補ってやれば，始めから $m=n$ としても一般性を失わない．さて，$P(\varepsilon)>Q(\varepsilon)$ が $K[\varepsilon]$ において成り立つのはいつかを調べよう．

$$P(\varepsilon)-Q(\varepsilon) = (a_0-b_0)+\cdots+(a_m-b_m)\varepsilon^m = \frac{(a_0-b_0)t^m+\cdots+(a_m-b_m)}{t^m}$$

であるから，これが $K(t)$ において正となる条件を調べればよい．$K(t)$ においては $t^m>0$ だから，その条件は上式の分子が正という条件と同値である．すなわち

$$P(\varepsilon) > Q(\varepsilon) \Leftrightarrow (a_0-b_0)t^m+(a_1-b_1)t^{m-1}+\cdots+(a_m-b_m) > 0$$

となる．しかし右辺の不等式が成り立つという条件は，$K[t]$ の順序づけの定義を想起すれば，多項式 $(a_0-b_0)t^m+\cdots+(a_m-b_m)$ の最高次の係数が正であるという条件と同値である．最高次の係数とは，列 $a_0-b_0, a_1-b_1, \cdots$ のうちで0でない最初のもの，すなわち

$$a_0=b_0,\quad a_1=b_1,\quad \cdots,\quad a_{i-1}=b_{i-1},\quad a_i\neq b_i$$

なる i に対する a_i-b_i である．(もしそのような i がないなら，$a_i=b_i\,(i=0,1,\cdots,m)$ となり，多項式 $P(\varepsilon)$ と $Q(\varepsilon)$ とは一致する.) よって次の定理が得られる.

定理 1.1　順序体 K に無限小変数 ε を添加した多項式環の2元 $P(\varepsilon)=a_0+a_1\varepsilon+\cdots+a_mt^m$ と $Q(\varepsilon)=b_0+b_1\varepsilon+\cdots+b_mt^m$ とに対して,

$$P(\varepsilon)>Q(\varepsilon)\quad (\text{順序環 } K[\varepsilon] \text{ において})$$

$$\Leftrightarrow\ a_0=b_0,\quad a_1=b_1,\quad \cdots,\quad a_{i-1}=b_{i-1},\quad a_i>b_i$$

なる番号 i がある．——

この定理の内容を**辞書式判定法**ともいう．何故ならば，P と Q をベクトルの形に表わして

$$P=(a_0,a_1,\cdots,a_m),\qquad Q=(b_0,b_1,\cdots,b_m)$$

とすると，$P>Q$ を判定するのに左から右へ成分の大小を判定して行き，最初に $a_i>b_i$ となることで $P>Q$ の判定法としているからである．辞書で単語が並んでいる順序もこれと同方式である.

例 1.3　$K[\varepsilon]$ において，任意の自然数 n に対して $1/n>\varepsilon>0$ が成り立つ ($t>n>0$ だから)．すなわち ε は $K[\varepsilon]$ の正元だが，どの自然数 n の逆数 n^{-1} よりも小さい．のみならず K の任意の正元 α に対しても $\alpha>\varepsilon>0$ である．いわば t は K の元に対しては"無限に小さい"という位置にある．$K[\varepsilon]$ は線型計画法で退化問題の処理に使う．(§3.6 参照)

c) 準同型写像 $\varphi: K[\varepsilon]\to K$

順序体 K に無限小変数 ε を添加した多項式環 $K[\varepsilon]$ から K への写像 $\varphi: K[\varepsilon]\to K$ を次のように定義する：$P(\varepsilon)\in K[\varepsilon]$，$P(\varepsilon)=a_0+a_1\varepsilon+\cdots+a_m\varepsilon^m$ に対して，$\varphi(P)=a_0$．すなわち，P の定数項 a_0 を対応させる．$a_0=P(0)$ とも書く (変数 ε の値を 0 とおいた値と見なして)．この写像は環としての準同型写像になっていることは容易にわかる．すなわち，$P,Q\in K[\varepsilon]$ に対し

$$\varphi(P+Q)=\varphi(P)+\varphi(Q),\qquad \varphi(PQ)=\varphi(P)\varphi(Q)$$

となる．しかも K 上のベクトル空間として，φ は線型写像である：$P,Q\in K[\varepsilon]$，$\alpha,\beta\in K$ に対し

$$\varphi(\alpha P+\beta Q)=\alpha\varphi(P)+\beta\varphi(Q),$$

さらに，$P\in K[\varepsilon]$ が"定数"なら，すなわち $P\in K$ なら

$$\varphi(P) = P$$

となる．もう一つの重要な性質は，

定理 1.2　準同型写像 $\varphi: K[\varepsilon] \to K$ は次の意味で順序を保存する：$P, Q \in K[\varepsilon]$，$P \geqq Q$ ならば $\varphi(P) \geqq \varphi(Q)$.

証明　$P(\varepsilon) = a_0 + \cdots + a_m t^m$，$Q(\varepsilon) = b_0 + \cdots + b_m \varepsilon^m$ の形に表わす．$P = Q$ なら $a_i = b_i$ $(0 \leqq i \leqq m)$ 故，$a_0 = b_0$．$\therefore$ $\varphi(P) = \varphi(Q)$．$P > Q$ ならある番号 i, $0 \leqq i \leqq m$, が存在して，$a_p = b_p$ $(0 \leqq p \leqq i-1)$，$a_i > b_i$ となる．$i = 0$ なら $a_0 > b_0$ だから $\varphi(P) > \varphi(Q)$．$1 \leqq i \leqq m$ なら $a_0 = b_0$ だから $\varphi(P) = \varphi(Q)$．よっていずれにしても $\varphi(P) \geqq \varphi(Q)$ となる．▮

注意　$P > Q$ でも $\varphi(P) > \varphi(Q)$ とは限らない．例えば，$P(\varepsilon) = \varepsilon + \varepsilon^2$，$Q(\varepsilon) = \varepsilon$ に対し，$P > Q$ だが $P(0) = Q(0) = 0$.

§1.5　Archimedes 性

本節は証明抜きのお話である．定理 1.3 の証明は代数学の分冊“体と Galois 理論”を参照されたい．順序体 K の部分集合 S が**上に**(あるいは**下に**)**有界である**とは，ある $\alpha \in K$ が存在して，S の各元 x に対して $x \leqq \alpha$ (あるいは $\alpha \leqq x$) となることをいう．S が上にも下にも有界であるとき，S は**有界である**という．また集合 X 上で定義され，K 中に値をとる関数 $f: X \to K$ は，$f(X) \subset K$ が上に(下に)有界であるとき，上に(下に)有界であるという．K^n の部分集合 $\mathfrak{D}$ が有界であるとは，ある $\alpha \in K$ が存在して，$\mathfrak{D}$ の各元 $x = {}^t(x_1, \cdots, x_n)$ に対して，$|x_i| \leqq \alpha$ $(1 \leqq i \leqq n)$ となることをいう．

さて，順序体 K において(K の標数は 0 だから，既述のように $\boldsymbol{Z} \subset \boldsymbol{Q} \subset K$ と考える)，$\boldsymbol{Z}$ が K において有界でないとき，K を **Archimedes 的順序体**という．$\boldsymbol{Z}$ が K において有界ならば，K を**非 Archimedes 的順序体**という．

例 1.4　実数体 $\boldsymbol{R}$，有理数体 $\boldsymbol{Q}$ は Archimedes 的である．一般に $\boldsymbol{R}$ の部分体 K に $\boldsymbol{R}$ の順序をいれて順序体化すれば，K は Archimedes 的である．

例 1.5　$\boldsymbol{R}$ に無限大変数 t を添加した多項式環を $K[t]$ とし，その商体を $L = K(t)$ とすれば，L は非 Archimedes 的である．($-t < n < t$ が各 $n \in \boldsymbol{Z}$ について成り立つ！)　——

実は例 1.4 の逆命題が成り立つ(証明は略する)：

定理 1.3　Archimedes 的順序体 K は，実数体 $\boldsymbol{R}$ のある部分体 K' と，順序をこめて同型である．すなわち，体としての同型写像 $f: K\to K'$，$f(x)=x'$，が存在して，$x>y \Leftrightarrow x'>y'$．——

この定理の証明は，$\boldsymbol{Q}$ を"完備化"して $\boldsymbol{R}$ を作る"無理数論"とほぼ同様である．

本講の第2章以下の線型不等式論や線型計画法は，順序体 K の Archimedes 性には無関係に成り立つ．

§1.6　順序体 K 上のベクトル空間 K^n における内積

K を順序体，$\boldsymbol{a}\in K^n$，$\boldsymbol{b}\in K^n$ とすると次の性質はすぐわかる：

(1°)　$(\boldsymbol{a}\,|\,\boldsymbol{a})\geqq 0$，　$(\boldsymbol{a}\,|\,\boldsymbol{a})=0$ ならば $\boldsymbol{a}=\boldsymbol{o}$．

(2°)　$(\boldsymbol{a}\,|\,\boldsymbol{b})=(\boldsymbol{b}\,|\,\boldsymbol{a})$．

(3°)　$\boldsymbol{a}\geqq\boldsymbol{o}$，$\boldsymbol{b}\geqq\boldsymbol{o}$ ならば $(\boldsymbol{a}\,|\,\boldsymbol{b})\geqq 0$; 特に $\boldsymbol{a}>\boldsymbol{o}$ かつ $\boldsymbol{b}\geqq\boldsymbol{o}$，$(\boldsymbol{a}\,|\,\boldsymbol{b})=0$ が成り立てば $\boldsymbol{b}=\boldsymbol{o}$．

問　これらを証明せよ．——

K^n 上の内積 $(\boldsymbol{a}\,|\,\boldsymbol{b})$ は**非退化**である．すなわち，

(4°)　各 $\boldsymbol{x}\in K^n$ に対し $(\boldsymbol{x}\,|\,\boldsymbol{a})=0$ なる $\boldsymbol{a}\in K^n$ は $\boldsymbol{o}$ に限る．何故なら，$\boldsymbol{x}$ として $\boldsymbol{a}$ をとれば，(1°) に帰する．

内積の非退化性より，K^n の(ベクトル空間としての)部分空間 U に対し，U の**直交補空間** $U^\perp$ を

$$U^\perp=\{\boldsymbol{x}\in K^n\,|\,\text{各 }\boldsymbol{y}\in U\text{ に対し }(\boldsymbol{x}\,|\,\boldsymbol{y})=0\}$$

で定義すれば，$\dim U+\dim U^\perp=n$ となる．実際，いま $\boldsymbol{a}_1,\cdots,\boldsymbol{a}_r$ を U の基底，$r=\dim U$，とし，これを拡大して K^n の基底 $\boldsymbol{a}_1,\cdots,\boldsymbol{a}_r,\cdots,\boldsymbol{a}_n$ を作る．そして

$$\boldsymbol{a}_i={}^t(a_{i1},\cdots,a_{in})\quad(1\leqq i\leqq n),\qquad A=(a_{ij})$$

とおくと，$A\boldsymbol{x}=0$ $(\boldsymbol{x}\in K^n)$ の解 $\boldsymbol{x}$ は $\boldsymbol{o}$ に限る(∵ (4°))．よって，A は正則行列である．$B=({}^tA)^{-1}=(b_{ij})$ とおくと，$a_{i1}b_{j1}+\cdots+a_{in}b_{jn}=\delta_{ij}$ $(1\leqq i,j\leqq n)$ となる．ただし δ_{ij} は Kronecker のデルタ記号，すなわち

$$\delta_{ii}=1,\qquad \delta_{ij}=0\quad(i\neq j)$$

である．そこで $\boldsymbol{b}_j={}^t(b_{j1},\cdots,b_{jn})\in K^n$ $(1\leqq j\leqq n)$ とおくと，

$$(\boldsymbol{a}_i\,|\,\boldsymbol{b}_j)=\delta_{ij}\qquad(1\leqq i,j\leqq n)$$

が成り立つ．($\boldsymbol{b}_1, \cdots, \boldsymbol{b}_n$ は K^n の基底である．これを $\boldsymbol{a}_1, \cdots, \boldsymbol{a}_n$ に**双対的な基底**というのであった.）よって $\boldsymbol{x}=\xi_1\boldsymbol{b}_1+\cdots+\xi_n\boldsymbol{b}_n$ ($\xi_i \in K$) に対して，

$$\boldsymbol{x} \in U^\perp \Leftrightarrow (\boldsymbol{x} \mid \boldsymbol{a}_i) = 0 \ \ (1 \leqq i \leqq r) \Leftrightarrow \xi_1 = \cdots = \xi_r = 0.$$

よって，$U^\perp = K\boldsymbol{b}_{r+1}+\cdots+K\boldsymbol{b}_n$．$\therefore$ $\dim U^\perp = n-r$．よって，

$$\dim U + \dim U^\perp = n$$

がわかった．$U \cap U^\perp = \{\boldsymbol{o}\}$ である ($\because$ (1°)) から，

$$K = U + U^\perp \qquad (\text{直和})$$

となる．また $U \subset U^{\perp\perp}$ ($U^{\perp\perp}$ は $(U^\perp)^\perp$ の意) は明らかだが，どちらの次元も $n-\dim U^\perp$ に等しいから

$$U = U^{\perp\perp}$$

が成り立つ．

注意　実数体の場合と異なる点もある．例えば K^n の部分空間 U は正規直交基底 $\boldsymbol{a}_1, \cdots, \boldsymbol{a}_r$, $(\boldsymbol{a}_i \mid \boldsymbol{a}_j) = \delta_{ij}$ ($1 \leqq i, j \leqq r$) を持つとは限らない．例えば，$K=\boldsymbol{Q}$, $\boldsymbol{Q}^2 \supset U = K\boldsymbol{a}$, $\boldsymbol{a}={}^t(1, 1)$ のとき，U 中に $(\boldsymbol{x} \mid \boldsymbol{x})=1$ なる元 $\boldsymbol{x}$ は存在しない．

問　これを証明せよ．

問　　題

1　K (本章の以下の問題について K はいずれも順序体である) に無限小変数 ε を添加した多項式環 $K[\varepsilon]$ の商体を $L=K(\varepsilon)$ とする．$\alpha_1 \in L, \cdots, \alpha_n \in L$ とし，L^n の部分集合 $\mathfrak{D}$ を $\mathfrak{D}=\{\boldsymbol{x}={}^t(x_1, \cdots, x_n) \in L^n \mid \boldsymbol{x} \geqq \boldsymbol{o}, x_1+\cdots+x_n=1\}$ とする．このとき，$\boldsymbol{x} \in \mathfrak{D}$ に対して，$\alpha_1 x_1+\cdots+\alpha_n x_n$ は最大値 M も，最小値 m ももつことを示せ．そして

$$M = \mathrm{Max}\,\{\alpha_1, \cdots, \alpha_n\}, \qquad m = \{\alpha_1, \cdots, \alpha_n\}$$

を示せ．

2　$n=4$, $\alpha_1=6+\varepsilon/5-\varepsilon$, $\alpha_2=\varepsilon$, $\alpha_3=\varepsilon+\varepsilon^2$, $\alpha_4=1/\varepsilon$ のとき，問題 1 の M, m を求めよ．

3　$K^m \ni \boldsymbol{a}_1, \cdots, \boldsymbol{a}_n$ とし，$\Omega=\{1, \cdots, n\}$ とする．Ω の部分集合 J に対し，$(J)=\{\boldsymbol{a}_j \mid j \in J\}$ とおく．$\boldsymbol{a}_1, \cdots, \boldsymbol{a}_n$ の張るベクトル空間を U とし，$J_1 \subset \Omega$, $J_2 \subset \Omega$ に対する (J_1), (J_2) は U の基底とする．このとき，Ω の部分集合の列 $J_1=S_1, S_2, \cdots, S_p=J_2$ が存在して，(i) 各 (S_j) は U の基底，(ii) $|S_j \cap S_{j+1}| = (\dim U)-1$ ($j=1, \cdots, p-1$) となることを示せ．

4　順序体 K の 2 元 α, β ($\alpha<\beta$) に対して，$\alpha<\xi<\beta$ なる $\xi \in \boldsymbol{Q}$ が存在するといえるか．反例は？

5　K^n 中の $\boldsymbol{x}={}^t(x_1, \cdots, x_n)$ と $\boldsymbol{y}={}^t(y_1, \cdots, y_n)$ に対して，$({x_1}^2+\cdots+{x_n}^2)({y_1}^2+\cdots+{y_n}^2) \geqq (x_1y_1+\cdots+x_ny_n)^2$ が成り立つことを示せ．

6　$ax^2+bx+c=0$ ($a \in K$, $b \in K$, $c \in K$) に対し，$b^2-4ac<0$ ならば，上の 2 次方程式

は K 中に根をもたないことを示せ．

7　$K[t]\ni f(t)$，$\alpha\in K$，$\beta\in K$，$\alpha<\beta$ とする．"$f(\alpha)f(\beta)<0$ なら，$\alpha<\xi<\beta$ なる $\xi\in K$ が存在して $f(\xi)=0$" という中間値の定理が成立しない順序体 $K(\neq \boldsymbol{Q})$ の例を与えよ．

8　$\alpha\in K$，$\beta\in K$，$\alpha<\beta$ とする．多項式 $f(t)\in K[t]$ は，K の部分集合 $\{\xi\in K\mid\alpha\leqq\xi\leqq\beta\}$ 上で最大値と最小値を必ずとる——といえるか？

9　2次形式の正値性の判定法(本講座"2次形式 I"定理1.7)は順序体でも成り立つか？

第2章　連立1次不等式の一般解

順序体 K の元 a_{ij}, a_i を係数とする連立1次不等式

$$a_{i1}x_1+\cdots+a_{in}x_n+a_i \geqq 0 \qquad (1\leqq i\leqq m)$$

の一般解の構造を調べて，次章の線型計画法(上のような条件の下で1次形式 $c_1x_1+\cdots+c_nx_n$ の最大値およびそれを与える $x_1, \cdots, x_n$ の値を求める方法)への準備とする．しかし，これはそれ自身としても興味ある問題である．結果は連立1次方程式と似てはいるが，特殊解が1個では済まない点などあって，より複雑である．上の連立1次方程式の解 ${}^t(x_1, \cdots, x_n)$ のなす集合 $\subset K^n$ を，K^n 中の凸多面体という．凸多面体の端点と無限方向という言葉で，上の一般解の構造を述べ直すことができる．特に有界な凸多面体は有限個の点の凸包になる．本章の主な要点は同次連立1次不等式の場合にある．

§2.1　同次の連立1次不等式

a）導入部，主結果の形

順序体 K の元 a_{ij}, a_i $(1\leqq i\leqq m,\ 1\leqq j\leqq n)$ を係数とする n 元 m 立の連立1次不等式

$$(2.1)\qquad \begin{cases} a_{11}x_1+\cdots+a_{1n}x_n+a_1 \geqq 0, \\ \qquad\cdots\cdots\cdots\cdots\cdots \\ a_{m1}x_1+\cdots+a_{mn}x_n+a_m \geqq 0 \end{cases}$$

の“一般解”の形がどうなるかを調べることが本章の主題である．すなわち，K^n の元 $\boldsymbol{x}={}^t(x_1, \cdots, x_n)$ であって，(2.1)を満たすような $\boldsymbol{x}$ の全体からなる K^n の部分集合を $\mathfrak{D}$ とするとき，$\mathfrak{D}$ のすべての点を与えるような“うまい表示式”を求めたい．まず手始めとして，(2.1)の不等号 $\geqq$ がすべて等号の場合，すなわち n 元 m 立の連立1次方程式の場合には，どんな結果があったかを想起しよう．(等号 $P=Q$ は，二つの不等号 $P\geqq Q$ と $P\leqq Q$ とを連立させたものと同値だから，(2.1)のうちのいくつかの不等式が等式であっても，これらを連立1次不等式と

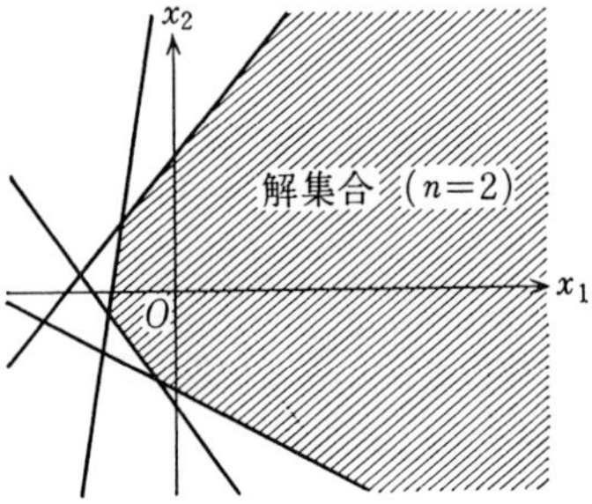

図2.1

見なせる．特に連立1次方程式の場合は連立1次不等式(2.1)の場合の特別な場合なのである.)

記法を簡単化するため，$A=(a_{ij})\in K(m,n)$，$\boldsymbol{a}={}^t(a_1,\cdots,a_m)\in K^m$ とおくと，(2.1)の $\geqq$ を $=$ で置き換えた連立1次方程式は

$$(2.2)\qquad A\boldsymbol{x}+\boldsymbol{a}=\boldsymbol{o}$$

と書ける．これの解についての基本事項は次のようになるのであった(本講座，"線型空間II"第4章参照).

(i)　(2.2)の解 $\boldsymbol{x}$ が存在する $\Longleftrightarrow$ 二つの行列 A, $[A,\boldsymbol{a}]$ の**階数**(rank)が一致する.

(ii)　(2.2)の解が存在する場合には，解の全体は次のようにして求められる:

(イ)　(2.2)のある一つの解 $\boldsymbol{x}_0$(特殊解)をとる．$\boldsymbol{x}_0$ は任意の解でよい.

(ロ)　(2.2)に属する同次の連立1次方程式 $A\boldsymbol{x}=0$ を考え，その解 x の全体のなす集合を U とする．U は K^m の $\boldsymbol{m-r}$ 次元の($\boldsymbol{r}$ は A の階数)部分空間である．U の基底 $\boldsymbol{y}_1,\cdots,\boldsymbol{y}_{m-r}$ をとる．すると，(2.2)の解の全体のなす集合 S は

$$S=\{\boldsymbol{x}_0+\lambda_1\boldsymbol{y}_1+\cdots+\lambda_{m-r}\boldsymbol{y}_{m-r}\mid\lambda_1\in K,\cdots,\lambda_{m-r}\in K\}$$

で与えられる．(S は K^m 中の $\boldsymbol{m-r}$ 次元のアフィン部分空間である.) ——

同様なことを連立1次不等式(2.1)についても確立したい．(i)に対応する解の有無の判定法は，(2.2)と違って遙かに面倒なので，後章(§3.7, b))に述べる．解がある場合に，解全体の構造を与える(ii)に対応する結果は次のようになることがわかる:

(イ)*　(2.1)の有限個の特殊解 $\boldsymbol{c}_1,\cdots,\boldsymbol{c}_p$ を適当にとる.

(ロ)*　(2.1)に属する同次の連立1次不等式 $A\boldsymbol{x}\geqq 0$ の有限個の解 $\boldsymbol{d}_1,\cdots,\boldsymbol{d}_q$ を

適当にとる．すると，(2.1) の解の全体のなす集合 $\mathfrak{D}$ は次のように与えられる．

$$\mathfrak{D}=\{\lambda_1\boldsymbol{c}_1+\cdots+\lambda_p\boldsymbol{c}_p+\mu_1\boldsymbol{d}_1+\cdots+\mu_q\boldsymbol{d}_q \mid \lambda_1,\cdots,\lambda_p,\mu_1,\cdots,\mu_q \text{ は } K \text{ の元で } \lambda_1\geqq 0,\cdots,\lambda_p\geqq 0, \lambda_1+\cdots+\lambda_p=1, \mu_1\geqq 0,\cdots,\mu_q\geqq 0\}$$

——これが本章の主目的の結果の一つなのであって，以下その確立にとりかかるわけである．しかし，この述べ方だけ見ても，連立1次方程式の場合よりも面倒になっていることがわかる．例えば (イ)* では特殊解は1個では済まずいくつかの特殊解 $\boldsymbol{c}_1,\cdots,\boldsymbol{c}_p$ が必要になる．それも任意ではいけないのであって，(イ)* や (ロ)* の $\boldsymbol{c}_1,\cdots,\boldsymbol{c}_p,\boldsymbol{d}_1,\cdots,\boldsymbol{d}_q$ をどうとったらよいかも問題である．$\boldsymbol{c}_i,\boldsymbol{d}_j$ のとり方も以下でおいおいに判明する．

しかし，連立1次方程式の場合にならって，同次の連立1次不等式の場合から始めよう．

b）同次の連立1次不等式のいいかえ

同次の連立1次不等式 (係数 a_{ij} は順序体 K の元)

$$\left\{\begin{array}{l} a_{11}x_1+\cdots+a_{1n}x_n \geqq 0, \\ \qquad\cdots\cdots\cdots\cdots\cdots \\ a_{m1}x_1+\cdots+a_{mn}x_n \geqq 0 \end{array}\right. \tag{2.3}$$

が与えられたとする．

$$\boldsymbol{x}={}^t(x_1,\cdots,x_n), \qquad \boldsymbol{a}_i={}^t(a_{i1},\cdots,a_{in}) \quad (1\leqq i\leqq m)$$

とおけば，(2.3) は内積の記号を用いて

$$(\boldsymbol{a}_i \mid \boldsymbol{x})\geqq 0 \qquad (1\leqq i\leqq m) \tag{2.4}$$

と書ける．一般に K^n の部分集合 P が与えられたとき，P の各元 $\boldsymbol{a}$ に対して $(\boldsymbol{a}\mid\boldsymbol{x})\geqq 0$ となるような $\boldsymbol{x}\in K^n$ の全体のなす集合を P^* と書くことにする．($P=\phi$ ならば $P^*=K^n$ とおく．) したがって，$P\supset Q$ ならば $P^*\subset Q^*$ となる．また $(P_1\cup P_2)^*=P_1{}^*\cap P_2{}^*$ も成り立つ．この記号を使えば，(2.3) の解の全体のなす集合 $\mathfrak{D}$ は，(2.3) と (2.4) とが同値だから

$$\mathfrak{D}=\{\boldsymbol{a}_1,\cdots,\boldsymbol{a}_m\}^* \tag{2.5}$$

と書ける．

c）非負1次結合，凸1次結合，凸錐，凸集合，有限錐，凸包

先へ進む前に，用語と記号を若干導入する．K^n の元 $\boldsymbol{b}_1,\cdots,\boldsymbol{b}_p$ の K 係数の1次結合 $\lambda_1\boldsymbol{b}_1+\cdots+\lambda_p\boldsymbol{b}_p$ において，$\lambda_1\geqq 0,\cdots,\lambda_p\geqq 0$ であるとき，これを $\boldsymbol{b}_1,\cdots,\boldsymbol{b}_p$

の**非負1次結合**という．さらに $\lambda_1+\cdots+\lambda_p=1$ であるとき，これを $\boldsymbol{b}_1, \cdots, \boldsymbol{b}_p$ の**凸1次結合**という．

$\boldsymbol{b}_1, \cdots, \boldsymbol{b}_p$ の非負1次結合の全体からなる K^n の部分集合を $\langle \boldsymbol{b}_1, \cdots, \boldsymbol{b}_p \rangle$ と書く．$\boldsymbol{b}_1, \cdots, \boldsymbol{b}_p$ の凸1次結合の全体からなる K^n の部分集合を $[\boldsymbol{b}_1, \cdots, \boldsymbol{b}_p]$ と書く．

K^n の部分集合 C, D に対して，集合 $\{\boldsymbol{c}+\boldsymbol{d} \mid \boldsymbol{c} \in C, \boldsymbol{d} \in D\}$ を $C+D$ と書く．これらの記法を使えば§2.1, a)の(イ)*,(ロ)*で述べた結果は，"$\mathfrak{D}=[\boldsymbol{c}_1, \cdots, \boldsymbol{c}_p]+\langle \boldsymbol{d}_1, \cdots, \boldsymbol{d}_q \rangle$ を満たす $\boldsymbol{c}_i, \boldsymbol{d}_j \in K^n$ がある"と簡潔に述べられる．

$\langle \boldsymbol{b}_1, \cdots, \boldsymbol{b}_p \rangle$ や $[\boldsymbol{b}_1, \cdots, \boldsymbol{b}_p]$ の幾何学的なイメージを下に図示しておく．

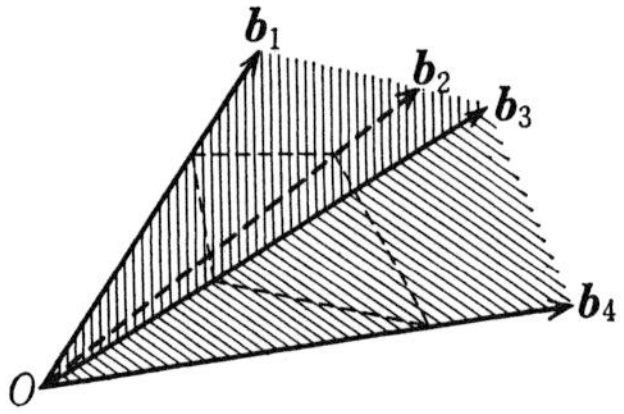

図2.2

上図で $\langle \boldsymbol{b}_1, \boldsymbol{b}_2, \boldsymbol{b}_3, \boldsymbol{b}_4 \rangle$ は四つの面に囲まれた"角錐状"の領域(周辺の面および内部からなる)である．

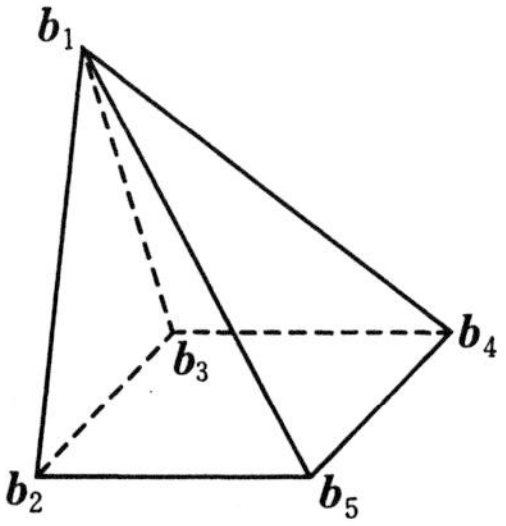

図2.3

上図で $[\boldsymbol{b}_1, \boldsymbol{b}_2, \boldsymbol{b}_3, \boldsymbol{b}_4, \boldsymbol{b}_5]$ は"五面体"(周辺の面および内部)である．

K^n の部分集合 P が(原点 O を頂点とする)**凸錐**(convex cone)であるとは，P が

$$P \ni \boldsymbol{b}_1, \cdots, \boldsymbol{b}_p \Longrightarrow P \supset \langle \boldsymbol{b}_1, \cdots, \boldsymbol{b}_p \rangle$$

を満たすことをいう．$P=\phi$ は凸錐である．$P \neq \phi$ なら，$P \ni \boldsymbol{o}$ である．任意の $\boldsymbol{c}_1, \cdots, \boldsymbol{c}_r \in K^n$ に対して，$\langle \boldsymbol{c}_1, \cdots, \boldsymbol{c}_r \rangle$ が凸錐となることは容易にわかる．しかも，

$P \supset \{\boldsymbol{c}_1, \cdots, \boldsymbol{c}_r\}$ なる凸錐 P は $P \supset \langle \boldsymbol{c}_1, \cdots, \boldsymbol{c}_r \rangle$ を満たすから，$\langle \boldsymbol{c}_1, \cdots, \boldsymbol{c}_r \rangle$ は $\{\boldsymbol{c}_1, \cdots, \boldsymbol{c}_r\}$ を含む最小の凸錐である．$\langle \boldsymbol{c}_1, \cdots, \boldsymbol{c}_r \rangle$ を $\{\boldsymbol{c}_1, \cdots, \boldsymbol{c}_r\}$ の張る凸錐という．このように有限個の元の張る凸錐を**有限錐**という．$P = \langle \boldsymbol{c}_1, \cdots, \boldsymbol{c}_r \rangle$，$Q = \langle \boldsymbol{d}_1, \cdots, \boldsymbol{d}_s \rangle$ ならば $P+Q = \langle \boldsymbol{c}_1, \cdots, \boldsymbol{c}_r, \boldsymbol{d}_1, \cdots, \boldsymbol{d}_s \rangle$ となるから，$P+Q$ も有限錐である．

K^n の部分集合 Q が**凸集合** (convex set) であるとは，Q が

$$Q \ni \boldsymbol{b}_1, \cdots, \boldsymbol{b}_p \Longrightarrow Q \supset [\boldsymbol{b}_1, \cdots, \boldsymbol{b}_p]$$

を満たすことをいう．$Q = \phi$ は凸集合である．凸錐は凸集合である．任意の $\boldsymbol{c}_1, \cdots, \boldsymbol{c}_r \in K^n$ に対して，$[\boldsymbol{c}_1, \cdots, \boldsymbol{c}_r]$ が凸集合となることは容易にわかる．しかも $Q \supset \{\boldsymbol{c}_1, \cdots, \boldsymbol{c}_r\}$ なる凸集合 Q は $Q \supset [\boldsymbol{c}_1, \cdots, \boldsymbol{c}_r]$ を満たすから，$[\boldsymbol{c}_1, \cdots, \boldsymbol{c}_r]$ は $\{\boldsymbol{c}_1, \cdots, \boldsymbol{c}_r\}$ を含む最小の凸集合である．$[\boldsymbol{c}_1, \cdots, \boldsymbol{c}_r]$ を $\{\boldsymbol{c}_1, \cdots, \boldsymbol{c}_r\}$ の**凸包** (convex hull) という．

問 1 上述の $\langle \boldsymbol{c}_1, \cdots, \boldsymbol{c}_r \rangle$ が凸錐となること，$[\boldsymbol{c}_1, \cdots, \boldsymbol{c}_r]$ が凸集合となることを証明せよ．

問 2 $K^n \supset P$ が "$P \ni \boldsymbol{a}, \boldsymbol{b} \Longrightarrow P \supset \langle \boldsymbol{a}, \boldsymbol{b} \rangle$" を満たせば，$P$ は凸錐となる．これを証明せよ．

問 3 $K^n \supset Q$ が "$Q \ni \boldsymbol{a}, \boldsymbol{b} \Longrightarrow Q \supset [\boldsymbol{a}, \boldsymbol{b}]$" を満たせば，$Q$ は凸集合となる．これを証明せよ．

問 4 $\boldsymbol{c}_1, \cdots, \boldsymbol{c}_r \in K^n$ の張る部分空間 $K\boldsymbol{c}_1 + \cdots + K\boldsymbol{c}_r$ は $\langle \boldsymbol{c}_1, -\boldsymbol{c}_1, \cdots, \boldsymbol{c}_r, -\boldsymbol{c}_r \rangle$ に等しいことを証明せよ．

d) 双対錐

さて連立1次不等式 (2.3) の解の全体からなる集合 $\mathfrak{D}$ は $\mathfrak{D} = \{\boldsymbol{a}_1, \cdots, \boldsymbol{a}_m\}^*$ で与えられた．よって，各 $\boldsymbol{y} \in \langle \boldsymbol{a}_1, \cdots, \boldsymbol{a}_m \rangle$ に対して，$\boldsymbol{y} = \lambda_1 \boldsymbol{a}_1 + \cdots + \lambda_m \boldsymbol{a}_m$，$\lambda_i \geqq 0$ $(1 \leqq i \leqq m)$ により，$\boldsymbol{x} \in \mathfrak{D}$ は，$(\boldsymbol{y} \mid \boldsymbol{x}) = \sum \lambda_i (\boldsymbol{a}_i \mid \boldsymbol{x}) \geqq 0$ を満たす．すなわち，$\mathfrak{D} \subset \langle \boldsymbol{a}_1, \cdots, \boldsymbol{a}_m \rangle^*$ である．一方 $\{\boldsymbol{a}_1, \cdots, \boldsymbol{a}_m\} \subset \langle \boldsymbol{a}_1, \cdots, \boldsymbol{a}_m \rangle$ から $\mathfrak{D} = \{\boldsymbol{a}_1, \cdots, \boldsymbol{a}_m\}^* \supset \langle \boldsymbol{a}_1, \cdots, \boldsymbol{a}_m \rangle^*$．よって

$$\mathfrak{D} = \langle \boldsymbol{a}_1, \cdots, \boldsymbol{a}_m \rangle^*$$

となる．一般に，K^n 中の凸錐 P に対して，P^* も凸錐となることは容易にわかる．P^* を P の**双対錐** (dual cone) という．この言葉を用いれば，解集合 $\mathfrak{D}$ は有限錐 $\langle \boldsymbol{a}_1, \cdots, \boldsymbol{a}_m \rangle$ の双対錐となるわけである．我々の目標は，同次の連立1次不等式に対する §2.1, a) の (イ)*, (ロ)* の成立を示すことであるが，それは，上

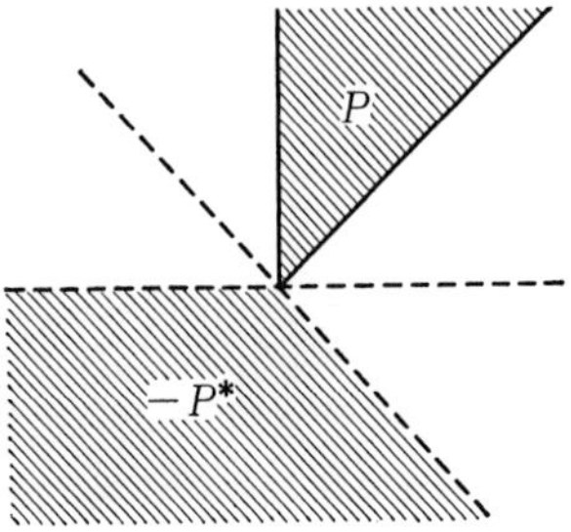

図 2.4

の用語によれば

“有限錐の双対錐は有限錐である”

と簡潔に述べられる．その証明の前に，有限錐に関する一つの重要な結果を次に準備しよう．一般に凸錐 P に対して，$(P^*)^*$ を P^{**} と書く．すると定義から $P\subset P^{**}$ は明らかである．

e）Farkas の定理

定理 2.1 (Farkas の定理)　K^n 中の有限錐 $P(\neq\phi)$ に対して，$P^{**}=P$. ——

定理の意味は，P の双対錐を $P^*=Q$ とおけば，逆に Q の双対錐が P となるというのである．定理の証明のために，まず次の補題から始める．

補題 2.1　$K^n\ni \boldsymbol{a}, \boldsymbol{b}$ かつ $(\boldsymbol{a}\,|\,\boldsymbol{b})=1$ とする．$K^n\to K^n$ なる線型写像 $\boldsymbol{x}\mapsto\boldsymbol{x}'$ および $\boldsymbol{x}\mapsto\boldsymbol{x}''$ を

$$\boldsymbol{x}'=\boldsymbol{x}-(\boldsymbol{x}\,|\,\boldsymbol{a})\boldsymbol{b},\qquad \boldsymbol{x}''=\boldsymbol{x}-(\boldsymbol{x}\,|\,\boldsymbol{b})\boldsymbol{a}$$

で定める．すると K^n 中の任意の $\boldsymbol{x}, \boldsymbol{y}$ に対して

$$(\boldsymbol{x}''\,|\,\boldsymbol{y})=(\boldsymbol{x}\,|\,\boldsymbol{y}').$$

証明　左辺$=(\boldsymbol{x}-(\boldsymbol{x}\,|\,\boldsymbol{b})\boldsymbol{a}\,|\,\boldsymbol{y})=(\boldsymbol{x}\,|\,\boldsymbol{y})-(\boldsymbol{x}\,|\,\boldsymbol{b})(\boldsymbol{a}\,|\,\boldsymbol{y})$, 右辺$=(\boldsymbol{x}\,|\,\boldsymbol{y}-(\boldsymbol{y}\,|\,\boldsymbol{a})\boldsymbol{b})$ $=(\boldsymbol{x}\,|\,\boldsymbol{y})-(\boldsymbol{y}\,|\,\boldsymbol{a})(\boldsymbol{x}\,|\,\boldsymbol{b})$, よって，左辺＝右辺となる．∎

定理 2.1 の証明　$P=\langle \boldsymbol{b}_1, \cdots, \boldsymbol{b}_p\rangle$ とおき，p に関する帰納法で証明する．

$p=1$ の場合．$P=\langle \boldsymbol{b}_1\rangle$ である．$\boldsymbol{b}_1=\boldsymbol{o}$ ならば，$P^*=\{\boldsymbol{o}\}^*=K^n$. よって，$\boldsymbol{x}\in P^{**}$ なら，K^n の各元 $\boldsymbol{a}$ に対して $(\boldsymbol{a}\,|\,\boldsymbol{x})\geqq 0$. したがって特に $\boldsymbol{a}=-\boldsymbol{x}$ に対して，$(-\boldsymbol{x}\,|\,\boldsymbol{x})\geqq 0$. $\therefore$ $(\boldsymbol{x}\,|\,\boldsymbol{x})\leqq 0$. $\therefore$ $\boldsymbol{x}=\boldsymbol{o}$. $\therefore$ $P^{**}=\{\boldsymbol{o}\}=P$. $\boldsymbol{b}_1\neq\boldsymbol{o}$ とする．$\boldsymbol{b}_1$ を含む K^n の基底 $\boldsymbol{b}_1=\boldsymbol{c}_1, \boldsymbol{c}_2, \cdots, \boldsymbol{c}_n$ をとり，これに双対的な K^n の基底を $\boldsymbol{d}_1, \cdots, \boldsymbol{d}_n$ とする．すなわち，$(\boldsymbol{c}_i\,|\,\boldsymbol{d}_j)=\delta_{ij}$ (δ_{ij} は Kronecker のデルタ記号：$i=j$ なら δ_{ij}

$=1$, $i \neq j$ なら $\delta_{ij}=0$) で定められた基底が $\boldsymbol{d}_1, \cdots, \boldsymbol{d}_n$ である．すると，K^n の元 $\xi_1\boldsymbol{d}_1+\cdots+\xi_n\boldsymbol{d}_n=\boldsymbol{y}$ に対し，$(\boldsymbol{y}\,|\,\boldsymbol{a}_1)=\xi_1$ となるから，

$$\boldsymbol{y} \in P^* \iff \xi_1 \geqq 0.$$

よって，$\boldsymbol{d}_1$, $\boldsymbol{d}_i$, $-\boldsymbol{d}_i$ $(2 \leqq i \leqq n)$ はすべて $\in P^*$．よって，$\boldsymbol{z}=\eta_1\boldsymbol{c}_1+\cdots+\eta_n\boldsymbol{c}_n$ が $\in P^{**}$ ならば，

$$(\boldsymbol{z}\,|\,\boldsymbol{d}_1) \geqq 0, \quad (\boldsymbol{z}\,|\,\boldsymbol{d}_i) \geqq 0, \quad (\boldsymbol{z}\,|\,-\boldsymbol{d}_i) \geqq 0 \quad (2 \leqq i \leqq n).$$

$$\therefore \quad \eta_1 \geqq 0, \quad \eta_i \geqq 0, \quad -\eta_i \geqq 0 \quad (2 \leqq i \leqq n).$$

$\therefore$ $\eta_2=\cdots=\eta_n=0$, $\boldsymbol{z}=\eta_1\boldsymbol{c}_1$, $\eta_1 \geqq 0$. $\therefore$ $\boldsymbol{z} \in \langle \boldsymbol{c}_1 \rangle = \langle \boldsymbol{a}_1 \rangle = P$. $\therefore$ $P^{**} \subset P$. 一方 $P \subset P^{**}$ だから，$P=P^{**}$．よって $p=1$ の場合は証明された．

$p>1$ とし，高々 $p-1$ 個の元で張られる有限錐 Q に対しては，$Q^{**}=Q$ が成り立つとする．いま $\{\boldsymbol{b}_1, \cdots, \boldsymbol{b}_p\}=B$ とし，B から $\boldsymbol{b}_1$ を除いた集合を C とする．$\boldsymbol{x} \in P^{**}$ とする．$\boldsymbol{x} \in P$ がいえれば $P^{**} \subset P$ となり，$P \subset P^{**}$ とあわせて $P=P^{**}$ となるわけである．ここで場合をわける．

（イ） $\boldsymbol{x} \in C^{**}$ のとき．

$C^*=\langle \boldsymbol{b}_2, \cdots, \boldsymbol{b}_p \rangle^*$ だから，$C^{**}=\langle \boldsymbol{b}_2, \cdots, \boldsymbol{b}_p \rangle^{**}=\langle \boldsymbol{b}_2, \cdots, \boldsymbol{b}_p \rangle$ (帰納法の仮定による)．よって

$$\boldsymbol{x} \in \langle \boldsymbol{b}_2, \cdots, \boldsymbol{b}_p \rangle \subset \langle \boldsymbol{b}_1, \boldsymbol{b}_2, \cdots, \boldsymbol{b}_p \rangle = P.$$

（ロ） $\boldsymbol{x} \notin C^{**}$ のとき．

ある $\boldsymbol{v} \in C^*$ が存在して，$(\boldsymbol{x}\,|\,\boldsymbol{v})<0$ となる．$\boldsymbol{v} \in C^*$ より，$(\boldsymbol{v}\,|\,\boldsymbol{b}_2) \geqq 0, \cdots, (\boldsymbol{v}\,|\,\boldsymbol{b}_p) \geqq 0$ である．$\boldsymbol{x} \in P^{**}$ としたから，$(\boldsymbol{x}\,|\,\boldsymbol{v})<0$ より，$\boldsymbol{v} \notin P^*$ となる．よって，$(\boldsymbol{v}\,|\,\boldsymbol{b}_1) \geqq 0$ ではあり得ない ($P=\langle \boldsymbol{b}_1, \cdots, \boldsymbol{b}_p \rangle$ だから)．

$$\therefore \quad (\boldsymbol{v}\,|\,\boldsymbol{b}_1)<0, \quad (\boldsymbol{v}\,|\,\boldsymbol{b}_2) \geqq 0, \quad \cdots, \quad (\boldsymbol{v}\,|\,\boldsymbol{b}_p) \geqq 0, \quad (\boldsymbol{v}\,|\,\boldsymbol{x})<0.$$

よって $-\boldsymbol{v}$ の適当な正数倍 $\boldsymbol{u}$ をとれば

$$(\boldsymbol{u}\,|\,\boldsymbol{b}_1)=1, \quad (\boldsymbol{u}\,|\,\boldsymbol{b}_2) \leqq 0, \quad \cdots, \quad (\boldsymbol{u}\,|\,\boldsymbol{b}_p) \leqq 0, \quad (\boldsymbol{u}\,|\,\boldsymbol{x})>0$$

となる．補題 2.1 の二つの線型写像

$$\boldsymbol{z} \longmapsto \boldsymbol{z}' = \boldsymbol{z}-(\boldsymbol{z}\,|\,\boldsymbol{u})\boldsymbol{b}_1, \qquad \boldsymbol{z} \longmapsto \boldsymbol{z}'' = \boldsymbol{z}-(\boldsymbol{z}\,|\,\boldsymbol{b}_1)\boldsymbol{u}$$

を用いる．写像 $\boldsymbol{z} \mapsto \boldsymbol{z}'$ による C の像 $C'=\{\boldsymbol{b}_2', \cdots, \boldsymbol{b}_p'\}$ と $\boldsymbol{x}$ の像 $\boldsymbol{x}'$ との間に

$$(*) \qquad \boldsymbol{x}' \in \{\boldsymbol{b}_2', \cdots, \boldsymbol{b}_p'\}^{**}$$

が成り立つことを示そう．実際各 $\boldsymbol{y} \in \{\boldsymbol{b}_2', \cdots, \boldsymbol{b}_p'\}^*$ に対して，補題 2.1 より

$$0 \leqq (\boldsymbol{y}\,|\,\boldsymbol{b}_i') = (\boldsymbol{y}''\,|\,\boldsymbol{b}_i) \qquad (2 \leqq i \leqq p).$$

また，$\boldsymbol{b}_1'=\boldsymbol{b}_1-(\boldsymbol{b}_1\,|\,\boldsymbol{u})\boldsymbol{b}_1=0$ だから，$(\boldsymbol{y}''\,|\,\boldsymbol{b}_1)=(\boldsymbol{y}\,|\,\boldsymbol{b}_1')=0$. $\therefore\ \boldsymbol{y}''\in P^*$. よって $\boldsymbol{x}\in P^{**}$ は $(\boldsymbol{y}''\,|\,\boldsymbol{x})\geqq 0$ を満たす．よって再び補題2.1より $(\boldsymbol{y}\,|\,\boldsymbol{x}')\geqq 0$. よって(＊)がわかった．

帰納法の仮定により $\{\boldsymbol{b}_2',\cdots,\boldsymbol{b}_p'\}^{**}=\langle\boldsymbol{b}_2',\cdots,\boldsymbol{b}_p'\rangle^{**}$ は $\langle\boldsymbol{b}_2',\cdots,\boldsymbol{b}_p'\rangle$ に一致するから，(＊)により，$\boldsymbol{x}'$ は $\boldsymbol{b}_2',\cdots,\boldsymbol{b}_p'$ の非負1次結合である．それを

$$\boldsymbol{x}'=\lambda_2\boldsymbol{b}_2'+\cdots+\lambda_p\boldsymbol{b}_p' \qquad (\lambda_2\geqq 0,\ \cdots,\ \lambda_p\geqq 0)$$

とする．写像 $\boldsymbol{z}\mapsto\boldsymbol{z}'$ の作り方から

$$\boldsymbol{x}-(\boldsymbol{x}\,|\,\boldsymbol{u})\boldsymbol{b}_1=\sum_{i=2}^{p}\lambda_i(\boldsymbol{b}_i-(\boldsymbol{b}_i\,|\,\boldsymbol{u})\boldsymbol{b}_1).$$

$$\therefore\quad \boldsymbol{x}=\lambda_1\boldsymbol{b}_1+\lambda_2\boldsymbol{b}_2+\cdots+\lambda_p\boldsymbol{b}_p.$$

ただし，$\lambda_1=(\boldsymbol{x}\,|\,\boldsymbol{u})-\lambda_2(\boldsymbol{b}_2\,|\,\boldsymbol{u})-\cdots-\lambda_p(\boldsymbol{b}_p\,|\,\boldsymbol{u})$ である．既述のように $(\boldsymbol{x}\,|\,\boldsymbol{u})>0$, $\lambda_i\geqq 0$, $(\boldsymbol{b}_i\,|\,\boldsymbol{u})\leqq 0$ $(2\leqq i\leqq p)$ だから，$\lambda_1>0$. $\therefore\ \boldsymbol{x}\in\langle\boldsymbol{b}_1,\cdots,\boldsymbol{b}_p\rangle$. $\therefore\ P^{**}\subset P$. ▌

f) Farkasの定理の別の形

定理2.1を応用上使い易い形に述べ直そう．実はそれが本来の形だったのである．

定理2.2 順序体 K の元を係数とする連立1次方程式

$$\text{(2.6)}\qquad \begin{cases} a_{11}x_1+\cdots+a_{1n}x_n=b_1, \\ \cdots\cdots\cdots\cdots\cdots \\ a_{m1}x_1+\cdots+a_{mn}x_n=b_m \end{cases}$$

に非負解 $\boldsymbol{x}={}^t(x_1,\cdots,x_n)\in K^n$，すなわち，

$$x_1\geqq 0,\quad \cdots,\quad x_n\geqq 0$$

なる解 $\boldsymbol{x}$ が存在するための必要十分条件は，

$$\text{(2.7)}\qquad \begin{cases} y_1a_{11}+\cdots+y_ma_{m1}\geqq 0, \\ \cdots\cdots\cdots\cdots\cdots \\ y_1a_{1n}+\cdots+y_ma_{mn}\geqq 0 \end{cases}$$

であるようなどのベクトル $\boldsymbol{y}={}^t(y_1,\cdots,y_m)\in K^m$ に対しても必ず

$$\text{(2.8)}\qquad y_1b_1+\cdots+y_mb_m\geqq 0$$

となることである．(Farkasの定理)

証明 $\boldsymbol{a}_i={}^t(a_{1i},\cdots,a_{mi})$ $(1\leqq i\leqq n)$，$\boldsymbol{b}={}^t(b_1,\cdots,b_m)$，$\boldsymbol{y}={}^t(y_1,\cdots,y_m)$ とおくと，$\boldsymbol{a}_1,\cdots,\boldsymbol{a}_m,\boldsymbol{b}\in K^m$. そして，“(2.6)が非負解 $\boldsymbol{x}$ をもつ” $\Leftrightarrow$ “$\boldsymbol{b}$ が $\boldsymbol{a}_1,\cdots,\boldsymbol{a}_m$ の非

負1次結合" $\Leftrightarrow$ "$\boldsymbol{b}\in\langle\boldsymbol{a}_1,\cdots,\boldsymbol{a}_m\rangle$" である．一方各 $\boldsymbol{y}\in\{\boldsymbol{a}_1,\cdots,\boldsymbol{a}_m\}^*$ に対して，$(\boldsymbol{y}\,|\,\boldsymbol{b})\geqq 0$ となるという条件は，$\boldsymbol{b}\in\{\boldsymbol{a}_1,\cdots,\boldsymbol{a}_m\}^{**}$ である．$\{\boldsymbol{a}_1,\cdots,\boldsymbol{a}_m\}^{**}=\langle\boldsymbol{a}_1,\cdots,\boldsymbol{a}_m\rangle^{**}$ だから，定理2.1により，両者は同値である．▮

さらに Farkas の定理を変形して，連立1次不等式の非負解の存在条件を述べよう．

定理 2.3 順序体 K の元を係数とする連立1次不等式

$$(2.9)\qquad \begin{cases} a_{11}x_1+\cdots+a_{1n}x_n\leqq b_1, \\ \qquad\cdots\cdots\cdots\cdots\cdots \\ a_{m1}x_1+\cdots+a_{mn}x_n\leqq b_m \end{cases}$$

に非負解 $\boldsymbol{x}$ が存在するための必要十分条件は，(2.7)を満たすようなどの非負ベクトル $\boldsymbol{y}={}^t(y_1,\cdots,y_m)$ に対しても(2.8)が成り立つことである．

証明 (2.9)に非負解 $(x_1,\cdots,x_n)$ がある

$$\Leftrightarrow \begin{cases} a_{11}x_1+\cdots+a_{1n}x_n+y_1 & & =b_1, \\ a_{21}x_1+\cdots+a_{2n}x_n & +y_2 & =b_2, \\ \cdots\cdots\cdots & \ddots & \\ a_{m1}x_1+\cdots+a_{mn}x_n & & +y_m=b_m \end{cases}$$

に非負解 $(x_1,\cdots,x_n,y_1,\cdots,y_m)$ がある

$$\Leftrightarrow \boldsymbol{b}\in\langle\boldsymbol{a}_1,\cdots,\boldsymbol{a}_n,\boldsymbol{e}_1,\cdots,\boldsymbol{e}_m\rangle$$

(ただし $\boldsymbol{a}_i={}^t(a_{1i},\cdots,a_{mi})$，$\boldsymbol{e}_j={}^t(0,\cdots,1,\cdots,0)$ (第 j 番目の成分だけ1で他は0の単位ベクトル)とする)

$$\Leftrightarrow \boldsymbol{b}\in\langle\boldsymbol{a}_1,\cdots,\boldsymbol{a}_n,\boldsymbol{e}_1,\cdots,\boldsymbol{e}_m\rangle^{**}$$
$$\Leftrightarrow \langle\boldsymbol{b}\rangle^*\supset\langle\boldsymbol{a}_1,\cdots,\boldsymbol{a}_n,\boldsymbol{e}_1,\cdots,\boldsymbol{e}_m\rangle^{***}$$
$$\Leftrightarrow \langle\boldsymbol{b}\rangle^*\supset\langle\boldsymbol{a}_1,\cdots,\boldsymbol{a}_n,\boldsymbol{e}_1,\cdots,\boldsymbol{e}_m\rangle^{*}.$$

ところが，容易にわかるように，一般に $(P\cup Q)^*=P^*\cap Q^*$ であるから

$$\langle\boldsymbol{a}_1,\cdots,\boldsymbol{a}_n,\boldsymbol{e}_1,\cdots,\boldsymbol{e}_m\rangle^*=\langle\boldsymbol{a}_1,\cdots,\boldsymbol{a}_n\rangle^*\cap\langle\boldsymbol{e}_1,\cdots,\boldsymbol{e}_m\rangle^*$$

であり，しかも $\langle\boldsymbol{e}_1,\cdots,\boldsymbol{e}_m\rangle^*$ は K^m 中の非負ベクトルの全体である．よって，$\langle\boldsymbol{b}\rangle^*\supset\langle\boldsymbol{a}_1,\cdots,\boldsymbol{a}_n,\boldsymbol{e}_1,\cdots,\boldsymbol{e}_m\rangle^*$ は定理中の必要十分条件に他ならない．▮

g) 有限錐の双対錐

まず Minkowski が予告し，Farkas が証明を与えた次の基本結果を述べよう．

定理 2.4 K^m 中の有限錐の双対錐はまた有限錐である．

証明　H. Weyl の証明を述べる．P を K^m 中の有限錐とする．$P=\phi$ のときは，$P^*=K^m$ で，$K^m=\langle \boldsymbol{e}_1, -\boldsymbol{e}_1, \cdots, \boldsymbol{e}_m, -\boldsymbol{e}_m\rangle$ ($\boldsymbol{e}_1, \cdots, \boldsymbol{e}_m$ は K^m の任意の基底) だからよろしい．$P\neq\phi$ とし，

$$P=\langle \boldsymbol{a}_1, \cdots, \boldsymbol{a}_n\rangle$$

とする．$\boldsymbol{a}_1, \cdots, \boldsymbol{a}_n$ の張る K^m の部分空間を U とし，U の直交補空間を $U^\perp=V$ とする．すると $K^m=U+V$ となる．さて K^m の元 $\boldsymbol{u}+\boldsymbol{v}$ ($\boldsymbol{u}\in U$, $\boldsymbol{v}\in V$) に対し

$$\begin{aligned}\boldsymbol{u}+\boldsymbol{v}\in P^* &\Leftrightarrow (\boldsymbol{a}_i\,|\,\boldsymbol{u}+\boldsymbol{v})\geqq 0 \quad (1\leqq i\leqq n)\\ &\Leftrightarrow (\boldsymbol{a}_i\,|\,\boldsymbol{u})\geqq 0 \quad (1\leqq i\leqq n) \qquad (\because\ (\boldsymbol{a}_i\,|\,\boldsymbol{v})=0).\end{aligned}$$

よって，$\langle \boldsymbol{a}_1, \cdots, \boldsymbol{a}_n\rangle$ の U における双対錐，すなわち $\langle \boldsymbol{a}_1, \cdots, \boldsymbol{a}_n\rangle^*\cap U$ を Q とすれば

$$P^*=Q+V$$

となる．V の基底を $\boldsymbol{f}_1, \cdots, \boldsymbol{f}_s$ とすれば，$V=K\boldsymbol{f}_1+\cdots+K\boldsymbol{f}_s$ だから

$$V=\langle \boldsymbol{f}_1, -\boldsymbol{f}_1, \cdots, \boldsymbol{f}_s, -\boldsymbol{f}_s\rangle$$

となる．よって，もし Q が有限錐であることがいえれば $Q=\langle \boldsymbol{b}_1, \cdots, \boldsymbol{b}_r\rangle$ として，

$$\begin{aligned}P^* &= \langle \boldsymbol{b}_1, \cdots, \boldsymbol{b}_r\rangle+\langle \boldsymbol{f}_1, -\boldsymbol{f}_1, \cdots, \boldsymbol{f}_s, -\boldsymbol{f}_s\rangle\\ &= \langle \boldsymbol{b}_1, \cdots, \boldsymbol{b}_r, \boldsymbol{f}_1, -\boldsymbol{f}_1, \cdots, \boldsymbol{f}_s, -\boldsymbol{f}_s\rangle\end{aligned}$$

を得る．よって P^* も有限錐となる．よって U 中で考えた $\langle \boldsymbol{a}_1, \cdots, \boldsymbol{a}_n\rangle$ の双対錐，すなわち $Q=\langle \boldsymbol{a}_1, \cdots, \boldsymbol{a}_n\rangle^*\cap U$ が有限錐となることがいえればよい．すなわち，始めから，$\boldsymbol{a}_1, \cdots, \boldsymbol{a}_n$ の張る部分空間が K^m 全体であるとして，$\langle \boldsymbol{a}_1, \cdots, \boldsymbol{a}_n\rangle^*$ が有限錐であることを示せばよい．まず次の補題から始める．

補題 2.2　$K\boldsymbol{a}_1+\cdots+K\boldsymbol{a}_n=K^m$ とする．$\boldsymbol{y}\in\langle \boldsymbol{a}_1, \cdots, \boldsymbol{a}_n\rangle^*$ に対して，$\Omega=\{1, \cdots, n\}$ の部分集合 J_y を $J_y=\{i\in\Omega\,|\,(\boldsymbol{a}_i\,|\,\boldsymbol{y})=0\}$ で定義し，$\{\boldsymbol{a}_i\,|\,i\in J_y\}$ の張る部分空間を W_y とする．もし $\boldsymbol{y}\in\langle \boldsymbol{a}_1, \cdots, \boldsymbol{a}_n\rangle^*$ と $\boldsymbol{u}\in K^m$ とが $(\boldsymbol{u}\,|\,\boldsymbol{y})<0$, $\dim W_y<m-1$ を満たせば，$\boldsymbol{y}'\in\langle \boldsymbol{a}_1, \cdots, \boldsymbol{a}_n\rangle^*$ が存在して，

$$(\boldsymbol{u}\,|\,\boldsymbol{y}')<0, \qquad W_{y'}\supsetneqq W_y$$

となる．

証明　$\boldsymbol{y}$ の直交補空間 $\{\boldsymbol{y}\}^\perp$ 中に W_y は含まれる．$\boldsymbol{y}\neq\boldsymbol{o}$ ($\because$ $(\boldsymbol{u}\,|\,\boldsymbol{y})<0$) だから $\{\boldsymbol{y}\}^\perp$ は $m-1$ 次元である．よって，W_y の基底 $\boldsymbol{f}_1, \cdots, \boldsymbol{f}_k$ ($k=\dim W_y$) をとり，これを拡大して $\{\boldsymbol{y}\}^\perp$ の基底 $\boldsymbol{f}_1, \cdots, \boldsymbol{f}_k, \cdots, \boldsymbol{f}_{m-1}$ にすることができる．$\boldsymbol{u}\notin\{\boldsymbol{y}\}^\perp$ だから，$-\boldsymbol{u}=\boldsymbol{f}_m$ とおけば，$\boldsymbol{f}_1, \cdots, \boldsymbol{f}_m$ は K^m の基底となる．$\boldsymbol{f}_1, \cdots, \boldsymbol{f}_m$ に双対的な

K^m の基底 $\boldsymbol{g}_1, \cdots, \boldsymbol{g}_m$ をとる：$(\boldsymbol{f}_i \mid \boldsymbol{g}_j)=\delta_{ij}\ (1 \leqq i, j \leqq m)$.

すると，$\{\boldsymbol{y}\}^{\perp}=K\boldsymbol{f}_1+\cdots+K\boldsymbol{f}_{m-1}=\{\boldsymbol{g}_m\}^{\perp}$ だから，$\{\boldsymbol{y}\}^{\perp\perp}=\{\boldsymbol{g}_m\}^{\perp\perp}$．一方 $\{\boldsymbol{y}\}^{\perp\perp}=K\boldsymbol{y}$，$\{\boldsymbol{g}_m\}^{\perp\perp}=K\boldsymbol{g}_m$ だから $K\boldsymbol{y}=K\boldsymbol{g}_m$．すなわち $\boldsymbol{g}_m$ は $\boldsymbol{y}$ のスカラー倍：$\boldsymbol{g}_m=\theta\boldsymbol{y}$ となる．一方 $(\boldsymbol{u} \mid \boldsymbol{y})<0$，$(-\boldsymbol{u} \mid \boldsymbol{g}_m)=1$ より，$\theta>0$ である．

$\boldsymbol{y} \in \langle \boldsymbol{a}_1, \cdots, \boldsymbol{a}_n \rangle^*$ だから，$i \in \Omega-J_{\boldsymbol{y}}$ ならば $(\boldsymbol{a}_i \mid \boldsymbol{y})>0$．$\therefore\ (\boldsymbol{a}_i \mid \boldsymbol{g}_m)>0\ (\because\ \theta>0)$．いま

$$\rho'=\min_{i \in \Omega-J_{\boldsymbol{y}}} \frac{(\boldsymbol{a}_i \mid \boldsymbol{g}_{m-1})}{(\boldsymbol{a}_i \mid \boldsymbol{g}_m)}, \qquad \rho''=\max_{i \in \Omega-J_{\boldsymbol{y}}} \frac{(\boldsymbol{a}_i \mid \boldsymbol{g}_{m-1})}{(\boldsymbol{a}_i \mid \boldsymbol{g}_m)}$$

とおく．すると $\rho'=\rho''=0$ とはならない．何故ならもしそうなら，各 $i \in \Omega-J_{\boldsymbol{y}}$ に対して，$(\boldsymbol{a}_i \mid \boldsymbol{g}_{m-1})=0$ となる．一方，$k<m-1$（仮定）と，各 $j \in J_{\boldsymbol{y}}$ に対して $\boldsymbol{a}_j \in W_{\boldsymbol{y}}=K\boldsymbol{f}_1+\cdots+K\boldsymbol{f}_k$ とより $(\boldsymbol{a}_j \mid \boldsymbol{g}_{m-1})=0$．よって，各 $i \in \Omega$ に対して $(\boldsymbol{a}_i \mid \boldsymbol{g}_{m-1})=0$ となる．一方 $\{\boldsymbol{a}_i \mid i \in \Omega\}$ は K^m を張るから $\boldsymbol{g}_{m-1}=\boldsymbol{o}$ となり，矛盾を生ずる．

よって，$\rho''>0$ または $\rho'<0$ の少なくも一方が成り立つ（もし $\rho''\leqq 0$，$\rho'\geqq 0$ なら $\rho'\leqq\rho''$ より $\rho'=\rho''=0$ となるから）．そこで場合をわける．

$\rho''>0$ の場合．$\rho''\boldsymbol{g}_m-\boldsymbol{g}_{m-1}=\boldsymbol{y}'$ とおき，これが求めるものであることを示そう．まず $(\boldsymbol{u} \mid \boldsymbol{y}')=(-\boldsymbol{f}_m \mid \rho''\boldsymbol{g}_m-\boldsymbol{g}_{m-1})=-\rho''<0$．次に $j \in J_{\boldsymbol{y}}$ なら $\boldsymbol{a}_j$ は $\boldsymbol{f}_1, \cdots, \boldsymbol{f}_k\ (k<m-1)$ の1次結合だから，$(\boldsymbol{a}_j \mid \boldsymbol{y}')=0$．$\therefore\ W_{\boldsymbol{y}} \subset W_{\boldsymbol{y}'}$．さらに $i \in \Omega-J_{\boldsymbol{y}}$ ならば $(\boldsymbol{a}_i \mid \boldsymbol{g}_{m-1}) \leqq \rho''(\boldsymbol{a}_i \mid \boldsymbol{g}_m)$．$\therefore\ (\boldsymbol{a}_i \mid \boldsymbol{y}')\geqq 0$．よって各 $i \in \Omega$ に対し $(\boldsymbol{y}' \mid \boldsymbol{a}_i)\geqq 0$ だから $\boldsymbol{y}' \in \langle \boldsymbol{a}_1, \cdots, \boldsymbol{a}_n \rangle^*$ である．しかもある $i \in \Omega-J_{\boldsymbol{y}}$ に対し $(\boldsymbol{a}_i \mid \boldsymbol{g}_{m-1})=\rho''(\boldsymbol{a}_i \mid \boldsymbol{g}_m)$ だから，$(\boldsymbol{a}_i \mid \boldsymbol{y}')=0$．このとき $(\boldsymbol{a}_i \mid \boldsymbol{y})>0$ であるから $\boldsymbol{a}_i \notin W_{\boldsymbol{y}}$．$\therefore\ W_{\boldsymbol{y}'} \supsetneqq W_{\boldsymbol{y}}$．

$\rho'<0$ の場合．$\boldsymbol{y}'=\boldsymbol{g}_{m-1}-\rho'\boldsymbol{g}_m$ とおけば，$\rho''>0$ の場合と全く同様にして $W_{\boldsymbol{y}'} \supsetneqq W_{\boldsymbol{y}}$，$(\boldsymbol{u} \mid \boldsymbol{y}')<0$ となる．▮

定理2.4の証明に戻る．$K\boldsymbol{a}_1+\cdots+K\boldsymbol{a}_n=K^m$ とする．$\langle \boldsymbol{a}_1, \cdots, \boldsymbol{a}_n \rangle^{**}=K^m$ なら，Farkas の定理により，$\langle \boldsymbol{a}_1, \cdots, \boldsymbol{a}_n \rangle=K^m$．よって $(K^m)^*=\{\boldsymbol{o}\}$ により，$\langle \boldsymbol{a}_1, \cdots, \boldsymbol{a}_n \rangle^*=\langle \boldsymbol{o} \rangle$ となる．よって $\langle \boldsymbol{a}_1, \cdots, \boldsymbol{a}_n \rangle^*$ は有限錐である．

したがって，$\langle \boldsymbol{a}_1, \cdots, \boldsymbol{a}_n \rangle^{**} \neq K^m$ として証明すればよい．このときは，$\boldsymbol{u} \in K^m$ が存在して，$\boldsymbol{u} \notin \langle \boldsymbol{a}_1, \cdots, \boldsymbol{a}_n \rangle^{**}$ となる．するとそのような各 $\boldsymbol{u}$ に対して $\boldsymbol{y} \in \langle \boldsymbol{a}_1, \cdots, \boldsymbol{a}_n \rangle^*$ が存在して，$(\boldsymbol{u} \mid \boldsymbol{y})<0$ となる．したがって，補題2.2により，

もし $\dim W_y < m-1$ ならば，さらに $\boldsymbol{y}' \in \langle \boldsymbol{a}_1, \cdots, \boldsymbol{a}_n \rangle^*$ が存在して，$(\boldsymbol{u}|\boldsymbol{y}')<0$, $\dim W_{y'} > \dim W_y$ となる．($W_{y'} \subset \{\boldsymbol{y}'\}^\perp$ だから，$W_{y'}$ は高々 $m-1$ 次元である.) もし $\dim W_{y'} < m-1$ なら，補題2.2の操作をくりかえすことができる．よって，結局各 $\boldsymbol{u} \notin \langle \boldsymbol{a}_1, \cdots, \boldsymbol{a}_n \rangle^{**}$ に対して，$\boldsymbol{y} \in \langle \boldsymbol{a}_1, \cdots, \boldsymbol{a}_n \rangle^*$ が存在して，

$$(\boldsymbol{u}|\boldsymbol{y}) < 0, \qquad \dim W_y = m-1$$

となる．

いま，Ω の部分集合 J に対して，$\{\boldsymbol{a}_j | j \in J\}$ の張る空間 W_J が $m-1$ 次元であり，かつ1次元空間 $W_J^\perp$ 中に $\langle \boldsymbol{a}_1, \cdots, \boldsymbol{a}_n \rangle^*$ 中の $\boldsymbol{o}$ でない元 $\boldsymbol{y}_J$ が存在するとき，J を $\{\boldsymbol{a}_1, \cdots, \boldsymbol{a}_n\}$ に関して双対的な部分集合と呼ぶことにする．そのような J の全体からなる族を $\mathfrak{P}$ とする．

すると $J \in \mathfrak{P}$ に対して，上の元 $\boldsymbol{y}_J \in W_J^\perp \cap \langle \boldsymbol{a}_1, \cdots, \boldsymbol{a}_n \rangle^*$ は正数倍を除いて一意的に決まる．$\mathfrak{P}$ はもちろん有限集合である(高々 2^n 個の元よりなるから)．$\boldsymbol{y}_J$ ($J \in \mathfrak{P}$) の張る有限錐 $\langle \boldsymbol{y}_J | J \in \mathfrak{P} \rangle$ が $\langle \boldsymbol{a}_1, \cdots, \boldsymbol{a}_n \rangle^*$ と一致することを示そう．

上述により，$\boldsymbol{u} \notin \langle \boldsymbol{a}_1, \cdots, \boldsymbol{a}_n \rangle^{**}$ ならば，ある $\boldsymbol{y}_J$ ($J \in \mathfrak{P}$), が存在して，$(\boldsymbol{u}|\boldsymbol{y}_J) < 0$ となる．よって

$$\boldsymbol{u} \notin \langle \boldsymbol{a}_1, \cdots, \boldsymbol{a}_n \rangle^{**} \implies \boldsymbol{u} \notin \langle \boldsymbol{y}_J | J \in \mathfrak{P} \rangle^*$$

となる．したがって，

$$\langle \boldsymbol{y}_J | J \in \mathfrak{P} \rangle^* \subset \langle \boldsymbol{a}_1, \cdots, \boldsymbol{a}_n \rangle^{**}.$$

$$\therefore \quad \langle \boldsymbol{y}_J | J \in \mathfrak{P} \rangle^* \subset \langle \boldsymbol{a}_1, \cdots, \boldsymbol{a}_n \rangle.$$

両辺の双対錐をとれば

$$\langle \boldsymbol{y}_J | J \in \mathfrak{P} \rangle^{**} \supset \langle \boldsymbol{a}_1, \cdots, \boldsymbol{a}_n \rangle^*.$$

すなわち $\langle \boldsymbol{y}_J | J \in \mathfrak{P} \rangle \supset \langle \boldsymbol{a}_1, \cdots, \boldsymbol{a}_n \rangle^*$ である．一方各 $\boldsymbol{y}_J \in \langle \boldsymbol{a}_1, \cdots, \boldsymbol{a}_n \rangle^*$ だから，$\langle \boldsymbol{y}_J | J \in \mathfrak{P} \rangle \subset \langle \boldsymbol{a}_1, \cdots, \boldsymbol{a}_n \rangle^*$ ($\because$ $\langle \boldsymbol{a}_1, \cdots, \boldsymbol{a}_n \rangle^*$ は凸錐)．よって，$\langle \boldsymbol{a}_1, \cdots, \boldsymbol{a}_n \rangle^* = \langle \boldsymbol{y}_J | J \in \mathfrak{P} \rangle$. ▌

定理2.4は基本的な重要性をもつ．$\langle \boldsymbol{a}_1, \cdots, \boldsymbol{a}_n \rangle^*$ を張る有限個の元のとり方の別法については章末問題7, 8参照．

§2.2　非同次の連立1次不等式の一般解

§2.1, a) の(イ)*, (ロ)* に述べたことの証明に進もう．連立1次不等式(2.1)を考える．(2.1)の解 $\boldsymbol{x}$ の全体のなす K^n の部分集合を $\mathfrak{D}$ とする．以下 $\mathfrak{D} \neq \phi$

とする．§2.1, g)により，(2.1)で $\boldsymbol{a}={}^t(a_1, \cdots, a_m)=\boldsymbol{o}$ の場合には，

$$\mathfrak{D} = \langle \boldsymbol{y}_1, \cdots, \boldsymbol{y}_s \rangle$$

なる有限個 $\boldsymbol{y}_j \in K^n$ があることがわかっている．(そのような $\boldsymbol{y}_j$ 達の求め方も述べた.) よって，以下 $\boldsymbol{a} \neq \boldsymbol{o}$ とする．

K^{n+1} 中で，ベクトル $\tilde{\boldsymbol{e}}={}^t(0, \cdots, 0, 1)$ および m 個のベクトル

$$\tilde{\boldsymbol{a}}_i = {}^t(a_{i1}, \cdots, a_{in}, a_i) \qquad (1 \leqq i \leqq m)$$

を考える．K^{n+1} 中の有限錐

$$\langle \tilde{\boldsymbol{a}}_1, \cdots, \tilde{\boldsymbol{a}}_m, \tilde{\boldsymbol{e}} \rangle$$

の双対錐を $\tilde{\mathfrak{D}}$ とする：

$$\tilde{\mathfrak{D}} = \langle \tilde{\boldsymbol{a}}_1, \cdots, \tilde{\boldsymbol{a}}_m, \tilde{\boldsymbol{e}} \rangle^*.$$

すると，$\tilde{\boldsymbol{x}}={}^t(x_1, \cdots, x_n, x_{n+1}) \in K^{n+1}$ に対して，$\tilde{\boldsymbol{x}} \in \tilde{\mathfrak{D}}$ となる条件は

$$x_{n+1} \geqq 0, \qquad a_{i1}x_1+\cdots+a_{in}x_n+a_ix_{n+1} \geqq 0 \quad (1 \leqq i \leqq m)$$

である．したがって，特に，$\boldsymbol{x}={}^t(x_1, \cdots, x_n)$ に対して

$${}^t(x_1, \cdots, x_n, 1) \in \tilde{\mathfrak{D}} \Longleftrightarrow \boldsymbol{x} \in \mathfrak{D}$$

となる．さて $\tilde{\mathfrak{D}}$ は有限錐の双対錐であるからやはり有限錐である．そこで

$$\tilde{\mathfrak{D}} = \langle \tilde{\boldsymbol{c}}_1, \cdots, \tilde{\boldsymbol{c}}_p \rangle$$

とおく．$\tilde{\boldsymbol{c}}_i$ を成分表示して

$$\tilde{\boldsymbol{c}}_i = {}^t(c_{i1}, \cdots, c_{in}, c_i) \qquad (1 \leqq i \leqq p)$$

とおく．必要あれば $\tilde{\boldsymbol{c}}_j$ 達を並べかえて

$$c_1 > 0, \quad \cdots, \quad c_r > 0, \quad c_{r+1} = \cdots = c_p = 0$$

としてよい．さらに，$\tilde{\boldsymbol{c}}_1, \cdots, \tilde{\boldsymbol{c}}_r$ をその適当な正数倍でおきかえて，

$$c_1 = \cdots = c_r = 1$$

としてよい．すると，$\boldsymbol{x} \in \mathfrak{D}$ に対し，$\tilde{\boldsymbol{x}}=(x_1, \cdots, x_n, 1) \in \tilde{\mathfrak{D}}$ は $\tilde{\boldsymbol{c}}_1, \cdots, \tilde{\boldsymbol{c}}_r, \cdots, \tilde{\boldsymbol{c}}_p$ の非負1次結合である：

$$(*) \qquad \tilde{\boldsymbol{x}} = \lambda_1\tilde{\boldsymbol{c}}_1+\cdots+\lambda_p\tilde{\boldsymbol{c}}_p \qquad (\lambda_1 \geqq 0, \ \cdots, \ \lambda_p \geqq 0).$$

いま

$$\boldsymbol{c}_i = {}^t(c_{i1}, \cdots, c_{in}) \in K^n \qquad (1 \leqq i \leqq n)$$

とおくと，(*)より

$$\boldsymbol{x} = \lambda_1\boldsymbol{c}_1+\cdots+\lambda_p\boldsymbol{c}_p$$

および(第 $n+1$ 成分を比べて)

$$1 = \lambda_1 + \cdots + \lambda_r$$

を得る．よって，$\mathfrak{D} \neq \phi$ なら，上の $\tilde{\boldsymbol{c}}_1, \cdots, \tilde{\boldsymbol{c}}_r$ は確かに登場するわけである．($r=p$ なら $\tilde{\boldsymbol{c}}_{r+1}, \cdots, \tilde{\boldsymbol{c}}_p$ は登場しない.) 以上から，

$$\mathfrak{D} \subset [\boldsymbol{c}_1, \cdots, \boldsymbol{c}_r] + \langle \boldsymbol{c}_{r+1}, \cdots, \boldsymbol{c}_p \rangle$$

となる．逆に，$\boldsymbol{x} \in [\boldsymbol{c}_1, \cdots, \boldsymbol{c}_r] + \langle \boldsymbol{c}_{r+1}, \cdots, \boldsymbol{c}_p \rangle$ ならば，$\boldsymbol{x} = \lambda_1 \boldsymbol{c}_1 + \cdots + \lambda_r \boldsymbol{c}_r + \cdots + \lambda_p \boldsymbol{c}_p$，$\lambda_1 \geqq 0, \cdots, \lambda_r \geqq 0, \cdots, \lambda_p \geqq 0$，$\lambda_1 + \cdots + \lambda_r = 1$ から，$\tilde{\boldsymbol{x}} = {}^t(x_1, \cdots, x_n, 1)$ は $(*)$ を満たすことが出るから，$\boldsymbol{x} \in \mathfrak{D}$ である．よって，

$$\mathfrak{D} = [\boldsymbol{c}_1, \cdots, \boldsymbol{c}_r] + \langle \boldsymbol{c}_{r+1}, \cdots, \boldsymbol{c}_p \rangle$$

が得られた．以上をまとめて，

定理 2.5 連立1次不等式 (2.1) が解を有するならば，K^n の中に有限個のベクトル

$$\boldsymbol{c}_1, \quad \cdots, \quad \boldsymbol{c}_r, \quad \boldsymbol{d}_1, \quad \cdots, \quad \boldsymbol{d}_s$$

が存在して，(2.1) の解全体のなす集合 $\mathfrak{D}$ が

$$\mathfrak{D} = [\boldsymbol{c}_1, \cdots, \boldsymbol{c}_r] + \langle \boldsymbol{d}_1, \cdots, \boldsymbol{d}_s \rangle$$

と書ける．——

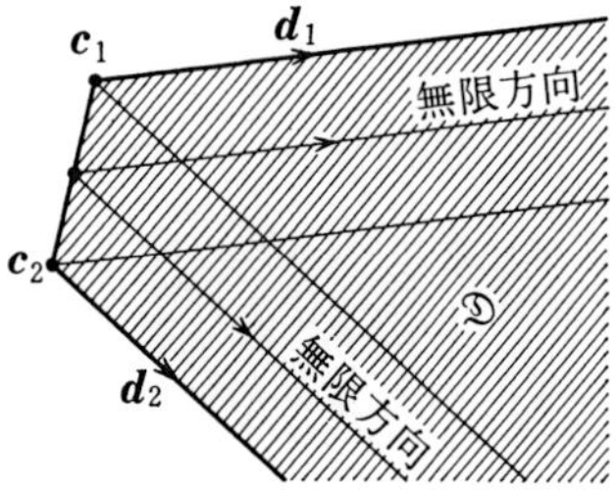

図 2.5

注意 $\mathfrak{D} \neq \phi$ ならば，$\boldsymbol{c}_1, \cdots, \boldsymbol{c}_r$ は必ず少なくも1個以上登場するが，$\boldsymbol{d}_j$ は登場しないこともある．そのときは $\boldsymbol{d}_j = \boldsymbol{o}$ $(1 \leqq j \leqq s)$ と考えてもよい．

これで (2.1) の一般解の形がわかったわけである．定理 2.5 の $\boldsymbol{c}_i, \boldsymbol{d}_j$ を具体的に求めるには，上の証明からわかるように，K^{n+1} における双対錐 $\langle \tilde{\boldsymbol{a}}_1, \cdots, \tilde{\boldsymbol{a}}_m, \tilde{\boldsymbol{e}} \rangle^*$ を張る有限個の元 $\tilde{\boldsymbol{c}}_1, \cdots, \tilde{\boldsymbol{c}}_p$ を求めればよい．それは§2.1, g) に述べてある．

§2.3 凸 多 面 体

順序体 K 上の n 次元空間 K^n の部分集合 $\mathfrak{D}$ が K^n 中の**凸多面体**あるいは線

型凸集合であるとは，K^n 中に一つの連立1次不等式 $(m<\infty)$

$$(2.1)\qquad \begin{cases} a_{11}x_1+\cdots+a_{1n}x_n+a_1 \geqq 0, \\ \qquad\cdots\cdots\cdots\cdots\cdots \\ a_{m1}x_1+\cdots+a_{mn}x_n+a_m \geqq 0 \end{cases}$$

が存在して，$\mathfrak{D}$ が (2.1) の解 $\boldsymbol{x}={}^t(x_1, \cdots, x_n)$ の全体のなす集合に一致することをいう．このとき，(2.1) を $\mathfrak{D}$ を定める**制約条件**または**制約式**という．あるいは (2.1) を $\mathfrak{D}$ を定める**束縛条件**または**束縛式**ともいう．一つの凸多面体 $\mathfrak{D}$ を定める制約条件は，一般には無数に多く存在する．(2.1) を $\mathfrak{D}$ の**陰伏表示**ともいう．

例えば $\mathfrak{D}=K^n$ は凸多面体である (a_{ij}, a_i をすべて0ととる)．$\mathfrak{D}=\phi$ も凸多面体である (a_{ij} はすべて0にとり，a_i はすべて -1 にとる)．(2.1) で定まる $\mathfrak{D}$ は一本の不等式 $\alpha_1x_1+\cdots+\alpha_nx_n+\alpha\geqq 0$ の形で定まる集合 (これは K^n か ϕ かまたは K^n の超平面の“片側”，すなわち“半空間”である) のいくつかの交わりである．K^n, ϕ, 半空間はいずれも凸集合であるから，凸多面体が凸集合となることは容易にわかる．

凸多面体の例をいくつかあげよう．

例 2.1 $K^3\supset\mathfrak{D}$: $x\geqq 0$, $y\geqq 0$, $z\geqq 0$, $x+y+z\leqq 1$ は図のような四面体 (の内部および四つの面) である．$\mathfrak{D}$ は

$$\mathfrak{D} = [\boldsymbol{e}_1, \boldsymbol{e}_2, \boldsymbol{e}_3, \boldsymbol{o}]$$

と書ける．ただし $\boldsymbol{o}$ は原点，$\boldsymbol{e}_i$ は単位点である．

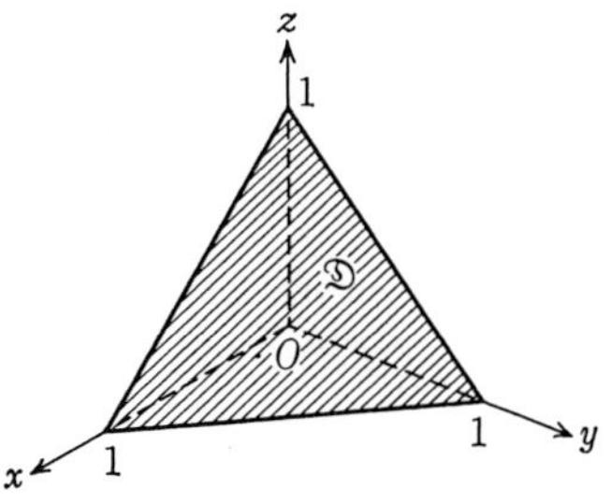

図 2.6

例 2.2 $K^2\supset\mathfrak{D}$: $x\geqq 0$, $y\geqq 0$, $x+y\geqq 1$ は図 2.7 の陰影部の領域 (周および内部) である．

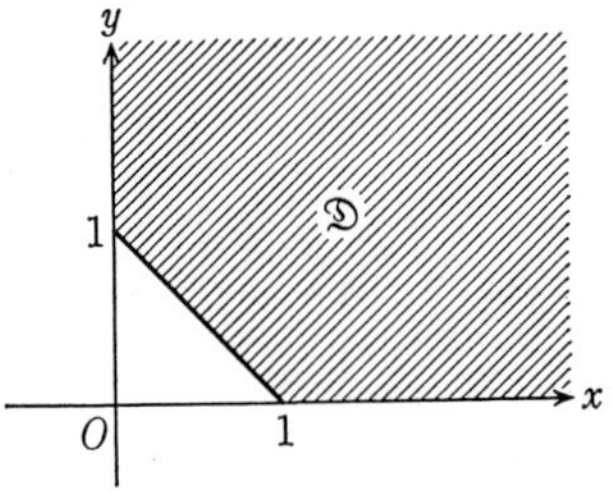

図2.7

例2.3 $K^2 \supset \mathfrak{D}$: $0 \leqq y \leqq 1$ は下図の陰影部の領域(周および内部)である. ——

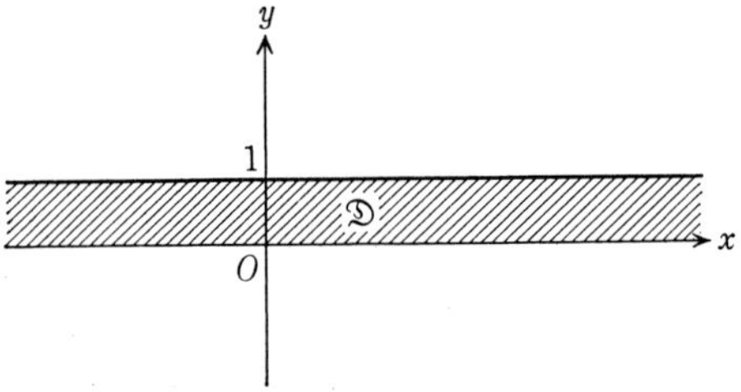

図2.8

凸多面体 $\mathfrak{D}$ が空でないなら, 定理2.5により, K^n 中に $\boldsymbol{c}_1, \cdots, \boldsymbol{c}_r, \boldsymbol{d}_1, \cdots, \boldsymbol{d}_s$ が存在して

$$\mathfrak{D} = [\boldsymbol{c}_1, \cdots, \boldsymbol{c}_r] + \langle \boldsymbol{d}_1, \cdots, \boldsymbol{d}_s \rangle$$

と書ける. これを凸多面体 $\mathfrak{D}$ の**パラメータ表示**という. $\boldsymbol{c}_i = {}^t(c_{i1}, \cdots, c_{in})$, $\boldsymbol{d}_j = {}^t(d_{j1}, \cdots, d_{jn})$ $(1 \leqq i \leqq r,\ 1 \leqq j \leqq s)$ とおけば, $\mathfrak{D} \ni \boldsymbol{x} = {}^t(x_1, \cdots, x_n)$ は $\boldsymbol{c}_1, \cdots, \boldsymbol{c}_r$ の凸1次結合と $\boldsymbol{d}_1, \cdots, \boldsymbol{d}_s$ の非負1次結合の和の形

$$\boldsymbol{x} = \lambda_1 \boldsymbol{c}_1 + \cdots + \lambda_r \boldsymbol{c}_r + \mu_1 \boldsymbol{d}_1 + \cdots + \mu_s \boldsymbol{d}_s$$

に書けるから, 座標 x_i も

$$x_i = \lambda_1 c_{1i} + \cdots + \lambda_r c_{ri} + \mu_1 d_{1i} + \cdots + \mu_s d_{si} \qquad (1 \leqq i \leqq n)$$

$$(\lambda_1 \geqq 0,\ \cdots,\ \lambda_r \geqq 0,\ \lambda_1 + \cdots + \lambda_r = 1,\ \mu_1 \geqq 0,\ \cdots,\ \mu_s \geqq 0)$$

とパラメータ λ_i, μ_j で表わされる. $\mathfrak{D}$ のパラメータ表示も一般には $\mathfrak{D}$ に対して無数に多く存在する.

さて定理2.5の逆も成り立つことを示そう. すなわち解集合を先に与えて連立1次不等式が作れることを見よう.

定理2.6 K^n 中の任意の有限個の元 $\boldsymbol{c}_1, \cdots, \boldsymbol{c}_r, \boldsymbol{d}_1, \cdots, \boldsymbol{d}_s$ に対して, $\mathfrak{D} = [\boldsymbol{c}_1, \cdots,$

$\boldsymbol{c}_r]+\langle\boldsymbol{d}_1, \cdots, \boldsymbol{d}_s\rangle$ は K^n 中の凸多面体である.

証明　K^{n+1} の元 $\tilde{\boldsymbol{c}}_i, \tilde{\boldsymbol{d}}_j$ を

$$\tilde{\boldsymbol{c}}_i = {}^t(c_{i1}, \cdots, c_{in}, 1) \qquad (\text{ただし } \boldsymbol{c}_i={}^t(c_{i1}, \cdots, c_{in})),$$

$$\tilde{\boldsymbol{d}}_j = {}^t(d_{j1}, \cdots, d_{jn}, 0) \qquad (\text{ただし } \boldsymbol{d}_j={}^t(d_{j1}, \cdots, d_{jn}))$$

$(1\leqq i\leqq r,\ 1\leqq j\leqq s)$ で定義する．K^{n+1} 中で $\langle\tilde{\boldsymbol{c}}_1, \cdots, \tilde{\boldsymbol{c}}_r, \tilde{\boldsymbol{d}}_1, \cdots, \tilde{\boldsymbol{d}}_s\rangle$ の双対錐 $\langle\tilde{\boldsymbol{c}}_1, \cdots, \tilde{\boldsymbol{c}}_r, \tilde{\boldsymbol{d}}_1, \cdots, \tilde{\boldsymbol{d}}_s\rangle^*$ は有限錐であるから，それを張る有限個のベクトルを $\tilde{\boldsymbol{a}}_i$ $(1\leqq i\leqq m)$ とし

$$\tilde{\boldsymbol{a}}_i = {}^t(a_{i1}, \cdots, a_{in}, a_i)$$

とおく．これらの a_{ij}, a_i を用いて連立1次不等式(2.1)を作り，その解全体の集合を $\mathfrak{D}_0\subset K^n$ とおく．$\mathfrak{D}=\mathfrak{D}_0$ を示そう．

$\mathfrak{D}_0\subset\mathfrak{D}$ なること．$\boldsymbol{x}={}^t(x_1, \cdots, x_n)\in\mathfrak{D}_0$ とすると，(2.1)より，$\tilde{\boldsymbol{x}}={}^t(x_1, \cdots, x_n, 1)\in\langle\tilde{\boldsymbol{a}}_1, \cdots, \tilde{\boldsymbol{a}}_m\rangle^*=\langle\tilde{\boldsymbol{c}}_1, \cdots, \tilde{\boldsymbol{c}}_r, \tilde{\boldsymbol{d}}_1, \cdots, \tilde{\boldsymbol{d}}_s\rangle$．よって，$\tilde{\boldsymbol{x}}=\lambda_1\tilde{\boldsymbol{c}}_1+\cdots+\lambda_r\tilde{\boldsymbol{c}}_r+\mu_1\tilde{\boldsymbol{d}}_1+\cdots+\mu_s\tilde{\boldsymbol{d}}_s$ と非負1次結合の形に表わせる．第1～第 n 成分を比べて

$$\boldsymbol{x} = \lambda_1\boldsymbol{c}_1+\cdots+\lambda_r\boldsymbol{c}_r+\mu_1\boldsymbol{d}_1+\cdots+\mu_r\boldsymbol{d}_r$$

となり，第 $n+1$ 成分を比べて $\lambda_1+\cdots+\lambda_r=1$ となるから，$\boldsymbol{x}\in[\boldsymbol{c}_1, \cdots, \boldsymbol{c}_r]+\langle\boldsymbol{d}_1, \cdots, \boldsymbol{d}_s\rangle$．$\therefore$ $\mathfrak{D}_0\subset\mathfrak{D}$.

$\mathfrak{D}\subset\mathfrak{D}_0$ なること．$\boldsymbol{x}=\lambda_1\boldsymbol{c}_1+\cdots+\lambda_r\boldsymbol{c}_r+\mu_1\boldsymbol{d}_1+\cdots+\mu_s\boldsymbol{d}_s\in\mathfrak{D}$ $(\lambda_1\geqq0,\ \cdots,\ \lambda_r\geqq0,\ \lambda_1+\cdots+\lambda_r=1,\ \mu_1\geqq0,\ \cdots,\ \mu_s\geqq0)$ とすると，上の計算を逆に辿ることによって $\tilde{\boldsymbol{x}}={}^t(x_1, \cdots, x_n, 1)$ が $\tilde{\boldsymbol{x}}=\lambda_1\tilde{\boldsymbol{c}}_1+\cdots+\lambda_r\tilde{\boldsymbol{c}}_r+\mu_1\tilde{\boldsymbol{d}}_1+\cdots+\mu_s\tilde{\boldsymbol{d}}_s$ を満たすことがわかる．$\therefore$ $\tilde{\boldsymbol{x}}\in\langle\tilde{\boldsymbol{a}}_1, \cdots, \tilde{\boldsymbol{a}}_m\rangle^*$．これは $\boldsymbol{x}$ が(2.1)を満たすことに他ならない．$\therefore$ $\boldsymbol{x}\in\mathfrak{D}_0$．$\therefore$ $\mathfrak{D}\subset\mathfrak{D}_0$．∎

§2.4　線型写像の効果

$\varphi: K^N\to K^n$ を線型写像，$\tilde{\mathfrak{D}}$ を K^N 中の凸多面体，$\mathfrak{D}$ を K^n 中の凸多面体とする．このとき

定理 2.7　(i)　$\tilde{\mathfrak{D}}$ の像 $\varphi(\tilde{\mathfrak{D}})$ は K^n 中の凸多面体である．

(ii)　$\mathfrak{D}$ の原像 $\varphi^{-1}(\mathfrak{D})=\{\boldsymbol{x}\in K^N \mid \varphi(\boldsymbol{x})\in\mathfrak{D}\}$ は K^N 中の凸多面体である．

証明　$\boldsymbol{y}=\varphi(\boldsymbol{x})=T\boldsymbol{x}$,　$T\in K(n, N)$ と行列表示する．

(i)　$\tilde{\mathfrak{D}}=\phi$ なら $\varphi(\tilde{\mathfrak{D}})=\phi$ も凸多面体である．$\tilde{\mathfrak{D}}\neq\phi$ とし $\tilde{\mathfrak{D}}=[\boldsymbol{c}_1, \cdots, \boldsymbol{c}_r]+\langle\boldsymbol{d}_1, \cdots, \boldsymbol{d}_s\rangle$ とパラメータ表示すれば，φ が線型写像だから，$\varphi(\tilde{\mathfrak{D}})=[\varphi(\boldsymbol{c}_1), \cdots, \varphi(\boldsymbol{c}_r)]$

$+\langle\varphi(\boldsymbol{d}_1),\cdots,\varphi(\boldsymbol{d}_s)\rangle$ となる．よって $\varphi(\tilde{\mathfrak{D}})$ も凸多面体である（∵ 定理2.6）．

(ii) $\mathfrak{D}$ を定める制約条件を行列形で書いて，$\mathfrak{D}=\{\boldsymbol{y}\in K^n\mid A\boldsymbol{y}+\boldsymbol{a}\geqq\boldsymbol{o}\}$ とすると，$\varphi^{-1}(\mathfrak{D})=\{\boldsymbol{x}\in K^N\mid AT\boldsymbol{x}+\boldsymbol{a}\geqq\boldsymbol{o}\}$ となるから，$\varphi^{-1}(\mathfrak{D})$ は制約条件 $AT\boldsymbol{x}+\boldsymbol{a}\geqq\boldsymbol{o}$ の定める凸多面体である．▌

この証明から，$\varphi:K^N\to K^n$ が1次式で表わされる写像，すなわちアフィン写像であっても定理2.7が成り立つことがわかる．すなわち，行列形で，$\boldsymbol{y}=\varphi(\boldsymbol{x})=T\boldsymbol{x}+\boldsymbol{c}$ とすると，φ は線型写像 $\varphi_1:\varphi_1(\boldsymbol{x})=T\boldsymbol{x}$ と，$K^n\to K^n$ なる平行移動 $\varphi_2:\boldsymbol{y}\mapsto\boldsymbol{y}+\boldsymbol{c}$ との合成写像となる：$\varphi=\varphi_2\circ\varphi_1$．よって $\varphi(\tilde{\mathfrak{D}})=\varphi_2(\varphi_1(\tilde{\mathfrak{D}}))$．よって (i) をいうには，平行移動 $\boldsymbol{y}\mapsto\boldsymbol{y}+\boldsymbol{c}=\boldsymbol{z}$ による凸多面体 $\varphi_1(\tilde{\mathfrak{D}})$ の像が凸多面体となることをいえばよい．いま $\varphi_1(\tilde{\mathfrak{D}})$ を定める制約条件を $\varphi_1(\tilde{\mathfrak{D}})=\{\boldsymbol{y}\in K^n\mid B\boldsymbol{y}+\boldsymbol{b}\geqq\boldsymbol{o}\}$ とすれば，$\varphi_2(\varphi_1(\tilde{\mathfrak{D}}))=\varphi_1(\tilde{\mathfrak{D}})+\boldsymbol{c}=\{\boldsymbol{z}=\boldsymbol{y}+\boldsymbol{c}\in K^n\mid B\boldsymbol{y}+\boldsymbol{b}\geqq\boldsymbol{o}\}=\{\boldsymbol{z}\in K^n\mid B(\boldsymbol{z}-\boldsymbol{c})+\boldsymbol{b}\geqq\boldsymbol{o}\}$．すなわち $\varphi_2(\varphi_1(\tilde{\mathfrak{D}}))$ は，連立1次不等式 $B\boldsymbol{z}+(\boldsymbol{b}-B\boldsymbol{c})\geqq\boldsymbol{o}$ の定める凸多面体である．また (ii) は定理2.7のときと全く同様にわかる．すなわち $\varphi^{-1}(\mathfrak{D})=\{\boldsymbol{x}\in K^N\mid A(T\boldsymbol{x}+\boldsymbol{c})+\boldsymbol{a}\geqq\boldsymbol{o}\}$ は制約条件 $AT\boldsymbol{x}+(A\boldsymbol{c}+\boldsymbol{a})\geqq\boldsymbol{o}$ の定める凸多面体である．以上から

定理 2.8　アフィン写像による凸多面体の像，あるいは原像はまた凸多面体となる．

§2.5　凸多面体の無限方向

定義 2.1　K^n 中の凸多面体 $\mathfrak{D}$ $(\neq\phi)$ に対し，$\boldsymbol{d}\in K^n$ が $\mathfrak{D}$ の**無限方向**であるとは，$\mathfrak{D}$ の適当な点 $\boldsymbol{a}$ をとれば，$\boldsymbol{a}$ から出る方向 $\boldsymbol{d}$ の“半直線”$\boldsymbol{a}+\langle\boldsymbol{d}\rangle=\{\boldsymbol{a}+\lambda\boldsymbol{d}\mid\lambda\in K,\lambda\geqq0\}$ が $\mathfrak{D}$ に含まれることをいう．$\mathfrak{D}$ の無限方向の全体のなす K^n の部分集合を $\mathfrak{D}^{(\infty)}$ と書く．（$\mathfrak{D}^{(\infty)}$ は空集合ではない．$\boldsymbol{o}\in\mathfrak{D}^{(\infty)}$ であるから．）定義より $\mathfrak{D}^{(\infty)}$ は $\mathfrak{D}$ の陰伏表示には依存しない集合である．（図2.9）

定理 2.9　$\mathfrak{D}$ $(\neq\phi)$ を凸多面体とする．

(i)　$\boldsymbol{d}\in\mathfrak{D}^{(\infty)}$ ならば，$\mathfrak{D}$ の各点 $\boldsymbol{b}$ に対して $\boldsymbol{b}+\langle\boldsymbol{d}\rangle\subset\mathfrak{D}$ となる．

(ii)　$\mathfrak{D}^{(\infty)}$ は有限錐である．

(iii)　$\mathfrak{D}$ を定める連立1次不等式を

$$(*)\qquad a_{i1}x_1+\cdots+a_{in}x_n+a_i\geqq0\qquad(1\leqq i\leqq m)$$

とすれば，$\mathfrak{D}^{(\infty)}$ は次の同次の連立1次不等式で定められる：

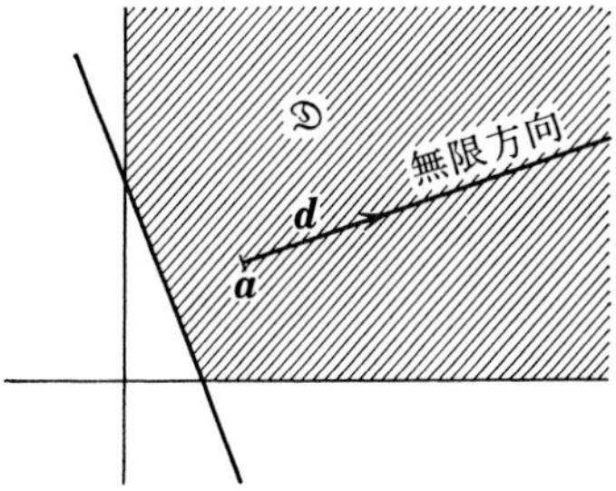

図 2.9

$$(**)\qquad a_{i1}x_1+\cdots+a_{in}x_n \geqq 0 \qquad (1\leqq i\leqq m).$$

(iv)　$\mathfrak{D}=[\boldsymbol{c}_1, \cdots, \boldsymbol{c}_r]+\langle \boldsymbol{d}_1, \cdots, \boldsymbol{d}_s\rangle$ ならば

$$\langle \boldsymbol{d}_1, \cdots, \boldsymbol{d}_s\rangle = \mathfrak{D}^{(\infty)}.$$

証明　(iii)　$\mathfrak{D}$ を定める連立1次不等式を $(*)$ とする．$\boldsymbol{d}={}^t(d_1, \cdots, d_n) \in \mathfrak{D}^{(\infty)}$ とすれば，$\boldsymbol{a}={}^t(\alpha_1, \cdots, \alpha_n) \in \mathfrak{D}$ が存在して，$\boldsymbol{a}+\langle \boldsymbol{d}\rangle \subset \mathfrak{D}$ となる．すなわち各 $\theta \in K$, $\theta \geqq 0$, に対して

$$\sum a_{ij}(\alpha_j+\theta d_j)+a_i \geqq 0 \qquad (1\leqq i\leqq m)$$

となる．よって θ の係数は $\geqq 0$ となるから，$\boldsymbol{d}$ は $(**)$ を満たす．逆に $\boldsymbol{d}$ が $(**)$ を満たせば，各 $\theta \in K$, $\theta \geqq 0$ と，$\mathfrak{D}$ の任意の点 $\boldsymbol{b}={}^t(\beta_1, \cdots, \beta_n)$ に対して，$\sum a_{ij}(\beta_j+\theta d_j)+a_i=\sum a_{ij}\beta_j+a_i+\theta\sum a_{ij}d_j \geqq 0$. $\therefore$ $\boldsymbol{b}+\langle \boldsymbol{d}\rangle \subset \mathfrak{D}$. $\therefore$ $\boldsymbol{d} \in \mathfrak{D}^{(\infty)}$. よって (iii) が示された．したがって $\mathfrak{D}^{(\infty)}$ は有限錐になるから (ii) が出た．(i) も上の証明中に含まれている．

(iv)　$\boldsymbol{c}_i+\theta \boldsymbol{d}_j \in \mathfrak{D}$ (各 $\theta \geqq 0$ に対し)．$\therefore$ $\boldsymbol{d}_j \in \mathfrak{D}^{(\infty)}$．よって $\langle \boldsymbol{d}_1, \cdots, \boldsymbol{d}_s\rangle \subset \mathfrak{D}^{(\infty)}$ ($\because$ (ii))．

逆に $\mathfrak{D}^{(\infty)} \subset \langle \boldsymbol{d}_1, \cdots, \boldsymbol{d}_s\rangle$ を示そう．それには

$$(\mathfrak{D}^{(\infty)})^* \supset \langle \boldsymbol{d}_1, \cdots, \boldsymbol{d}_s\rangle^*$$

を示せばよい．(そのとき両辺の双対錐をとって Farkas の定理を用いればよいから.) いま，$\boldsymbol{c} \in K^n$ をとり1次形式 $f_c: K^n \to K$ を $f_c(\boldsymbol{x})=(\boldsymbol{c}\,|\,\boldsymbol{x})$ で定める．ここで次の補題を証明しておこう．

補題 2.3　次の条件はいずれも互いに同値である．

(i)　f_c は $\mathfrak{D}$ 上で下に有界である．

(ii)　f_c は $\mathfrak{D}$ 上で最小値をもつ．(その最小値は Min $\{f_c(\boldsymbol{c}_1), \cdots, f_c(\boldsymbol{c}_r)\}$ に等

しい.)

(iii)　$\boldsymbol{c} \in \langle \boldsymbol{d}_1, \cdots, \boldsymbol{d}_s \rangle^*$.

(iv)　$\boldsymbol{c} \in (\mathfrak{D}^{(\infty)})^*$.

証明　(iv) $\Longrightarrow$ (iii) : $\mathfrak{D}^{(\infty)} \supset \langle \boldsymbol{d}_1, \cdots, \boldsymbol{d}_s \rangle$.　$\therefore$ $\mathfrak{D}^{(\infty)*} \subset \langle \boldsymbol{d}_1, \cdots, \boldsymbol{d}_s \rangle^*$.

(iii) $\Longrightarrow$ (ii) : $\boldsymbol{c} \in \langle \boldsymbol{d}_1, \cdots, \boldsymbol{d}_s \rangle^*$ とすると $(\boldsymbol{c} \mid \boldsymbol{d}_j) \geqq 0$ $(1 \leqq j \leqq s)$. よって $\mathfrak{D}$ の各元 $\boldsymbol{x} = \lambda_1 \boldsymbol{c}_1 + \cdots + \lambda_r \boldsymbol{c}_r + \mu_1 \boldsymbol{d}_1 + \cdots + \mu_s \boldsymbol{d}_s$ $(\lambda_i \geqq 0,\ \mu_j \geqq 0,\ \lambda_1 + \cdots + \lambda_r = 1)$ に対し $f_c(\boldsymbol{x}) = (\boldsymbol{c} \mid \boldsymbol{x}) = \sum \lambda_i (\boldsymbol{c}_i \mid \boldsymbol{c}) + \sum \mu_j (\boldsymbol{d}_j \mid \boldsymbol{c}) \geqq \sum \lambda_i (\boldsymbol{c}_i \mid \boldsymbol{c})$. よって, $\mathrm{Min}\,\{(\boldsymbol{c}_1 \mid \boldsymbol{c}), \cdots, (\boldsymbol{c}_r \mid \boldsymbol{c})\} = \alpha$ を与える $(\boldsymbol{c}_i \mid \boldsymbol{c})$ をとれば, $f_c(\boldsymbol{x}) \geqq \alpha(\lambda_1 + \cdots + \lambda_r) = \alpha = f_c(\boldsymbol{c}_i)$. よって, f_c は $\boldsymbol{x} = \boldsymbol{c}_i$ で最小値 α に達する.

(ii) $\Longrightarrow$ (i) : 明らか.

(i) $\Longrightarrow$ (iv) : $\boldsymbol{c} \notin (\mathfrak{D}^{(\infty)})^*$ として, f_c が $\mathfrak{D}$ 上で下に有界でないことを示そう. $(\boldsymbol{c} \mid \boldsymbol{d}) < 0$ なる $\boldsymbol{d} \in \mathfrak{D}^{(\infty)}$ がある. $\boldsymbol{a} \in \mathfrak{D}$ をとり, $\mathfrak{D}$ 中の半直線 $\boldsymbol{a} + \theta \boldsymbol{d}$ $(\theta \geqq 0)$ 上での f_c の値を考えると, $f_c(\boldsymbol{a} + \theta \boldsymbol{d}) = (\boldsymbol{c} \mid \boldsymbol{a}) + \theta (\boldsymbol{c} \mid \boldsymbol{d})$. これは $\theta > 0$ を大きくすればいくらでも小さくなるから, f_c は下に有界でない. ▌

さて定理 2.9, (iv) の証明に戻ろう. 補題 2.3 により $\langle \boldsymbol{d}_1, \cdots, \boldsymbol{d}_s \rangle^* = (\mathfrak{D}^{(\infty)})^*$. $\therefore$ $\langle \boldsymbol{d}_1, \cdots, \boldsymbol{d}_s \rangle = \mathfrak{D}^{(\infty)}$. ▌

注意　パラメータ表示 $\mathfrak{D} = [\boldsymbol{c}_1, \cdots, \boldsymbol{c}_r] + \langle \boldsymbol{d}_1, \cdots, \boldsymbol{d}_s \rangle$ における $\langle \boldsymbol{d}_1, \cdots, \boldsymbol{d}_s \rangle$ の部分は $\mathfrak{D}^{(\infty)}$ となるから, 一定の集合であることがわかったが, $[\boldsymbol{c}_1, \cdots, \boldsymbol{c}_r]$ の部分はそうはいかない. 例えば §2.3 の例 2.3 では, $\boldsymbol{e}_1 = (1, 0)$ とすると $\mathfrak{D}^{(\infty)} = \langle \boldsymbol{e}_1 \rangle$ である. $\mathfrak{D} = [\boldsymbol{c}_1, \boldsymbol{c}_2] + \mathfrak{D}^{(\infty)}$ であるが $\boldsymbol{c}_1, \boldsymbol{c}_2$ としては例えば $\boldsymbol{c}_1 = (0, 0)$, $\boldsymbol{c}_2 = (0, 1)$ でもよいし, $\boldsymbol{c}_1' = (0, 0)$, $\boldsymbol{c}_2' = (1, 1)$ でもよい. このとき $[\boldsymbol{c}_1, \boldsymbol{c}_2] \neq [\boldsymbol{c}_1', \boldsymbol{c}_2']$ である.

定理 2.10　凸多面体 $\mathfrak{D}\,(\neq \phi)$ に対して次の3条件は互いに同値である.

(i)　$\mathfrak{D}$ は有界である.

(ii)　$\mathfrak{D}^{(\infty)} = \{\boldsymbol{o}\}$.

(iii)　$\mathfrak{D} = [\boldsymbol{c}_1, \cdots, \boldsymbol{c}_r]$ なる $\boldsymbol{c}_1, \cdots, \boldsymbol{c}_r$ がある.

証明　(i) $\Longrightarrow$ (ii) : $\mathfrak{D}$ を有界とする. もし $\mathfrak{D}^{(\infty)} \neq \{\boldsymbol{o}\}$ ならば, $\boldsymbol{d} \in \mathfrak{D}^{(\infty)}$, $\boldsymbol{d} \neq \boldsymbol{o}$, をとれば, $\boldsymbol{a} \in \mathfrak{D}$ から出る半直線 $\boldsymbol{a} + \langle \boldsymbol{d} \rangle$ 上の点の座標のうちには有界でないものが生ずるから矛盾.

(ii) $\Longrightarrow$ (iii) : $\mathfrak{D}^{(\infty)} = \{\boldsymbol{o}\}$ とする. $\mathfrak{D} = [\boldsymbol{c}_1, \cdots, \boldsymbol{c}_r] + \langle \boldsymbol{d}_1, \cdots, \boldsymbol{d}_s \rangle$ と表わすと, $\boldsymbol{d}_j \in \mathfrak{D}^{(\infty)}$ だから $\boldsymbol{d}_1 = \cdots = \boldsymbol{d}_s = \boldsymbol{o}$.　$\therefore$ $\mathfrak{D} = [\boldsymbol{c}_1, \cdots, \boldsymbol{c}_r]$.

(iii) $\Longrightarrow$ (i) : $\mathfrak{D}=[\boldsymbol{c}_1, \cdots, \boldsymbol{c}_r]$ とする．$\boldsymbol{c}_1, \cdots, \boldsymbol{c}_r$ の座標の絶対値のうち最大な値を α とする．いま

$$\boldsymbol{c}_i = (c_{i1}, \cdots, c_{in}) \qquad (1 \leqq i \leqq r)$$

とすれば，$\mathfrak{D}$ の点 $\boldsymbol{c}=\lambda_1\boldsymbol{c}_1+\cdots+\lambda_r\boldsymbol{c}_r$ の第 j 座標 ξ_j は $\xi_j=\lambda_1 c_{1j}+\cdots+\lambda_r c_{rj}$ $(\lambda_1 \geqq 0, \cdots, \lambda_r \geqq 0,\ \lambda_1+\cdots+\lambda_r=1)$．$\therefore$ $|\xi_j| \leqq \lambda_1|c_{1j}|+\cdots+\lambda_r|c_{rj}| \leqq \alpha(\lambda_1+\cdots+\lambda_r)=\alpha$. ▮

§2.6 端　点

定義 2.2 K^n 中の凸集合 $X(\neq\phi)$ の**端点** (extreme point) とは，X の点 $\boldsymbol{x}$ であって，しかも $\boldsymbol{x}=(\boldsymbol{y}+\boldsymbol{z})/2$ なる X 中の $\boldsymbol{y}, \boldsymbol{z}$ は $\boldsymbol{y}=\boldsymbol{z}=\boldsymbol{x}$ なるものに限る——という性質をもつものをいう．

すなわち X 中の線分 $[\boldsymbol{y}, \boldsymbol{z}]$ で $\boldsymbol{x}$ を中点に含むものは，必ず1点に退化するという性質をもつ点 $\boldsymbol{x}$ が端点である．——

X 中の線分 $[\boldsymbol{y}, \boldsymbol{z}]$ $(\boldsymbol{y}\neq\boldsymbol{z})$ であって X の端点 $\boldsymbol{x}$ を通るものを調べよう．まず $\boldsymbol{y}=\boldsymbol{x}$ か $\boldsymbol{z}=\boldsymbol{x}$ かのいずれかが成り立つ場合がある．実はこれ以外の場合が起らないことを示そう．なぜならもし $\boldsymbol{x}\in[\boldsymbol{y}, \boldsymbol{z}]$, $\boldsymbol{x}\neq\boldsymbol{y}$, $\boldsymbol{x}\neq\boldsymbol{z}$ ならば，$\boldsymbol{x}=\lambda\boldsymbol{y}+(1-\lambda)\boldsymbol{z}$, $0<\lambda<1$, と書ける．$\lambda, 1-\lambda$ のうちの大きくない方を μ とし，$\lambda-\mu/2=\lambda'$, $\lambda+\mu/2=\lambda''$ とおく．すると $\lambda\geqq\mu$, $1-\lambda\geqq\mu$ より $0<\lambda'<\lambda''<1$ が成り立つから，$\boldsymbol{x}'=\lambda'\boldsymbol{y}+(1-\lambda')\boldsymbol{z}\in X$, $\boldsymbol{x}''=\lambda''\boldsymbol{y}+(1-\lambda'')\boldsymbol{z}\in X$ である．$\boldsymbol{x}=(\boldsymbol{x}'+\boldsymbol{x}'')/2$ $(\because\ \lambda=(\lambda'+\lambda'')/2)$ で，しかも $\boldsymbol{x}'\neq\boldsymbol{x}''$ $(\because\ \lambda'\neq\lambda'',\ \boldsymbol{y}\neq\boldsymbol{z})$ だから，$\boldsymbol{x}$ が X の端点であることに矛盾する．

凸集合 X の端点全体のなす集合を $E(X)$ と書く．$E(X)=\phi$ のこともあり得る．

例 2.4 図 2.10 の 3 個の凸多面体では，端点を黒い丸印で表わした．

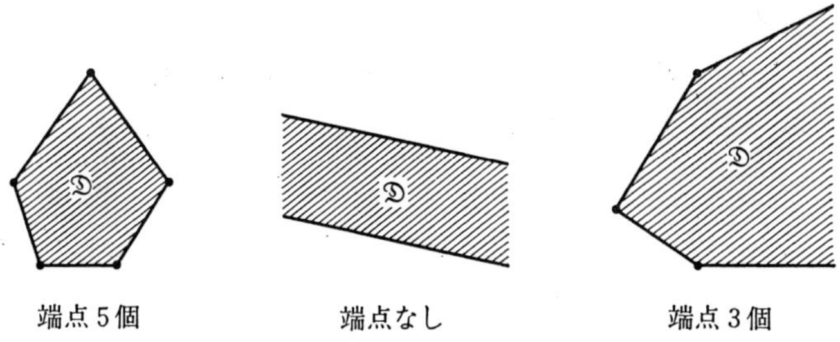

図 2.10

定理 2.11　凸多面体 $\mathfrak{D}$ $(\neq\phi)$ に対して次の3条件は互いに同値である．

（i）$\mathfrak{D}^{(\infty)}$ に含まれる部分空間は $\{\boldsymbol{o}\}$ に限る．

（ii）$\mathfrak{D}^{(\infty)}\cap(-\mathfrak{D}^{(\infty)})=\{\boldsymbol{o}\}$　（ただし，$-\mathfrak{D}^{(\infty)}=\{-\boldsymbol{d}\mid\boldsymbol{d}\in\mathfrak{D}^{(\infty)}\}$）．

（iii）$\mathfrak{D}$ は端点をもつ．

証明　(i) $\Longrightarrow$ (ii)：$\boldsymbol{d}\in\mathfrak{D}^{(\infty)}\cap(-\mathfrak{D}^{(\infty)})$，$\boldsymbol{d}\neq\boldsymbol{o}$ とすれば，$\boldsymbol{d}$，$-\boldsymbol{d}\in\mathfrak{D}^{(\infty)}$．$\therefore$ $\langle\boldsymbol{d},-\boldsymbol{d}\rangle=K\boldsymbol{d}\subset\mathfrak{D}^{(\infty)}$ となり (i)に反する．

(iii) $\Longrightarrow$ (i)：$\mathfrak{D}^{(\infty)}$ に含まれる部分空間 $U\neq\{\boldsymbol{o}\}$ と，$\mathfrak{D}$ の端点 $\boldsymbol{a}$ があったとすれば，$U\ni\boldsymbol{u}\neq\boldsymbol{o}$ に対し，$\boldsymbol{a}$ は $\mathfrak{D}$ の相異なる2点 $\boldsymbol{x}=\boldsymbol{a}+\boldsymbol{u}$ と $\boldsymbol{y}=\boldsymbol{a}-\boldsymbol{u}$ の中点となり矛盾．

(ii) $\Longrightarrow$ (iii)：まず次の補題を証明する．

補題 2.4　$\mathfrak{D}$ のパラメータ表示 $\mathfrak{D}=[\boldsymbol{c}_1,\cdots,\boldsymbol{c}_r]+\mathfrak{D}^{(\infty)}$ において，

（イ）$\boldsymbol{c}_1\in[\boldsymbol{c}_2,\cdots,\boldsymbol{c}_r]+\mathfrak{D}^{(\infty)}$　ならば　$\mathfrak{D}=[\boldsymbol{c}_2,\cdots,\boldsymbol{c}_r]+\mathfrak{D}^{(\infty)}$，

（ロ）$\boldsymbol{c}_i\notin[\boldsymbol{c}_1,\cdots,\boldsymbol{c}_{i-1},\boldsymbol{c}_{i+1},\cdots,\boldsymbol{c}_r]+\mathfrak{D}^{(\infty)}$ $(1\leqq i\leqq r)$ かつ $\mathfrak{D}^{(\infty)}\cap(-\mathfrak{D}^{(\infty)})=\{\boldsymbol{o}\}$ ならば，$\boldsymbol{c}_1,\cdots,\boldsymbol{c}_r$ は $\mathfrak{D}$ の端点である．

証明　（イ）$\boldsymbol{c}_1=\lambda_2\boldsymbol{c}_2+\cdots+\lambda_r\boldsymbol{c}_r+\boldsymbol{d}$ $(\lambda_2\geqq0,\cdots,\lambda_r\geqq0,\ \lambda_2+\cdots+\lambda_r=1,\ \boldsymbol{d}\in\mathfrak{D}^{(\infty)})$ と表わすと，$\mathfrak{D}$ の各元 $\boldsymbol{x}=\theta_1\boldsymbol{c}_1+\cdots+\theta_r\boldsymbol{c}_r+\boldsymbol{d}'$ $(\theta_1\geqq0,\cdots,\theta_r\geqq0,\ \theta_1+\cdots+\theta_r=1,\ \boldsymbol{d}'\in\mathfrak{D}^{(\infty)})$ は

$$\boldsymbol{x}=\theta_1(\lambda_2\boldsymbol{c}_2+\cdots+\lambda_r\boldsymbol{c}_r)+\theta_2\boldsymbol{c}_2+\cdots+\theta_r\boldsymbol{c}_r+\theta\boldsymbol{d}+\boldsymbol{d}'$$

と表わせる．$\therefore$ $\boldsymbol{x}=\tau_2\boldsymbol{c}_2+\cdots+\tau_r\boldsymbol{c}_r+\theta\boldsymbol{d}+\boldsymbol{d}'$，ただし，$\tau_i=\theta_1\lambda_i+\theta_i\geqq0$ $(2\leqq i\leqq r)$，$\tau_2+\cdots+\tau_r=\theta_1(\lambda_2+\cdots+\lambda_r)+(\theta_2+\cdots+\theta_r)=\theta_1+\theta_2+\cdots+\theta_r=1$．$\therefore$ $\boldsymbol{x}\in[\boldsymbol{c}_2,\cdots,\boldsymbol{c}_r]+\mathfrak{D}^{(\infty)}$．よって $\mathfrak{D}\subset[\boldsymbol{c}_2,\cdots,\boldsymbol{c}_r]+\mathfrak{D}^{(\infty)}$．$\supset$ は明らか故 $\mathfrak{D}=[\boldsymbol{c}_2,\cdots,\boldsymbol{c}_r]+\mathfrak{D}^{(\infty)}$．

（ロ）例えば $\boldsymbol{c}_1$ が $\mathfrak{D}$ の端点であることを示そう．$\boldsymbol{c}_1$ が $\mathfrak{D}$ の2点 $\boldsymbol{x},\boldsymbol{y}$ の中点となったとする：$\boldsymbol{c}_1=(\boldsymbol{x}+\boldsymbol{y})/2$．

$$\boldsymbol{x}=\sum\lambda_i\boldsymbol{c}_i+\boldsymbol{d}\qquad(\lambda_1\geqq0,\ \cdots,\ \lambda_r\geqq0,\ \lambda_1+\cdots+\lambda_r=1,\ \boldsymbol{d}\in\mathfrak{D}^{(\infty)}),$$
$$\boldsymbol{y}=\sum\mu_i\boldsymbol{c}_i+\boldsymbol{d}'\qquad(\mu_1\geqq0,\ \cdots,\ \mu_r\geqq0,\ \mu_1+\cdots+\mu_r=1,\ \boldsymbol{d}'\in\mathfrak{D}^{(\infty)})$$

とおくと

$$\boldsymbol{c}_1=\sum\theta_i\boldsymbol{c}_i+\boldsymbol{d}'',\quad ただし\ \theta_i=(\lambda_i+\mu_i)/2\ (1\leqq i\leqq r),\quad \boldsymbol{d}''=(\boldsymbol{d}+\boldsymbol{d}')/2$$

である．もし，$1>\theta_1$ なら上式より

$$\boldsymbol{c}_1=\frac{1}{1-\theta_1}\left(\sum_{i=2}^{r}\theta_i\boldsymbol{c}_i+\boldsymbol{d}''\right)\in[\boldsymbol{c}_2,\cdots,\boldsymbol{c}_r]+\mathfrak{D}^{(\infty)}$$

となり，仮定に反する．$\therefore\ 1\leqq\theta_1$．一方 $\lambda_1\leqq 1$，$\mu_1\leqq 1$ だから $\theta_1\leqq 1$．$\therefore\ \theta_1=1$．これと $\theta_1+\cdots+\theta_r=1$ より $\theta_2+\cdots+\theta_r=0$ となるが，各 $\theta_i\geqq 0\ (2\leqq i\leqq r)$ より $\theta_2=\cdots=\theta_r=0$．$\therefore\ \lambda_2=\cdots=\lambda_r=0$，$\mu_2=\cdots=\mu_r=0$．

$$\therefore\quad \boldsymbol{x}=\boldsymbol{c}_1+\boldsymbol{d},\qquad \boldsymbol{y}=\boldsymbol{c}_1+\boldsymbol{d}'.$$

一方 $\boldsymbol{c}_1$ は $[\boldsymbol{x},\boldsymbol{y}]$ の中点だから，$2\boldsymbol{c}_1=\boldsymbol{x}+\boldsymbol{y}$．$\therefore\ \boldsymbol{d}+\boldsymbol{d}'=\boldsymbol{o}$．$\therefore\ \boldsymbol{d}=-\boldsymbol{d}'\in\mathfrak{D}^{(\infty)}\cap(-\mathfrak{D}^{(\infty)})$．$\therefore\ \boldsymbol{d}=\boldsymbol{d}'=\boldsymbol{o}$．$\therefore\ \boldsymbol{x}=\boldsymbol{y}=\boldsymbol{c}_1$．よって $\boldsymbol{c}_1$ は $\mathfrak{D}$ の端点である．▌

さて，定理2.11の(ii) ⟹ (iii)の証明に戻ろう．$\mathfrak{D}$ のパラメータ表示 $\mathfrak{D}=[\boldsymbol{c}_1,\cdots,\boldsymbol{c}_r]+\mathfrak{D}^{(\infty)}$ のうちで r を最小とするような $\boldsymbol{c}_1,\cdots,\boldsymbol{c}_r$ をとれば，補題2.4,(イ)により，$\boldsymbol{c}_i\notin[\boldsymbol{c}_1,\cdots,\boldsymbol{c}_{i-1},\boldsymbol{c}_{i+1},\cdots,\boldsymbol{c}_r]+\mathfrak{D}^{(\infty)}$ となる．よって同補題の(ロ)により，$\boldsymbol{c}_1,\cdots,\boldsymbol{c}_r$ はすべて $\mathfrak{D}$ の端点である．▌

定理 2.12　(i) 凸多面体 $\mathfrak{D}$ の端点の個数は有限である．そして，$\mathfrak{D}$ の任意のパラメータ表示 $\mathfrak{D}=[\boldsymbol{c}_1,\cdots,\boldsymbol{c}_r]+\mathfrak{D}^{(\infty)}$ に対して，$E(\mathfrak{D})\subset\{\boldsymbol{c}_1,\cdots,\boldsymbol{c}_r\}$．

(ii) $E(\mathfrak{D})\neq\phi$ ならば $E(\mathfrak{D})=\{\boldsymbol{a}_1,\cdots,\boldsymbol{a}_p\}$ $(\boldsymbol{a}_i\neq\boldsymbol{a}_j)$ とおくと，$\mathfrak{D}=[\boldsymbol{a}_1,\cdots,\boldsymbol{a}_p]+\mathfrak{D}^{(\infty)}$，しかも p は $\mathfrak{D}$ のパラメータ表示 $\mathfrak{D}=[\boldsymbol{c}_1,\cdots,\boldsymbol{c}_r]+\mathfrak{D}^{(\infty)}$ における r の最小値である．

(iii) $\mathfrak{D}(\neq\phi)$ が有界凸多面体ならば $E(\mathfrak{D})\neq\phi$ である．そして $E(\mathfrak{D})=\{\boldsymbol{a}_1,\cdots,\boldsymbol{a}_p\}$ とすれば $\mathfrak{D}=[\boldsymbol{a}_1,\cdots,\boldsymbol{a}_p]$．

証明　(i) $\boldsymbol{e}$ を $\mathfrak{D}$ の端点とする．$\boldsymbol{e}=\boldsymbol{c}+\boldsymbol{d}$，$\boldsymbol{c}\in[\boldsymbol{c}_1,\cdots,\boldsymbol{c}_r]$，$\boldsymbol{d}\in\mathfrak{D}^{(\infty)}$ と表わす．$\boldsymbol{d}\neq\boldsymbol{o}$ なら，$\boldsymbol{e}$ は $\mathfrak{D}$ の相異なる2点 $\boldsymbol{x}=\boldsymbol{c}+\boldsymbol{d}/2$，$\boldsymbol{y}=\boldsymbol{c}+3\boldsymbol{d}/2$ の中点となって矛盾．よって $\boldsymbol{d}=\boldsymbol{o}$，$\boldsymbol{e}=\boldsymbol{c}$ となる．$\boldsymbol{e}=\boldsymbol{c}=\lambda_1\boldsymbol{c}_1+\cdots+\lambda_r\boldsymbol{c}_r$ と凸1次結合の形に表わす．もしある $\lambda_i=1$ なら他の $\lambda_j=0$ だから $\boldsymbol{e}=\boldsymbol{c}_i$．よってどの λ_i も <1 とする．するとある λ_i は $0<\lambda_i<1$ となる．例えば $0<\lambda_1<1$ としよう．すると $\boldsymbol{e}=\lambda_1\boldsymbol{c}_1+(1-\lambda_1)\boldsymbol{a}$，ただし $\boldsymbol{a}=(\lambda_2\boldsymbol{c}_2+\cdots+\lambda_r\boldsymbol{c}_r)/(1-\lambda_1)\in\mathfrak{D}$．よって $\boldsymbol{e}$ が端点故 $\boldsymbol{e}=\boldsymbol{c}_1=\boldsymbol{a}$．よって $E(\mathfrak{D})\subset\{\boldsymbol{c}_1,\cdots,\boldsymbol{c}_r\}$ となった．特に $E(\mathfrak{D})$ は有限集合である．

(ii) $\mathfrak{D}=[\boldsymbol{c}_1,\cdots,\boldsymbol{c}_r]+\mathfrak{D}^{(\infty)}$ なる表示のうちで r が最小になるようにとれば，補題2.4,(ロ)より，$\{\boldsymbol{c}_1,\cdots,\boldsymbol{c}_r\}\subset E(\mathfrak{D})$．一方上記より，$E(\mathfrak{D})\subset\{\boldsymbol{c}_1,\cdots,\boldsymbol{c}_r\}$．$\therefore\ E(\mathfrak{D})=\{\boldsymbol{c}_1,\cdots,\boldsymbol{c}_r\}$．

(iii) $\mathfrak{D}$ が有界なら $\mathfrak{D}^{(\infty)}=\{\boldsymbol{o}\}$ ($\because$ 定理2.10)．よって $E(\mathfrak{D})\neq\phi$ ($\because$ 定理2.11)．よって上記(ii)を用いればよい．▌

注意　K が実数体 $\boldsymbol{R}$ のときは，$\boldsymbol{R}^n$ の位相を考えることにより，上の(iii)はさらに拡張されて，コンパクトな凸集合 $\mathfrak{D}\,(\neq\phi)$ に対しても成り立つ．さらに $\boldsymbol{R}$ 上の Banach 空間中のコンパクトな凸集合 $\mathfrak{D}\,(\neq\phi)$ にも拡張されている．(Krein–Milman の定理)　このときは $\mathfrak{D}$ は $E(\mathfrak{D})$ の凸包の閉包になる．Farkas の定理も $K^n=\boldsymbol{R}^n$ の場合には，“閉じた凸錐 P に対して $P=P^{**}$ となる”という形に拡張されている．

§2.7　端点集合を定める一つの例題

一般に凸多面体 $\mathfrak{D}$ を与えても，その端点集合 $E(\mathfrak{D})$ を求めるのは容易ではない．原理的には $\mathfrak{D}$ のパラメータ表示 $\mathfrak{D}=[\boldsymbol{c}_1,\cdots,\boldsymbol{c}_r]+\mathfrak{D}^{(\infty)}$ を求めて，点 $\boldsymbol{c}_1,\cdots,\boldsymbol{c}_r$ のうちから $\mathfrak{D}$ の端点を探せばよい．(補題 2.4 参照)　しかしこれは実行上大変な手間がかかる．以下では，後からも使うので，ある種の凸多面体 $\mathfrak{D}$ の端点集合を求めておく．(一般には $\mathfrak{D}$ の端点集合を含む $\mathfrak{D}$ の一つの有限部分集合を見出すことにより端点追究作業を打切るのである．応用上はそれで十分だからである.)

まず一つの組合せ論的な補題を準備しよう．Ω_1,Ω_2 を有限集合とし，その直積集合を $\Omega=\Omega_1\times\Omega_2$ とする．Ω 中の 2 点 $\lambda=(i,j)$ と $\lambda'=(i',j')$ に対し，

　$i=i'$ ならば λ と λ' とは**同行にある**といい，

　$j=j'$ ならば λ と λ' とは**同列にある**という．

$i\in\Omega_1$ に対し，Ω の部分集合 $\{i\}\times\Omega_2$ を Ω の**行**という．$j\in\Omega_2$ に対し Ω の部分集合 $\Omega_1\times\{j\}$ を Ω の**列**という．

Ω 中の互いに相異なる元からなる系列

$$\lambda_1,\quad \lambda_2,\quad \cdots,\quad \lambda_s$$

において，

$$\lambda_1,\lambda_2 \text{ は同行},\quad \lambda_2,\lambda_3 \text{ は同列},\quad \lambda_3,\lambda_4 \text{ は同行},\quad \cdots,$$
$$\lambda_{s-1},\lambda_s \text{ は同行},\quad \lambda_s,\lambda_1 \text{ は同列}$$

が成り立つとき，$\lambda_1,\cdots,\lambda_s$ は Ω 中で一つの**ループ**をなすという．(したがってこのとき s は必ず偶数で，しかも $s\geqq 4$ である．$s=10$ の場合の例を図 2.11 に示した.)

補題 2.5　$\Omega=\Omega_1\times\Omega_2$ の部分集合 $P\,(\neq\phi)$ が次の性質 $(*)$ をもつとする：

$(*)$　“各 $\lambda\in P$ に対し，λ と同行の $\mu\in P$, $\mu\neq\lambda$, がある．また，λ と同列の $\nu\in P$, $\nu\neq\lambda$, がある.”

すると，P は少なくとも一つのループを含む．

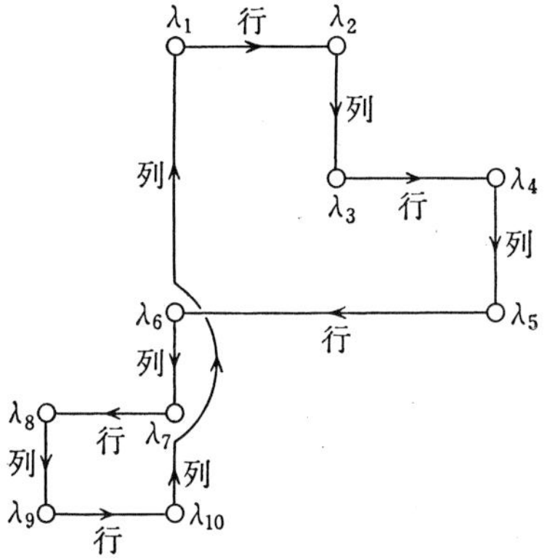

図 2.11　ループの図

注意　P の各点を通るループがあるわけではない．例えば図 2.12 の斜線を施した部分を P とすれば，(∗) を満たすが，元 (1, 3) あるいは (1, 5) を通るループは存在しない．

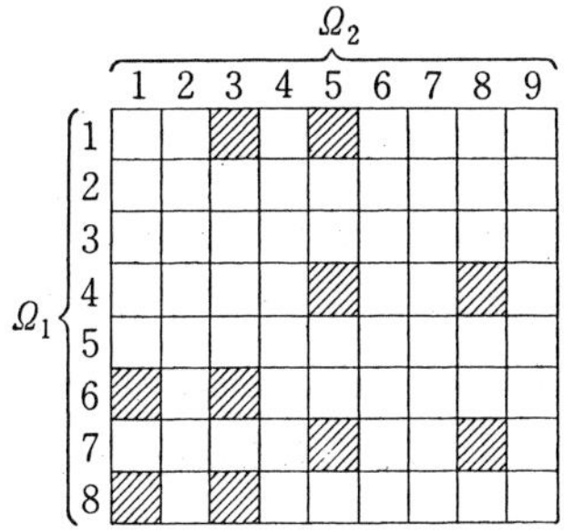

$\Omega=\Omega_1\times\Omega_2$
$\Omega_1=\{1,\cdots,8\}$
$\Omega_2=\{1,\cdots,9\}$

図 2.12

証明　$\lambda_1\in P$ を一つとり，λ_1 と同行の $\mu_1\ (\neq\lambda_1)$ を P 中にとる．次に μ_1 と同列の $\lambda_2\ (\neq\mu_1)$ を P にとる．次に λ_2 と同行の $\mu_2\ (\neq\lambda_2)$ を P 中にとる．一般に P 中に $\lambda_1,\mu_1,\lambda_2,\mu_2,\cdots,\lambda_k,\mu_k$ をとり，次のようになったとする：

$$
(**)_k\quad
\begin{cases}
\lambda_i,\mu_i\ \text{は同行で}\quad \lambda_i\neq\mu_i & (i=1,\cdots,k),\\
\mu_i,\lambda_{i+1}\ \text{は同列で}\quad \mu_i\neq\lambda_{i+1} & (i=1,\cdots,k-1),\\
\lambda_1,\cdots,\lambda_k\ \text{を通る行は互いに相異なる},\\
\mu_1,\cdots,\mu_k\ \text{を通る列は互いに相異なる}\\
\quad(\text{したがって，}\lambda_1,\mu_1,\cdots,\lambda_k,\mu_k\ \text{は互いに相異なる}).
\end{cases}
$$

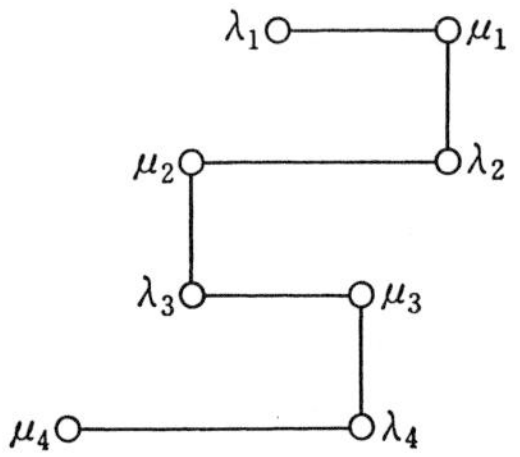

図2.13

そこで μ_k と同列の $\lambda(\neq\mu_k)$ を P 中からとる．λ が $\lambda_1,\cdots,\lambda_{k-1}$ のどれか，例えば λ_i と同行ならば，

$$\lambda,\quad \mu_i,\quad \lambda_{i+1},\quad \mu_{i+1},\quad \cdots,\quad \lambda_k,\quad \mu_k$$

は P 中のループである．(λ は $\mu_i,\lambda_{i+1},\mu_{i+1},\cdots,\lambda_k,\mu_k$ のどれとも相異なるから.) 次に λ が $\lambda_1,\cdots,\lambda_{k-1}$ のどれとも同行でないなら，$\lambda=\lambda_{k+1}$ とおく．(λ はもちろん λ_k とも同行ではない($\because$ $\mu_k\neq\lambda$).)

次に λ_{k+1} と同行の $\mu(\neq\lambda_{k+1})$ を P 中からとる．μ が $\mu_1,\cdots,\mu_k$ のどれか，例えば μ_i と同列ならば，

$$\lambda_{i+1},\quad \mu_{i+1},\quad \lambda_{i+2},\quad \mu_{i+2},\quad \cdots,\quad \lambda_k,\quad \mu_k,\quad \lambda_{k+1},\quad \mu$$

は P 中のループである．(μ は $\lambda_{i+1},\mu_{i+1},\cdots,\lambda_k,\mu_k,\lambda_{k+1}$ のどれとも相異なるから.) μ が $\mu_1,\cdots,\mu_k$ のどれとも同列でないなら $\mu=\mu_{k+1}$ とおく．すると，$\lambda_1,\mu_1,\cdots,\lambda_{k+1},\mu_{k+1}$ について $(**)_{k+1}$ が成り立つから，これについて同様の操作をする．もし P 中にループがないなら，上の操作は無限に続くが，P が有限集合だからそれは不可能である．よって上の操作はどこかでストップし，P 中にループが生ずる．▌

さて，$\Omega_1=\{1,\cdots,m\}$，$\Omega_2=\{1,\cdots,n\}$，$\Omega=\Omega_1\times\Omega_2$ とし，Ω の部分集合 J が与えられているとする．また順序体 K 中に部分加群 $\mathfrak{M}$ が与えられているとする．すなわち，$\mathfrak{M}$ は K の部分集合で，

$$0\in\mathfrak{M};\quad \alpha\in\mathfrak{M},\ \beta\in\mathfrak{M}\Longrightarrow\alpha\pm\beta\in\mathfrak{M}$$

が成り立つとする．(例えば $\mathfrak{M}=\boldsymbol{Z}$ は部分加群である.) いま，$a_1,\cdots,a_m,b_1,\cdots,b_n$ を $\mathfrak{M}$ の元で $a_1\geqq0,\ \cdots,\ a_m\geqq0,\ b_1\geqq0,\ \cdots,\ b_n\geqq0$ とする．そこで K 上の mn 次元空間 $K(m,n)$ 中の凸多面体 $\mathfrak{D}$ を

$$\mathfrak{D}=\left\{X=(x_{ij})\in K(m,n)\mid X\geqq 0,\ \sum_{j=1}^{n}x_{ij}=a_i\ (1\leqq i\leqq m),\right.$$

$$\left.\sum_{i=1}^{m}x_{ij}=b_j\ (1\leqq j\leqq n),\ \text{かつ}\ x_{ij}=0\ (\text{各}\ (i,j)\in J\ \text{に対して})\right\}$$

で定義する．$\mathfrak{D}$ は有界な凸多面体である．($\mathfrak{D}=\phi$ のこともあり得る.) さてここで次の補題を証明する．

補題 2.6 $\mathfrak{D}$ の端点の成分はすべて $\mathfrak{M}$ に属する．

証明 $X=(x_{ij})$ を $\mathfrak{D}$ の端点とする．$x_{ij}\in\mathfrak{M}$ を示そう．それには $P=\{(i,j)\in\Omega\mid x_{ij}\notin\mathfrak{M}\}$ が空集合であることをいえばよい．$P\neq\phi$ とする．P が補題 2.5 の条件 (＊) を満たすことを示そう．$\lambda=(i,j)\in P$ とすると，$x_{ij}\notin\mathfrak{M}$．一方 $x_{i1}+\cdots+x_{in}=a_i\in\mathfrak{M}$ だから，ある $\mu=(i,j')\in\Omega$, $j\neq j'$, が存在して，$\mu\in P$ となる．(もし x_{ij} 以外の $x_{i1},\cdots,x_{in}$ がすべて $\in\mathfrak{M}$ なら，$\mathfrak{M}$ は加群だから，$x_{ij}=a_i-(x_{i1}+\cdots+x_{i,j-1}+x_{i,j+1}+\cdots+x_{in})\in\mathfrak{M}$ となり矛盾.) 同様に $\lambda\in P$ に対して，λ と同列の $\nu\in P$, $\nu\neq\lambda$, も存在する．よって補題 2.5 により，P はループ

$$\lambda_1,\quad \lambda_2,\quad \cdots,\quad \lambda_s$$

を含む．$\lambda_t=(i_t,j_t)\ (1\leqq t\leqq s)$ とおく．$x_{i_t,j_t}\ (1\leqq t\leqq s)$ は $\geqq 0$, かつ $\neq 0$ ($\because$ $\mathfrak{M}$ に属さぬ) だから >0 である．これら t 個の元の最小値を $\theta>0$ とする．いま $Y=(y_{ij})\in K(m,n)$ を次のように定める：

$$y_{ij}=\begin{cases}1, & (i,j)=\lambda_t,\ t:\text{偶数, のとき},\\ -1, & (i,j)=\lambda_t,\ t:\text{奇数, のとき},\\ 0, & \text{それ以外のとき}.\end{cases}$$

すると，Y の行和，列和はすべて 0 である．しかも，P の作り方から，$(i,j)\in P$ のとき $x_{ij}>0$ であるから，$P\cap J=\phi$ である．よって，$(i,j)\in J$ なら $y_{ij}=0$ である．そこで $X+\theta Y/2$, $X-\theta Y/2$ を作れば，これらは非負行列 ($\because$ θ のとり方をみよ) で，行和と列和は X のそれと等しく，かつ J 成分は 0 であるから，ともに $\mathfrak{D}$ に属する．$Y\neq 0$ だから，この 2 点は相異なり，しかも X はその中点となる．これは $X\in E(\mathfrak{D})$ に反する．▌

この補題の一つの特別な場合を述べておこう．K の元を成分とする n 次正方行列 $X=(x_{ij})$ であって，

$$\begin{cases} x_{ij} \geqq 0 & (1 \leqq i \leqq n,\ 1 \leqq j \leqq n), \\ \sum_{j=1}^{n} x_{ij} = 1 & (1 \leqq i \leqq n), \\ \sum_{i=1}^{n} x_{ij} = 1 & (1 \leqq j \leqq n) \end{cases}$$

を満たすものを**重確率行列** (doubly stochastic matrix) という．例えば単位行列は重確率行列である．もう少し例をあげよう．n 次正方行列 $P=(p_{ij})$ において，各行各列に 0 でない成分は丁度一つずつあり，しかもその非零成分の値がすべて $=1$ であるとき，P を n 次の**置換行列** (permutation matrix) という．このとき，各 i に対し $p_{ij}=1$ なる j が一意確定するから，$j=\sigma(i)$ とおくと，σ は $\Omega=\{1, \cdots, n\}$ から Ω への全単射 (1:1 かつ上への写像)，すなわち Ω の**置換**となる．この置換 σ を，置換行列 P の定める置換という．逆に置換 $\sigma: \Omega \to \Omega$ に対して，$P=(p_{ij})$ を

$$p_{ij} = \begin{cases} 1, & j=\sigma(i) \text{ のとき}, \\ 0, & j \neq \sigma(i) \text{ のとき} \end{cases}$$

で定めれば，P は置換行列で，σ は P の定める置換になっている．この P を P_σ と書く．すると対応 $\sigma \mapsto P_\sigma$ は，n 元集合 Ω の置換全体の集合 (実は群をなす) $\mathfrak{S}_\Omega$ (いわゆる n 次対称群である) から，n 次置換行列の全体のなす集合 $\mathfrak{P}_n$ 上への 1:1 の写像となるわけである．

さて，定義から明らかに，置換行列はすべて重確率行列である．実は

定理 2.13　K 上の n 次重確率行列の全体 $\mathfrak{D}$ は $K(n, n)$ 中の空でない有界凸多面体であって，$\mathfrak{D}$ の端点集合 $E(\mathfrak{D})$ は n 次置換行列のなす集合と一致する．したがって，どんな重確率行列もいくつかの置換行列の凸1次結合の形に書ける．(Birkhoff-von Neumann の定理)

証明　$\mathfrak{D} \neq \phi$ (単位行列を含むから)，また定義から $\mathfrak{D}$ は有界凸多面体である．さて $P=(p_{ij})$ を置換行列とし，P が $\mathfrak{D}$ の端点であることを示そう．$P=(X+Y)/2$, $X \in \mathfrak{D}$, $Y \in \mathfrak{D}$ とする．$p_{ij}=0$ なら $2p_{ij}=x_{ij}+y_{ij}=0$. $\therefore\ x_{ij}=y_{ij}=0$. よって，$X$ も Y も各行，各列に 0 でない成分はただ一つである．そして，$x_{ij}>0 \Leftrightarrow p_{ij}>0 \Leftrightarrow y_{ij}>0$. そして $p_{ij}>0$ ならば $p_{ij}=1$ だから，$2=x_{ij}+y_{ij}$. 一方 $x_{ij} \leqq 1$, $y_{ij} \leqq 1$ だから，$x_{ij}=y_{ij}=1$ となる．$\therefore\ X=Y=P$. よって，P は $\mathfrak{D}$ の

端点である.

逆に, Q を $\mathfrak{D}$ の端点とすれば, 補題2.6により ($n=m$, $J=\phi$, $a_1=\cdots=a_n=b_1=\cdots=b_n=1$ の場合である), Q の成分 q_{ij} はすべて $\in \boldsymbol{Z}$ である. $0\leqq q_{ij}\leqq 1$ だから, q_{ij} は 0 か 1 である. Q の各行, 各列の和が 1 だから, Q は置換行列にならざるを得ない. 以上で

$$E(\mathfrak{D}) = \{n \text{ 次置換行列の全体}\}$$

がわかった. $\mathfrak{D}$ は $E(\mathfrak{D})$ の凸包となる (定理2.12, (iii)) から, どの重確率行列も置換行列の凸1次結合の形に書ける. ▮

Birkhoff-von Neumann の定理は, 後章で述べる割り当て問題を線型計画法の問題に直すときに用いられる.

一般に, いくつかの置換行列 $P_1, \cdots, P_r$ をとり, その凸包 $[P_1, \cdots, P_r]$ を考える. この凸包を定義する連立1次不等式の形がわかれば, $P_1, \cdots, P_r$ に対応する置換の関係した組合せ論的な最大最小問題を線型計画法の問題に直せる——という場合が多い. 例えば未解決のいわゆる巡回セールスマンの問題の場合には, $P_1, \cdots, P_r$ として, 対称群 $\mathfrak{S}_n$ 中で置換 $\sigma=(1\ 2\ \cdots\ n)$ に共役な元の全体を $\sigma_1, \cdots, \sigma_r$ とするとき, $P_i=P_{\sigma_i}$ $(1\leqq i\leqq r)$ ととることになる. この場合には $[P_1, \cdots, P_r]$ を定義する連立1次不等式の形は知られてはいないようである.

§2.8　係数体 K の拡大

順序体 K が順序体 L の部分体であって, しかも K のどの2元 α, β についても, K における大小関係は, L における α, β の大小関係と一致するものとする.

いま $\mathfrak{D}$ を K^n 中で連立1次不等式 (2.1) の定める凸多面体とする. (2.1) の解 $\tilde{x} \in L^n$ のなす L^n 中の凸多面体を $\mathfrak{D}^L$ と書く. この $\mathfrak{D}^L$ の定義は, 見掛け上は $\mathfrak{D}$ の制約条件のとり方に依存している. しかし次に示すように実は $\mathfrak{D}$ の制約条件にはよらない.

定理 2.14　K^n 中の凸多面体 $\mathfrak{D}$ に対し,

(i)　$\mathfrak{D}=\phi \Leftrightarrow \mathfrak{D}^L=\phi$, さらに $\mathfrak{D}^L\cap K^n=\mathfrak{D}$ が成り立つ,

(ii)　$\mathfrak{D}\neq\phi$ ならば, $\mathfrak{D}$ の任意のパラメータ表示 (K^n 中での)

$$\mathfrak{D} = [\boldsymbol{c}_1, \cdots, \boldsymbol{c}_r]+\langle \boldsymbol{d}_1, \cdots, \boldsymbol{d}_s\rangle$$

$(\boldsymbol{c}_1, \cdots, \boldsymbol{c}_r, \boldsymbol{d}_1, \cdots, \boldsymbol{d}_s \in K^n)$ に対して,

$$\mathfrak{D}^L=[\boldsymbol{c}_1,\cdots,\boldsymbol{c}_r]_L+\langle\boldsymbol{d}_1,\cdots,\boldsymbol{d}_s\rangle_L$$

となる．ただし $[\boldsymbol{c}_1,\cdots,\boldsymbol{c}_r]_L$ は $\boldsymbol{c}_1,\cdots,\boldsymbol{c}_r$ の L 係数の凸1次結合の全体を表わし，また $\langle\boldsymbol{d}_1,\cdots,\boldsymbol{d}_s\rangle_L$ は $\boldsymbol{d}_1,\cdots,\boldsymbol{d}_s$ の L 係数の非負1次結合の全体を表わす．

証明　(i) $\mathfrak{D}^L\neq\phi$ とする．定理2.5の証明からわかるように(2.1)が L^n 中に解をもてば，その解 $\boldsymbol{y}\in L^n$ の成分は(2.1)の係数 a_{ij}, a_i から有理演算(四則)で得られる．よって $\boldsymbol{y}\in K^n$．$\therefore$ $\mathfrak{D}\neq\phi$．一方 $\mathfrak{D}\subset\mathfrak{D}^L$ だから，$\mathfrak{D}\neq\phi$ なら $\mathfrak{D}^L\neq\phi$ である．$\therefore$ $\mathfrak{D}\neq\phi\Longleftrightarrow\mathfrak{D}^L\neq\phi$．また定義から直ちに $\mathfrak{D}^L\cap K^n=\mathfrak{D}$ となる．

(ii) 定理2.5の証明からわかるように，$\mathfrak{D}$ の K^n 中でのあるパラメータ表示(定理2.5の証明中で作ったもの) $\mathfrak{D}=[\boldsymbol{c}_1',\cdots,\boldsymbol{c}_p']+[\boldsymbol{d}_1',\cdots,\boldsymbol{d}_q']$ (K^n 中で)に対しては，$\mathfrak{D}^L=[\boldsymbol{c}_1',\cdots,\boldsymbol{c}_p']_L+\langle\boldsymbol{d}_1',\cdots,\boldsymbol{d}_q'\rangle_L$ となる．

さて，$\mathfrak{D}=[\boldsymbol{c}_1,\cdots,\boldsymbol{c}_r]+\langle\boldsymbol{d}_1,\cdots,\boldsymbol{d}_s\rangle=[\boldsymbol{c}_1',\cdots,\boldsymbol{c}_p']+\langle\boldsymbol{d}_1',\cdots,\boldsymbol{d}_q'\rangle$ が K^n 中で成り立つから，各 $\boldsymbol{c}_i$ は

$$\boldsymbol{c}_i=\alpha_{i1}\boldsymbol{c}_1'+\cdots+\alpha_{ip}\boldsymbol{c}_p'+\beta_{i1}\boldsymbol{d}_1'+\cdots+\beta_{iq}\boldsymbol{d}_q'$$

($\alpha_{ij}\in K,\ \beta_{ij}\in K,\ \alpha_{ij}\geqq 0,\ \beta_{ij}\geqq 0,\ \alpha_{i1}+\cdots+\alpha_{ip}=1$) と書ける．また $\langle\boldsymbol{d}_1,\cdots,\boldsymbol{d}_s\rangle=\mathfrak{D}^{(\infty)}=\langle\boldsymbol{d}_1',\cdots,\boldsymbol{d}_q'\rangle$ より，

$$\boldsymbol{d}_j=\gamma_{j1}\boldsymbol{d}_1'+\cdots+\gamma_{jq}\boldsymbol{d}_q'$$

($\gamma_{jk}\in K,\ \gamma_{jk}\geqq 0$) と書ける．よって，$\tilde{\boldsymbol{x}}=\lambda_1\boldsymbol{c}_1+\cdots+\lambda_r\boldsymbol{c}_r+\mu_1\boldsymbol{d}_1+\cdots+\mu_s\boldsymbol{d}_s$ ($\lambda_i\in L,\ \mu_j\in L,\ \lambda_i\geqq 0,\ \mu_j\geqq 0,\ \sum\lambda_i=1$) は，次のようになる：

$$\tilde{\boldsymbol{x}}=\sum_i\lambda_i\Bigl(\sum_h\alpha_{ih}\boldsymbol{c}_h'+\sum_k\beta_{ik}\boldsymbol{d}_k'\Bigr)+\sum_j\mu_j\Bigl(\sum_k\gamma_{jk}\boldsymbol{d}_k'\Bigr).$$

これは容易に $\tilde{\boldsymbol{x}}=\theta_1\boldsymbol{c}_1'+\cdots+\theta_p\boldsymbol{c}_p'+\tau_1\boldsymbol{d}_1'+\cdots+\tau_q\boldsymbol{d}_q'$ ($\theta_i\in L,\ \tau_j\in L,\ \theta_i\geqq 0,\ \tau_j\geqq 0,\ \sum\theta_i=1$) の形に書けることがわかる．よって

$$[\boldsymbol{c}_1,\cdots,\boldsymbol{c}_r]_L+\langle\boldsymbol{d}_1,\cdots,\boldsymbol{d}_s\rangle_L\subset[\boldsymbol{c}_1',\cdots,\boldsymbol{c}_p']_L+\langle\boldsymbol{d}_1',\cdots,\boldsymbol{d}_q'\rangle_L$$

を得る．同様に逆向きの包含関係も成り立つから両者は一致する．よって $\mathfrak{D}^L=[\boldsymbol{c}_1',\cdots,\boldsymbol{c}_p']_L+\langle\boldsymbol{d}_1',\cdots,\boldsymbol{d}_q'\rangle_L=[\boldsymbol{c}_1,\cdots,\boldsymbol{c}_r]_L+\langle\boldsymbol{d}_1,\cdots,\boldsymbol{d}_s\rangle_L$．∎

注意1　この定理により，$\mathfrak{D}^L$ の定義が $\mathfrak{D}$ の陰伏表示によらぬことのみならず，$\mathfrak{D}$ のどんなパラメータ表示 $\mathfrak{D}=[\boldsymbol{c}_1,\cdots,\boldsymbol{c}_r]+\langle\boldsymbol{d}_1,\cdots,\boldsymbol{d}_s\rangle$ に対しても，$[\boldsymbol{c}_1,\cdots,\boldsymbol{c}_r]_L+\langle\boldsymbol{d}_1,\cdots,\boldsymbol{d}_s\rangle_L$ は一定の集合で，それが実は $\mathfrak{D}^L$ に一致することがわかったのである．

注意2　L^n 中の凸多面体 $\tilde{\mathfrak{D}}$ に対し，$\tilde{\mathfrak{D}}=\mathfrak{D}^L$ となるような凸多面体 $\mathfrak{D}$ が K^n 中に存在するとは限らない．例えば $L=\boldsymbol{R}\supset\boldsymbol{Q}=K,\ L^1\supset\tilde{\mathfrak{D}}=\{x\in L\,|\,x\geqq\sqrt{2}\}$．

問　題

問題中の K は順序体とする.

1　$x+y\geqq 1$, $x+2y\leqq 5$, $y\geqq 0$ の定める K^2 中の凸多面体 $\mathfrak{D}$ の端点と無限方向を求めよ.

2　$x+y+z\geqq 0$, $x-y\geqq 0$, $y\geqq z\geqq 0$ の定める K^3 中の凸錐の双対錐を張る有限個のベクトルを求めよ.

3　$x_{i1}+x_{i2}+x_{i3}\leqq 1$, $x_{1j}+x_{2j}+x_{3j}\leqq 1$, $x_{ij}\geqq 0$ $(1\leqq i, j\leqq 3)$ の定める $K(3,3)$ 中の有界凸多面体のすべての端点を求めよ. $K(n,n)$ の場合に拡張せよ.

4　$x+y+z=1$, $2x+3y+4z=a$ に非負解 (x,y,z) が存在するような $a\in K$ の範囲を定めよ.

5　$K^m\ni \boldsymbol{a}_1,\cdots,\boldsymbol{a}_n$ とし, $\Omega=\{1,\cdots,n\}$ の部分集合 J に対し, $(J)=\{\boldsymbol{a}_j\,|\,j\in J\}$ とおく. (J) が (Ω) 中の**極小1次従属系**であるとは, (J) が1次従属で, かつ $J'\subsetneqq J$ なるどの J' に対しても (J') が1次独立なることをいう. このとき (J) の元に対する1次関係式 $\sum\xi_j\boldsymbol{a}_j=0$ $(j\in J)$ の係数 (ξ_j) はスカラー倍を除いて決まることを示せ. これらの ξ_j がすべて >0 にとれるような極小1次従属系を正の極小1次従属系, 略して**正の極小系**と呼ぶ.

6　$K^m\ni \boldsymbol{a}_1,\cdots,\boldsymbol{a}_n$ のある正係数の1次結合が $\boldsymbol{o}$ ならば, 各 i, $1\leqq i\leqq n$, に対し $\boldsymbol{a}_i$ を含む正の極小系があることを示せ.

7　$K(m,n)\ni A=(a_{ij})$ の列ベクトルを $\boldsymbol{a}_1,\cdots,\boldsymbol{a}_n$ とし, (J) が $\{\boldsymbol{a}_1,\cdots,\boldsymbol{a}_n\}$ 中の正の極小系となるような $J\subset\Omega=\{1,\cdots,n\}$ の全体のなす族を $\mathfrak{P}$ とする. $J\in\mathfrak{P}$ に対し, $\boldsymbol{x}_J={}^t(\xi_1,\cdots,\xi_n)\in K^n$ を次のように定める:

$$\sum_{j\in J}\lambda_j\boldsymbol{a}_j=0,\quad \sum_{j\in J}\lambda_j=1\quad \text{で}\ \lambda_j\ \text{を定め}\quad \xi_i=\begin{cases}\lambda_i, & i\in J\ \text{のとき},\\ 0, & i\notin J\ \text{のとき}.\end{cases}$$

このとき, 凸錐 $\mathfrak{D}=\{\boldsymbol{x}\in K^n\,|\,A\boldsymbol{x}=\boldsymbol{o}, \boldsymbol{x}\geqq\boldsymbol{o}\}$ は $\boldsymbol{x}_J$, $J\in\mathfrak{P}$, により張られることを証明せよ.

8　$A\in K(m,n)$, $\mathfrak{D}=\{\boldsymbol{x}\in K^n\,|\,A\boldsymbol{x}\geqq\boldsymbol{o}\}$ に対し, 行列 $B\in K(m,2n+m)$ と, 線型写像 φ: $K^{2n+m}\to K^n$ が存在して次の性質をもつことを示せ: $\tilde{\mathfrak{D}}=\{\boldsymbol{y}\in K^{2n+m}\,|\,B\boldsymbol{y}=\boldsymbol{o}, \boldsymbol{y}\geqq\boldsymbol{o}\}$ は, $\varphi(\tilde{\mathfrak{D}})=\mathfrak{D}$ となる. (問題7, 8により定理2.4の別証明を得る. B,φ の作り方は簡単(§3.2, c)) だから, 双対錐を張る有限個のベクトルも原理的にはこれで求まる.)

9　$K^m\ni \boldsymbol{a}_1,\cdots,\boldsymbol{a}_n$ のある正係数1次結合が0となるための必要十分条件は, $\{\boldsymbol{a}_1,\cdots,\boldsymbol{a}_n\}^*\subset\{\boldsymbol{a}_1,\cdots,\boldsymbol{a}_n\}^\perp$ であることを示せ. (Stiemke の定理)

[ヒント] 定理2.1.

10　$K^m\ni \boldsymbol{a}_1,\cdots,\boldsymbol{a}_n$ に対し, $\boldsymbol{x}\in\langle\boldsymbol{a}_1,\cdots,\boldsymbol{a}_n\rangle$ と, $\boldsymbol{y}\in\langle\boldsymbol{a}_1,\cdots,\boldsymbol{a}_n\rangle^*$ が存在して $\boldsymbol{x}+\boldsymbol{y}>\boldsymbol{o}$ となることを示せ.

11　$K(m,n)\ni A$ に対し $\boldsymbol{x}\in K^n$ と $\boldsymbol{y}\in K(1,m)$ が存在して, $A\boldsymbol{x}=\boldsymbol{o}$, $\boldsymbol{y}A\geqq\boldsymbol{o}$, $\boldsymbol{x}\geqq\boldsymbol{o}$, $\boldsymbol{y}A+\boldsymbol{x}>\boldsymbol{o}$ となることを示せ.

12　$Q=\{\boldsymbol{x}\in K^n\,|\,\boldsymbol{x}\geqq\boldsymbol{o}\}$, $K^n\ni\boldsymbol{a}_1,\cdots,\boldsymbol{a}_r$ とする. $Q\cap\langle\boldsymbol{a}_1,\cdots,\boldsymbol{a}_r\rangle=\{\boldsymbol{o}\}$ なら, $\langle\boldsymbol{a}_1,\cdots,\boldsymbol{a}_r\rangle^*\ni\boldsymbol{x}>\boldsymbol{o}$ なる $\boldsymbol{x}\in K^n$ が存在することを示せ.

13 $K(n, n) \ni A = -{}^tA$ に対し，$\boldsymbol{x} \in K^n$ が存在して，$A\boldsymbol{x} + \boldsymbol{x} > \boldsymbol{o}$ となることを示せ．(Tucker の定理)

第3章　線型計画法

実係数の1次形式 $f(x)=c_1x_1+\cdots+c_nx_n$ に対し，変数 $x_1, \cdots, x_n$ に有限個の連立1次不等式(実係数の)

$$\begin{cases} a_{11}x_1+\cdots+a_{1n}x_n \leqq b_1, \\ \qquad \cdots\cdots\cdots\cdots\cdots \\ a_{m1}x_1+\cdots+a_{mn}x_n \leqq b_m \end{cases}$$

による制約条件を課する．そしてこの制約条件の下で $(x_1, \cdots, x_n)$ が動くときの関数 $f(x)$ の最大値(あるいは最小値)と，それを実現する $x_1, \cdots, x_n$ の値を求める問題を線型計画 (linear programming) の問題――略して LP 問題――という．現実に LP 問題の形で与えられる応用上の問題は極めて多く(巻末参考書 [1] を参照)，LP 問題が与えられたときこれを解く手順が重要である．そのような手順として最も有名なのが G. B. Dantzig によって創始された単体法 (simplex method) である．本章の目的はこの単体法の解説をすることである．係数は実数でなくても，一つの順序体 K 中からとってきても議論には差支えないので，以下そのようにする．

§3.1　LP 問題

a) 線型計画問題 (LP 問題) の定義

K を順序体，$\mathfrak{D}$ を K^n 中の凸多面体，$f: K^n \to K$, $f(x)=c_1x_1+\cdots+c_nx_n$ を1次形式とする．$\mathfrak{D}$ 中を動くベクトル $\boldsymbol{x} \in K^n$ に対して，$f(x)$ の最大値(あるいは最小値)と，それを実現するような $\boldsymbol{x} \in \mathfrak{D}$ を(少なくとも一つ)求める問題を線型計画の問題――略して LP 問題――という．最大値を求める LP 問題を $(K^n, \mathfrak{D}, f, \max)$ あるいは $(K^n, \mathfrak{D}, f \to \max)$ などと書く．f を目的関数という．最小値を求める LP 問題の場合には max の所を min と書く．誤解の恐れがなければ K^n を略して，単に $(\mathfrak{D}, f, \max)$，$(\mathfrak{D}, f \to \max)$ とも書くことにする．f の $\mathfrak{D}$ 上の最大値を求めることは，$-f$ の $\mathfrak{D}$ 上の最小値を求めることと同値だから，LP

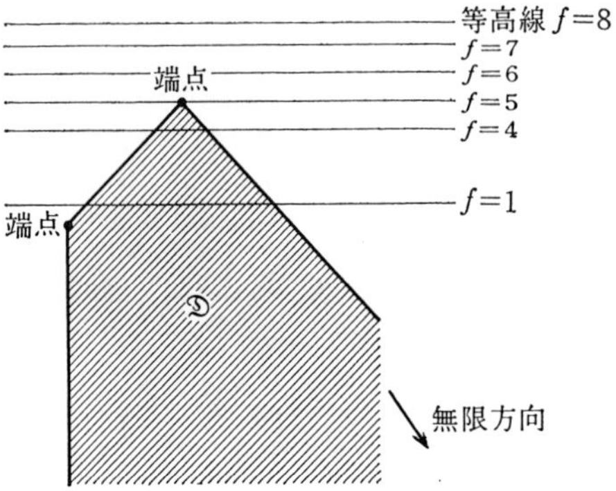

図3.1

問題を論ずるには max あるいは min の一方に問題を限定しても一般性を失わないわけである.

b) 制約条件(束縛条件), 実行可能性

LP 問題$(K^n, \mathfrak{D}, f\to\max)$に対し, 凸多面体 $\mathfrak{D}$ を定める連立1次不等式系を一組とり, これを

$$
(3.1)\qquad \begin{cases} a_{11}x_1+\cdots+a_{1n}x_n \leqq b_1, \\ \quad\cdots\cdots\cdots\cdots\cdots \\ a_{m1}x_1+\cdots+a_{mn}x_n \leqq b_m \end{cases}
$$

とする. このような連立1次不等式系は $\mathfrak{D}$ に対して一意的に定まるわけではないが, そのうちの一つを(3.1)としたのである. このとき(3.1)を変数 $x_1, \cdots, x_n$ に対する**制約条件**(あるいは**束縛条件**)という. 制約条件(3.1)を満たすベクトル $\boldsymbol{x}\in K^n$, すなわち $\boldsymbol{x}\in\mathfrak{D}$ を**実行可能ベクトル**, または**実行可能解**(feasible vector, feasible solution)——略して**可能ベクトル**(**可能解**)——という.

$\mathfrak{D}\neq\phi$ のとき, 上の LP 問題は**実行可能**(feasible)であるという. $\mathfrak{D}=\phi$, すなわち実行不能な LP 問題は, もうそれ以上何もすることはない.

しかし $\mathfrak{D}\neq\phi$ でも, 関数 f が $\mathfrak{D}$ 上で最大値をもつとは限らない. f が $\mathfrak{D}$ 上で最大値 α をとるとき, $f(\boldsymbol{x})=\alpha$ となる $\boldsymbol{x}\in\mathfrak{D}$ を, **最適ベクトル**(**最適解**)(optimal vector, optimal solution)という. $\alpha=f(\boldsymbol{x})$ を**最適値**という. (最小値の場合も同様である.)

c) 制約条件の整理とその一般形

制約条件(3.1)において，そのうちのある二つ，例えば第1と第2の不等式が，それぞれ $P\leqq Q$, $P\geqq Q$ の形の二つの不等式からなっていたとすれば，これらの二つの不等式の成立は等式 $P=Q$ の成立に同値である．このときは，第1，第2の不等式をまとめて1本の等式

$$a_{11}x_1+\cdots+a_{1n}x_n=b_1$$

でおきかえてよい．このような整理をすれば(3.1)は結局いくつかの等式と，またいくつかの不等式からなる形に直される．

さらに(3.1)の不等式のうち，例えば $a_{m1}=-1$, $a_{m2}=\cdots=a_{mn}=0$, $b_m=0$ ならば，最後の不等式は $x_1\geqq 0$ と同値である．このようにある変数 x_i の"非負条件" $x_i\geqq 0$ と同値な不等式は別扱いにして，(3.1)を書くとき，最初か最後にひとまとめにしておくのが普通である．(3.1)中のある式で非負条件が課せられる変数を**非負変数**と呼び，それ以外の変数を符号について無制約な変数，あるいは**自由変数**と呼ぶ．

以上の整理の結果として，変数の番号をつけかえれば，(3.1)は次のような不等式制約と等式制約とが混合し，また非負変数と自由変数とが区別された形に直される．これを**制約条件の一般形**と呼ぶ．

$$(3.2)\qquad \begin{cases} a_{11}x_1+\ \cdots\ +a_{1n}x_n\leqq b_1, \\ \qquad\cdots\cdots\cdots\cdots\cdots \\ a_{p1}x_1+\ \cdots\ +a_{pn}x_n\leqq b_p, \\ a_{p+1,1}x_1+\cdots+a_{p+1,n}x_n=b_{p+1}, \\ \qquad\cdots\cdots\cdots\cdots\cdots \\ a_{m1}x_1+\ \cdots\ +a_{mn}x_n=b_m, \\ x_1\geqq 0,\quad \cdots,\quad x_q\geqq 0 \qquad (\text{非負変数}), \\ x_{q+1},\quad \cdots,\quad x_n \qquad\qquad (\text{自由変数}). \end{cases}$$

ここで $0\leqq p\leqq m$, $0\leqq q\leqq n$ である．したがって特に

$p=q=0$ ならば，等式制約，自由変数だけの制約条件である．これを**等式型の制約条件**という．$\mathfrak{D}$ は K^n のアフィン部分空間(ϕ, 点，直線，平面，…)となる．

$p=0$, $q=n$ ならば，等式制約，非負変数だけの制約条件である．この型の制約条件を**標準形の制約条件**という．かかる制約条件をもつ LP 問題を**標準形の**

LP 問題という．

$p=m$, $q=0$ ならば，不等式制約，自由変数だけの制約条件である．これを**双対標準形の制約条件**という．

$p=m$, $q=n$ ならば，不等式制約，非負変数だけの制約条件である．この型の制約条件を**規準形の制約条件**という．

d) LP 問題の実例

例 3.1 生産計画

ある会社が資源 $A_1, \cdots, A_m$ をそれぞれ $b_1, \cdots, b_m$ (単位は例えばトン，以下同じ) だけ保有している．これらの資源を用いて製品 $B_1, \cdots, B_n$ を作る．B_j を 1 単位作るために資源 A_i は a_{ij} だけ必要である．また製品 B_j を 1 単位作れば，利益は c_j (単位は例えば円) である．最大利益を得るには，$B_1, \cdots, B_n$ をそれぞれ何単位ずつ作ればよいか．

B_j を x_j 単位 $(j=1, \cdots, n)$ 作れば利益は

$$f(\boldsymbol{x}) = c_1x_1+\cdots+c_nx_n$$

である．手持資源の限界から制約条件

$$(*) \qquad a_{i1}x_1+\cdots+a_{in}x_n \leqq b_i \qquad (1\leqq i\leqq m)$$

が生ずる．また問題の意味から非負条件

$$(**) \qquad x_1 \geqq 0, \quad \cdots, \quad x_n \geqq 0$$

が生ずる．よってこの問題は，制約条件 $(*)$, $(**)$ (これは規準形である) の下で $f(\boldsymbol{x})=\sum c_ix_i$ の最大を求める LP 問題となる．

例 3.2 栄養食問題

栄養素 (ビタミン $A, B, \cdots$ など) $A_1, \cdots, A_m$ と食品 (米，味噌，パン，… など) $B_1, \cdots, B_n$ がある．B_j の 1 単位中に A_i は a_{ij} だけ含有されている．また人は健康上 1 日に $A_1, \cdots, A_m$ をそれぞれ少なくも $b_1, \cdots, b_m$ だけ摂る必要があるとする．B_j の 1 単位の値段を c_j とすれば，食品 $B_1, \cdots, B_n$ をそれぞれ何単位ずつ買えば，必要栄養素をとりつつ，食品にかかる総費用を最小にすることができるか？

B_j を x_j 単位 $(j=1, \cdots, n)$ 買えば，費用は

$$f(\boldsymbol{x}) = c_1x_1+\cdots+c_nx_n$$

である．制約条件は，

$$(*) \qquad a_{i1}x_1+\cdots+a_{in}x_n \geqq b_i \qquad (1\leqq i\leqq m)$$

および

$$(**) \qquad x_1 \geqq 0, \quad \cdots, \quad x_n \geqq 0$$

である．これは規準形の制約条件 $(*)$, $(**)$ の下で $f(\boldsymbol{x})$ の最小値を求める LP 問題である．

§3.2 LP の原理

a) 最適解の存在判定法と最適値の決定

LP 問題 $(K^n, \mathfrak{D}, f \to \max)$ を考える．$\mathfrak{D}=\phi$ なら何もすることはないから，$\mathfrak{D} \neq \phi$ とし，$\mathfrak{D}$ のパラメータ表示 (§2.3)

$$\mathfrak{D} = [\boldsymbol{c}_1, \cdots, \boldsymbol{c}_r] + \langle \boldsymbol{d}_1, \cdots, \boldsymbol{d}_s \rangle$$

を一つとる．このとき次の定理が成り立つ．

定理 3.1 LP 問題 $(K^n, \mathfrak{D}, f \to \max)$ が最適解をもつための必要十分条件は

$$f(\boldsymbol{d}_1) \leqq 0, \quad \cdots, \quad f(\boldsymbol{d}_s) \leqq 0$$

である．そのとき，f の $\mathfrak{D}$ 上の最大値は

$$\mathrm{Max}\,\{f(\boldsymbol{c}_1), \cdots, f(\boldsymbol{c}_r)\}$$

に等しい．したがって f が $\mathfrak{D}$ 上で上に有界ならば，f は $\mathfrak{D}$ 上で最大値をもつ．特に $\mathfrak{D}$ が有界ならどの1次形式 f も最適解をもつ．——

これはすでに補題2.3で述べたことである．重要なので定理として再記したのである．

したがって $\mathfrak{D}$ のパラメータ表示がわかっていれば，どんな1次形式 f に対しても，$f(\boldsymbol{c}_i), f(\boldsymbol{d}_j)$ の値を調べることにより，LP 問題が解決する．しかしすべての $\boldsymbol{c}_i, \boldsymbol{d}_j$ を求めることは一般に厄介である．(その一応の方法は§2.1, §2.2で述べたが.) 後述の単体法は $\boldsymbol{c}_i, \boldsymbol{d}_j$ の一部分と，そこでの $f(\boldsymbol{c}_i), f(\boldsymbol{d}_j)$ を知って他の $\boldsymbol{c}_p, \boldsymbol{d}_q$ へ進んで行き，最後には目的を達するという方法である．これによれば，与えられた f に関与する $\boldsymbol{c}_i, \boldsymbol{d}_j$ はパラメータ表示中に登場する $\boldsymbol{c}_1, \cdots, \boldsymbol{c}_r, \boldsymbol{d}_1, \cdots, \boldsymbol{d}_s$ 全体の極く一部で済むのが普通なので，計算量が少なくて済むのである．

注意 $(K^n, \mathfrak{D}, f \to \min)$ の形の LP 問題の場合には，最適解の存在条件は，$f(\boldsymbol{d}_1) \geqq 0, \cdots, f(\boldsymbol{d}_s) \geqq 0$ であり，そのとき，f の $\mathfrak{D}$ 上の最小値は $\mathrm{Min}\,\{f(\boldsymbol{c}_1), \cdots, f(\boldsymbol{c}_r)\}$ に等しい．

b) 変数変換 (変数追加) の原理

二つの LP 問題 $(K^N, \tilde{\mathfrak{D}}, \hat{f} \to \max)$, $(K^n, \mathfrak{D}, f \to \max)$ の間に次の関係がある

としよう．

(i)　線型写像 $\varphi: K^N \to K^n$ が存在して $\varphi(\tilde{\mathfrak{D}})=\mathfrak{D}$.

(ii)　しかも $\tilde{\mathfrak{D}}$ 上で $f\circ\varphi=\hat{f}$, すなわち $\tilde{\mathfrak{D}}$ の各点 $\tilde{\boldsymbol{x}}$ に対して

$$\tilde{f}(\tilde{\boldsymbol{x}}) = f(\varphi(\tilde{\boldsymbol{x}}))$$

となっている．

この関係を記号 $(K^N, \tilde{\mathfrak{D}}, \tilde{f}\to\max) \overset{\varphi}{\Longrightarrow} (K^n, \mathfrak{D}, f\to\max)$ と書き，$(K^N, \tilde{\mathfrak{D}}, \tilde{f}\to\max)$ は $(K^n, \mathfrak{D}, f\to\max)$ から**変数変換** $\varphi: K^N \to K^n$ により得られるということにする．

変数変換の関係は推移的である：$(K^M, \mathfrak{E}, g\to\max) \overset{\psi}{\Longrightarrow} (K^N, \tilde{\mathfrak{D}}, \hat{f}\to\max)$ かつ $(K^N, \tilde{\mathfrak{D}}, \hat{f}\to\max) \overset{\varphi}{\Longrightarrow} (K^n, \mathfrak{D}, f\to\max)$ であれば，容易にわかるように $(K^M, \mathfrak{E}, g\to\max) \overset{\varphi\circ\psi}{\Longrightarrow} (K^n, \mathfrak{D}, f\to\max)$ が成り立つ．

さて，いま $(K^N, \tilde{\mathfrak{D}}, \tilde{f}\to\max) \overset{\varphi}{\Longrightarrow} (K^n, \mathfrak{D}, f\to\max)$ とする．このとき二つのLP 問題の間には次のような密接な関係がある．

(I)　$\tilde{\mathfrak{D}} \neq \phi \Leftrightarrow \mathfrak{D} \neq \phi$.

これは $\varphi(\tilde{\mathfrak{D}})=\mathfrak{D}$ から直ちにわかる．

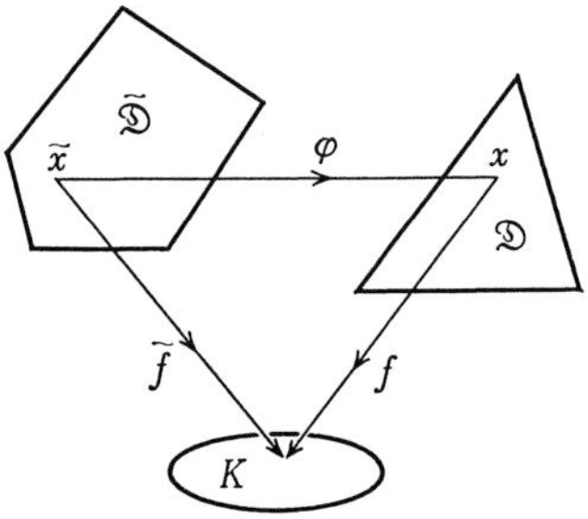

図3.2

(II)　$(K^N, \tilde{\mathfrak{D}}, \tilde{f}\to\max)$ が最適解をもつ $\Leftrightarrow$ $(K^n, \mathfrak{D}, f\to\max)$ が最適解をもつ．しかも最適値は一致する．

実際，$\tilde{\boldsymbol{x}}_0 \in \tilde{\mathfrak{D}}$ で $\hat{f}$ が最大値をとれば，各 $\boldsymbol{x} \in \mathfrak{D}$ に対し，$\boldsymbol{x}=\varphi(\tilde{\boldsymbol{x}})$, $\tilde{\boldsymbol{x}} \in \tilde{\mathfrak{D}}$, となるような $\tilde{\boldsymbol{x}}$ をとれば，

$$f(\boldsymbol{x}) = f(\varphi(\tilde{\boldsymbol{x}})) = \tilde{f}(\tilde{\boldsymbol{x}}) \leqq \tilde{f}(\tilde{\boldsymbol{x}}_0) = f(\varphi(\tilde{\boldsymbol{x}}_0)).$$

よって $\varphi(\tilde{\boldsymbol{x}}_0)=\boldsymbol{x}_0 \in \mathfrak{D}$ で f は最大値 $f(\boldsymbol{x}_0)=\tilde{f}(\tilde{\boldsymbol{x}}_0)$ に達する．逆に，$\boldsymbol{x}_0 \in \mathfrak{D}$ で f が最大値をとれば，$\boldsymbol{x}_0=\varphi(\tilde{\boldsymbol{x}}_0)$ なる $\tilde{\boldsymbol{x}}_0 \in \tilde{\mathfrak{D}}$ をとる．すると各 $\tilde{\boldsymbol{x}} \in \tilde{\mathfrak{D}}$ に対して，

$\tilde{f}(\tilde{\boldsymbol{x}})=f(\varphi(\tilde{\boldsymbol{x}}))\leqq f(\boldsymbol{x}_0)=f(\varphi(\tilde{\boldsymbol{x}}_0))=\tilde{f}(\tilde{\boldsymbol{x}}_0)$. よって，$\tilde{f}$ は $\tilde{\boldsymbol{x}}_0\in\tilde{\mathfrak{D}}$ で最大値 $\tilde{f}(\tilde{\boldsymbol{x}}_0)=f(\boldsymbol{x}_0)$ に達する．

よって，(I), (II)の性質だけに関心がある限り，$(K^n, \mathfrak{D}, f\to\max)$ という LP 問題を，それから変数変換により得られる LP 問題 $(K^N, \tilde{\mathfrak{D}}, \tilde{f}\to\max)$ でおきかえて解けばよいことになる．新問題の最適解 $\tilde{\boldsymbol{x}}_0\in\tilde{\mathfrak{D}}$ から，$\boldsymbol{x}_0=\varphi(\tilde{\boldsymbol{x}}_0)$ とおいて，もとの問題の最適解が得られる．

c) 標準形の問題に直すこと．スラック変数の導入と変数の非負化

LP 問題 $(K^n, \mathfrak{D}, f\to\max)$ が与えられていて，$\mathfrak{D}$ を定める制約条件は

$$\left\{\begin{array}{l} a_{11}x_1+\cdots+a_{1n}x_n\leqq b_1, \\ \qquad\cdots\cdots\cdots\cdots\cdots \\ a_{m1}x_1+\cdots+a_{mn}x_n\leqq b_m \end{array}\right. \tag{3.3}$$

とする．この LP 問題から変数変換によってより扱い易い形の新 LP 問題を作ることを考える．

まず，制約式がすべて等式制約となるように変数変換しよう．そのため

$$w_i = b_i-(a_{i1}x_1+\cdots+a_{in}x_n) \qquad (i=1, \cdots, m)$$

とおいて，新変数 $w_1, \cdots, w_m$ を導入すると，(3.3) は

$$\left\{\begin{array}{lllll} a_{11}x_1+\cdots+a_{1n}x_n+w_1 & & & &= b_1, \\ a_{21}x_1+\cdots+a_{2n}x_n & +w_2 & & &= b_2, \\ \quad\cdots\cdots\cdots & & \ddots & & \\ a_{m1}x_1+\cdots+a_{mn}x_n & & & +w_m &= b_m \end{array}\right. \tag{3.4}$$

という等式制約となる．ここで $w_1, \cdots, w_m$ は非負変数である：

$$w_1\geqq 0, \quad \cdots, \quad w_m\geqq 0. \tag{3.5}$$

この新しい変数 w_i を**余裕変数**，あるいは**スラック変数** (slack variable) という．(例 3.1 の場合にあてはめれば資源の残量——余裕——を示す量なのでこの名がある.) もし (3.3) の不等式のうちに，$\leqq$ ではなくて，$\geqq$ の向きのものがあれば，

$$(a_{i1}x_1+\cdots+a_{in}x_n)-w_i = b_i$$

とおいて，やはり非負変数 w_i を得る．このときの w_i は過剰変数 (surplus variable) とも呼ばれるが，本書ではどちらもスラック変数ということにする．これらはいずれも不等式制約を等式制約に直すために導入される新変数である．

以上を変数変換の言葉に直そう．$N=n+m$ とし，K^N 中の凸多面体 $\tilde{\mathfrak{D}}$ を (3.4), (3.5) を満たすような点

$$^t(x_1, \cdots, x_n, w_1, \cdots, w_m) \in K^N$$

の全体のなす集合として定義する．線型写像 $\varphi: K^N \to K^n$ を $\varphi(^t(x_1, \cdots, x_n, w_1, \cdots, w_m)) = {}^t(x_1, \cdots, x_n)$ で定義する．すると $\varphi(\tilde{\mathfrak{D}}) = \mathfrak{D}$ は明らかである．また1次形式 $\tilde{f}: K^N \to K$ を

$$\tilde{f}(x_1, \cdots, x_n, w_1, \cdots, w_m) = f(x_1, \cdots, x_n)$$

で定義する．すると $f \circ \varphi = \tilde{f}$ となるから，新しい LP 問題 $(K^N, \tilde{\mathfrak{D}}, \tilde{f} \to \max)$ は $(K^n, \mathfrak{D}, f \to \max)$ から変数変換 φ により得られる．$f(\boldsymbol{x}) = c_1x_1 + \cdots + c_nx_n$ とすると，具体的には新 LP 問題は (3.4), (3.5) のもとで $c_1x_1 + \cdots + c_nx_n \to \max$ という問題に他ならない．

これで，制約式はすべて等式制約に直せたが，変数は一部分の $w_1, \cdots, w_m$ は非負変数であるが，残りの $x_1, \cdots, x_n$ は自由変数である．よってさらに変数変換して，制約式はすべて等式制約で，変数はすべて非負変数となるように——すなわち標準形の LP 問題になるようにしよう．

それには，$2n$ 個の非負変数 u_i, v_i $(1 \leqq i \leqq n)$ を

(3.6)　　$u_i - v_i = x_i \qquad (u_i \geqq 0,\ v_i \geqq 0,\ 1 \leqq i \leqq n)$

で導入する．すると変数 $u_1, \cdots, u_n, v_1, \cdots, v_n, w_1, \cdots, w_m$ に対して，(3.4), (3.5) は

(3.7)　$a_{i1}u_1 + \cdots + a_{in}u_n - a_{i1}v_1 - \cdots - a_{in}v_n + w_i = b_i \qquad (1 \leqq i \leqq m)$,

(3.8)　$u_1 \geqq 0,\ \cdots,\ u_n \geqq 0,\ v_1 \geqq 0,\ \cdots,\ v_n \geqq 0,\ w_1 \geqq 0,\ \cdots,\ w_m \geqq 0$

となる．この標準形の制約条件の下で1次形式

$$c_1u_1 + \cdots + c_nu_n - c_1v_1 - \cdots - c_nv_n$$

の最大値を求める LP 問題に到達する．形式的に述べ直せば，$M = n + N = 2n + m$ とし，K^M 中の凸多面体 $\mathfrak{E}$ を，(3.7), (3.8) を満たすような点 $^t(u_1, \cdots, u_n, v_1, \cdots, v_n, w_1, \cdots, w_m)$ の全体として定義し，$\psi: K^M \to K^N$ を

$$\psi(^t(u_1, \cdots, u_n, v_1, \cdots, v_n, w_1, \cdots, w_m)) = {}^t(u_1 - v_1, \cdots, u_n - v_n)$$

と定める．すると $\psi(\mathfrak{E}) = \tilde{\mathfrak{D}}$ である．また1次形式 $g: K^M \to K$ を $g(u_1, \cdots, u_n, v_1, \cdots, v_n, w_1, \cdots, w_m) = \sum c_i(u_i - v_i)$ で定める．すると $g = \tilde{f} \circ \psi$ となるから，$(K^M, \mathfrak{E}, g \to \max)$ は $(K^N, \tilde{\mathfrak{D}}, \tilde{f} \to \max)$ から変数変換 ψ により得られている．以上を

まとめると次の定理が得られる．

定理 3.2　任意の LP 問題は変数変換により標準形の LP 問題に直せる．——

とくに，LP 問題から離れて，凸多面体だけの言葉で上の内容を再録しておこう．

K^n の凸多面体 $\mathfrak{D}$ が標準形の制約条件によって定められるとき，$\mathfrak{D}$ を**標準形の凸多面体**ということにする．すると，上述より次の定理が得られている．

定理 3.3　K^n の凸多面体 $\mathfrak{D}=\{\boldsymbol{x}\in K^n \mid A\boldsymbol{x}+\boldsymbol{a}\geqq \boldsymbol{o}\}$ に対して，ある K^N と，K^N 中の標準形の凸多面体 $\tilde{\mathfrak{D}}$ と，線型写像 $\varphi: K^N\to K^n$ とが存在して，$\varphi(K^N)=K^n$，$\varphi(\tilde{\mathfrak{D}})=\mathfrak{D}$ となる．もしさらに，$\boldsymbol{a}=\boldsymbol{o}$ ならば，$\tilde{\mathfrak{D}}$ の制約条件を $\tilde{\mathfrak{D}}=\{\boldsymbol{z}\in K^N \mid B\boldsymbol{z}=\boldsymbol{o}, \boldsymbol{z}\geqq\boldsymbol{o}\}$ の形にとることが出来る．

注意　この定理の証明には §2.1, g) の内容を使っていない．よって，上の凸錐 $\{\boldsymbol{z}\in K^N \mid B\boldsymbol{z}=\boldsymbol{o}, \boldsymbol{z}\geqq\boldsymbol{o}\}$ (この形の制約条件をもつ凸錐を**標準形の凸錐**と呼ぶことにする) が有限個のベクトルで張られることが示せれば，定理 2.4 の別証を得る．また，$\tilde{\mathfrak{D}}$ のパラメータ表示が作れれば，$\mathfrak{D}$ のパラメータ表現が得られる．それは第2章の問題 7, 8 にある．

§3.3　標準形の凸多面体の端点と無限方向

定理 3.4　$A=(a_{ij})\in K(m,n)$，$\boldsymbol{b}\in K^m$ の定める K^n 中の標準形の凸多面体 $\mathfrak{D}=\{\boldsymbol{x}\in K^n \mid A\boldsymbol{x}=\boldsymbol{b}, \boldsymbol{x}\geqq\boldsymbol{o}\}$ が空でないならば，A の列ベクトルを $\boldsymbol{a}_1,\cdots,\boldsymbol{a}_n$ として次の各項が成り立つ．ただし $\Omega=\{1,\cdots,n\}$ とする．

(i)　$\mathfrak{D}^{(\infty)}=\{\boldsymbol{x}\in K^n \mid A\boldsymbol{x}=\boldsymbol{o}, \boldsymbol{x}\geqq\boldsymbol{o}\}$．

(ii)　$\mathfrak{D}^{(\infty)}\cap(-\mathfrak{D}^{(\infty)})=\{\boldsymbol{o}\}$，　したがって $E(\mathfrak{D})\neq\phi$．

(iii)　$\boldsymbol{x}={}^t(x_1,\cdots,x_n)\in\mathfrak{D}$ に対して $\Omega_x=\{i\in\Omega \mid x_i>0\}$

とおくと

$$\boldsymbol{x}\in E(\mathfrak{D}) \iff \{\boldsymbol{a}_i \mid i\in\Omega_x\} \text{ が1次独立.}$$

証明　(i)　$\boldsymbol{a}\in\mathfrak{D}$ をとる．$\boldsymbol{d}\in K^n$ に対して，

$$\begin{aligned}\boldsymbol{d}\in\mathfrak{D}^{(\infty)} &\iff A(\boldsymbol{a}+\theta\boldsymbol{d})=\boldsymbol{b},\quad \boldsymbol{a}+\theta\boldsymbol{d}\geqq\boldsymbol{o}\quad (\text{各 }\theta\in K,\ \theta\geqq 0,\ \text{に対して})\\ &\iff \boldsymbol{d}\geqq\boldsymbol{o},\quad A\boldsymbol{d}=\boldsymbol{o}.\end{aligned}$$

$\therefore\ \mathfrak{D}^{(\infty)}=\{\boldsymbol{x}\in K^n \mid A\boldsymbol{x}=\boldsymbol{o}, \boldsymbol{x}\geqq\boldsymbol{o}\}$．

(ii)　$\boldsymbol{d}\in\mathfrak{D}^{(\infty)}\cap(-\mathfrak{D}^{(\infty)})$ なら $\boldsymbol{d}\geqq\boldsymbol{o}$，$-\boldsymbol{d}\geqq\boldsymbol{o}$．　$\therefore\ \boldsymbol{d}=\boldsymbol{o}$．

(iii)　($\Longrightarrow$)　$\boldsymbol{x}\in E(\mathfrak{D})$，$\{\boldsymbol{a}_i \mid i\in\Omega_x\}$ が1次従属として矛盾を導びこう．簡単

のため $\Omega_x=\{1, \cdots, r\}$ とする．$\boldsymbol{a}_1\xi_1+\cdots+\boldsymbol{a}_r\xi_r=\boldsymbol{o}$ を自明でない1次関係式とし，$\xi_i\neq 0$ なる i，$1\leqq i\leqq r$，に対して，$x_i/|\xi_i|$ の最小値を $\theta>0$ とする．$u_i=x_i+(1/2)\theta\xi_i$，$v_i=x_i-(1/2)\theta\xi_i$ $(1\leqq i\leqq r)$ とおき，さらに

$$\boldsymbol{u}={}^t(u_1, \cdots, u_r, 0, \cdots, 0), \qquad \boldsymbol{v}={}^t(v_1, \cdots, v_r, 0, \cdots, 0)$$

とおいて $\boldsymbol{u}, \boldsymbol{v}\in K^n$ を定義する．すると θ の決め方から $\boldsymbol{u}\geqq 0$，$\boldsymbol{v}\geqq 0$．また $\boldsymbol{a}_1u_1+\cdots+\boldsymbol{a}_ru_r=\boldsymbol{a}_1x_1+\cdots+\boldsymbol{a}_rx_r=\boldsymbol{b}$，$\boldsymbol{a}_1v_1+\cdots+\boldsymbol{a}_rv_r=\boldsymbol{b}$ より，$A\boldsymbol{u}=\boldsymbol{b}$，$A\boldsymbol{v}=\boldsymbol{b}$．$\therefore$ $\boldsymbol{u}\in\mathfrak{D}$，$\boldsymbol{v}\in\mathfrak{D}$．しかも $\boldsymbol{u}\neq\boldsymbol{v}$，かつ $\boldsymbol{x}$ は $[\boldsymbol{u}, \boldsymbol{v}]$ の中点である．これは $\boldsymbol{x}\in E(\mathfrak{D})$ に反する．

($\Longleftarrow$)　$\boldsymbol{x}\in\mathfrak{D}$，$\{\boldsymbol{a}_i\,|\,i\in\Omega_x\}$ が1次独立とする．$\Omega_x=\{1, \cdots, r\}$ とする．もし $\boldsymbol{x}$ が $\mathfrak{D}$ の2点 $\boldsymbol{y}, \boldsymbol{z}$ の中点ならば，$2x_j=y_j+z_j=0$ $(r+1\leqq j\leqq n)$ より，$y_j=z_j=0$ $(r+1\leqq j\leqq n)$．よって $\boldsymbol{b}=\boldsymbol{a}_1x_1+\cdots+\boldsymbol{a}_rx_r=\boldsymbol{a}_1y_1+\cdots+\boldsymbol{a}_ry_r=\boldsymbol{a}_1z_1+\cdots+\boldsymbol{a}_rz_r$ となる．$\boldsymbol{a}_1, \cdots, \boldsymbol{a}_r$ は1次独立だから $x_i=y_i=z_i$ $(1\leqq i\leqq r)$．$\therefore$ $\boldsymbol{x}=\boldsymbol{y}=\boldsymbol{z}$．よって $\boldsymbol{x}\in E(\mathfrak{D})$．▌

§3.4 標準形の LP 問題

a) 問題の設定，基底

一般の LP 問題は必ず標準形の LP 問題に(変数変換により)直せることがわかった(§3.2, c))から，以下では標準形の LP 問題を解く方法を述べる．いま K を順序体とし，$A=(a_{ij})\in K(m, n)$，$\boldsymbol{b}\in K^m$，$\boldsymbol{c}\in K(1, n)$ が与えられているとする．このとき制約条件

$$\text{(3.9)} \qquad \begin{cases} a_{11}x_1+\cdots+a_{1n}x_n=b_1, \\ \qquad \cdots\cdots\cdots\cdots\cdots \\ a_{m1}x_1+\cdots+a_{mn}x_n=b_m, \\ x_1\geqq 0, \quad \cdots, \quad x_n\geqq 0 \end{cases}$$

で定まる K^n 中の多面体を $\mathfrak{D}$ とする．すなわち

$$\mathfrak{D}=\{\boldsymbol{x}\in K^n\,|\,A\boldsymbol{x}=\boldsymbol{b}, \boldsymbol{x}\geqq\boldsymbol{o}\}$$

である．そして，1次形式

$$f(\boldsymbol{x})=(\boldsymbol{c}\,|\,\boldsymbol{x})=c_1x_1+\cdots+c_nx_n$$

に対して次の諸点を問題にする．

(I)　$\mathfrak{D}\neq\phi$ であるか否か．(実行可能性)

(II)　f は $\mathfrak{D}$ 上で最大値をもつか否か．(最適解の存在)

(III)　f の $\mathfrak{D}$ 上の最大値と，それを与える $\boldsymbol{x} \in \mathfrak{D}$ を(少なくも一つ)求める．(最適解の構成)

このうち，(I)の完全解決は後まわしにして(§3.7, b)参照)，$\mathfrak{D} \neq \phi$ のための一つの必要条件を以下に仮定する．それは，連立1次方程式 $A\boldsymbol{x}=\boldsymbol{b}$ に解があるための必要十分条件である．

$$\text{rank}\,(A) = \text{rank}\,[A, \boldsymbol{b}] \tag{3.10}$$

という条件である．(rank (A) と書いたのは行列 A の階数，$[A, \boldsymbol{b}]$ は A の右に $\boldsymbol{b}$ を並べて書いた m 行 $n+1$ 列の行列である．) rank $(A)<$rank $[A, \boldsymbol{b}]$ なら，$A\boldsymbol{x}=\boldsymbol{b}$ に解がないから，もちろん $\mathfrak{D}=\phi$ となってしまうわけである．以下(3.10)を仮定し

$$r = \text{rank}\,(A)$$

とおく．したがって $r \leqq m$，$r \leqq n$ である．

行列 A の列ベクトルを順に $\boldsymbol{a}_1, \cdots, \boldsymbol{a}_n$ とする：

$$\boldsymbol{a}_i = \begin{bmatrix} a_{1i} \\ a_{2i} \\ \vdots \\ a_{mi} \end{bmatrix} \qquad (1 \leqq i \leqq n).$$

$\boldsymbol{a}_1, \cdots, \boldsymbol{a}_n$ の張る K^m の部分空間，すなわち行列 A の列ベクトル空間を U とする．$\dim U=r$ である．$\boldsymbol{a}_i$ を用いれば $\mathfrak{D}$ は

$$\mathfrak{D} = \{\boldsymbol{x}={}^t(x_1, \cdots, x_n) \in K^n \mid \boldsymbol{a}_1 x_1+\cdots+\boldsymbol{a}_n x_n=\boldsymbol{b},\ \boldsymbol{x} \geqq \boldsymbol{o}\}$$

と書けることに注意しておく．

$\Omega=\{1, \cdots, n\}$ とおき，Ω の部分集合 J に対して，

$$(J) = \{\boldsymbol{a}_j \mid j \in J\}$$

とおく．いくつかの $\boldsymbol{a}_i$ からなる U の基底，すなわち，(J)，$J \subset \Omega$，の形の基底を，簡単のために，以下単に(この LP 問題の)基底という．

(J) が基底ならば，J の元の個数 $|J|$ は r に等しいから，基底の総数は高々 $\binom{n}{r}$ である．

b) 基底に関する相対成分，単体表

基底 (J) が与えられたとき，ベクトル $\boldsymbol{a}_k, \boldsymbol{b}$ および1次形式 f の (J) に関する

相対成分なるものを導入しよう．その発想の裏側がわかるように，この LP 問題をもう 1 度変数変換する．それは

$$z = c_1x_1 + \cdots + c_nx_n \tag{3.11}$$

により新しい変数 z を追加し，線型写像 $\varphi: K^{n+1} \to K^n$ を

$$^t(z, x_1, \cdots, x_n) \longmapsto (x_1, \cdots, x_n)$$

で定義するのである．そして K^{n+1} 中の凸多面体 $\tilde{\mathfrak{D}}$ を

$$\left\{\begin{array}{l} a_{11}x_1 + \cdots + a_{1n}x_n = b_1, \\ \cdots\cdots\cdots\cdots\cdots \\ a_{m1}x_1 + \cdots + a_{mn}x_n = b_m, \\ z - c_1x_1 - \cdots - c_nx_n = 0, \\ x_1 \geqq 0, \quad \cdots, \quad x_n \geqq 0 \end{array}\right. \tag{3.12}$$

で定義し，K^{n+1} 上の 1 次形式 $\tilde{f}$ を

$$\tilde{f}(z, x_1, \cdots, x_n) = z \tag{3.13}$$

で定義する．すると，$\varphi(\tilde{\mathfrak{D}}) = \mathfrak{D}$，かつ各 $\tilde{\boldsymbol{x}} \in \tilde{\mathfrak{D}}$ に対して $f(\varphi(\tilde{\boldsymbol{x}})) = \tilde{f}(\tilde{\boldsymbol{x}})$ となるから，$(K^{n+1}, \tilde{\mathfrak{D}}, \tilde{f} \to \max) \overset{\varphi}{\Longrightarrow} (K^n, \mathfrak{D}, f \to \max)$ である．$\tilde{\mathfrak{D}}$ を定める束縛式では非負変数 $x_1, \cdots, x_n$ の他に自由変数 z が登場して，$\mathfrak{D}$ にくらべて束縛条件はやや複雑化したのであるが，その代り目的関数の形はもとの f に比べて，$\tilde{f}=$(座標関数自身) と簡単化したのである．

いま，(3.12) に対応して

$$\tilde{A} = \begin{bmatrix} 0 & a_{11} & \cdots & a_{1n} \\ \vdots & \vdots & & \vdots \\ 0 & a_{m1} & \cdots & a_{mn} \\ 1 & -c_1 & \cdots & -c_n \end{bmatrix}, \quad \tilde{\boldsymbol{b}} = \begin{bmatrix} b_1 \\ \vdots \\ b_m \\ 0 \end{bmatrix}, \quad \tilde{\boldsymbol{x}} = \begin{bmatrix} z \\ x_1 \\ \vdots \\ x_n \end{bmatrix}$$

とおく．$\tilde{A}$ の最初の列の c_1 倍，c_2 倍，… を次々の列にそれぞれ加えれば，$\tilde{A}$ は

$$\tilde{A}_0 = \begin{bmatrix} 0 & a_{11} & \cdots & a_{1n} \\ \vdots & \vdots & & \vdots \\ 0 & a_{m1} & \cdots & a_{mn} \\ 1 & 0 & \cdots & 0 \end{bmatrix}$$

となるから，

$$\operatorname{rank}(\tilde{A}) = \operatorname{rank}(\tilde{A}_0) = 1 + \operatorname{rank}(A) = 1 + r \tag{3.14}$$

となる．(3.10) より $\boldsymbol{b}\in U$ だから，上の形から，$\tilde{\boldsymbol{b}}$ は $\tilde{A}_0$ の列ベクトル空間に属する．一方 $\tilde{A}$ と $\tilde{A}_0$ とは同じ列ベクトル空間をもつから，$\tilde{\boldsymbol{b}}$ は $\tilde{A}$ の列ベクトル空間 $\tilde{U}$ に属する．

いま，$\tilde{A}$ の列ベクトルを左から順に $\tilde{\boldsymbol{a}}_0, \tilde{\boldsymbol{a}}_1, \cdots, \tilde{\boldsymbol{a}}_n$ とする．$\tilde{\Omega}=\{0,1,\cdots,n\}$ とおく．§3.4, a) でやったように，$\tilde{\Omega}$ の部分集合 S に対して，$(S)=\{\tilde{\boldsymbol{a}}_s \mid s\in S\}$ とおく．

後の説明をし易くするため，ここで次の記号を設けておく．いま (J) が U の基底となるような Ω の部分集合 J の全体のなす族を $\mathfrak{B}$ とし，また (S) が $\tilde{U}$ の基底をなし，かつ $0\in S$ であるような $\tilde{\Omega}$ の部分集合 S の全体のなす族を $\tilde{\mathfrak{B}}$ とする．

$\mathfrak{B}$ と $\tilde{\mathfrak{B}}$ の元の間には次のような1対1の対応がある．すなわち，例えば $S=\{0,1,\cdots,p\}$ ならば，(3.14) の証明と同様にして

$$\operatorname{rank}\begin{bmatrix} 0 & a_{11} & \cdots & a_{1p} \\ \vdots & \vdots & & \vdots \\ 0 & a_{m1} & \cdots & a_{mp} \\ 1 & -c_1 & \cdots & -c_p \end{bmatrix} = \operatorname{rank}\begin{bmatrix} 0 & a_{11} & \cdots & a_{1p} \\ \vdots & \vdots & & \vdots \\ 0 & a_{m1} & \cdots & a_{mp} \\ 1 & 0 & \cdots & 0 \end{bmatrix} = 1+\operatorname{rank}\begin{bmatrix} a_{11} & \cdots & a_{1p} \\ \vdots & & \vdots \\ a_{m1} & \cdots & a_{mp} \end{bmatrix}$$

が成り立つから，$0\in S\subset\tilde{\Omega}$ なる S に対して，$J=S-\{0\}$ とおけば

$$((S)\text{ の張る空間の次元}) = 1+((J)\text{ の張る空間の次元})$$

となる．よって，特に

$$(S)\text{ が }\tilde{U}\text{ の基底} \Leftrightarrow (J)\text{ が }U\text{ の基底}$$

となる．すなわち，

$$S\in\tilde{\mathfrak{B}} \Leftrightarrow J=S-\{0\}\in\mathfrak{B}$$

である．$S-\{0\}=J$ のとき，$S=\tilde{J}$ と書くことにする．すなわち $\tilde{J}=J\cup\{0\}$ である．対応 $J\leftrightarrow\tilde{J}$ により $\mathfrak{B}$ と $\tilde{\mathfrak{B}}$ の間に1対1の対応が生ずる．

いま，$J\in\mathfrak{B}$ とする．したがって対応して $\tilde{J}\in\tilde{\mathfrak{B}}$ である．基底 $(\tilde{J})$ の元の1次結合として $\tilde{\boldsymbol{a}}_k\ (1\leqq k\leqq n)$，$\tilde{\boldsymbol{b}}$ を表わそう：

$$(3.15)\qquad \tilde{\boldsymbol{a}}_k=\sum_{j\in\tilde{J}}\tilde{\boldsymbol{a}}_j\alpha_{jk},\qquad \tilde{\boldsymbol{b}}=\sum_{j\in\tilde{J}}\tilde{\boldsymbol{a}}_j\beta_j\qquad (\alpha_{jk},\beta_j\in K).$$

$\tilde{J}$ の元を0が末尾になるように（任意の順に）一列に並べて

$$\tilde{J}:\ j_1,\ j_2,\ \cdots,\ j_r,\ 0$$

とし，次のように，(3.15) の関係式を表わすような $(r+1)$ 行 $(n+2)$ 列の行列を

作る：

(3.15*)

(行見出し ↓；列見出し →)

	$\tilde{\boldsymbol{a}}_0$	$\tilde{\boldsymbol{a}}_1$	$\tilde{\boldsymbol{a}}_2$	$\cdots$	$\tilde{\boldsymbol{a}}_n$	$\boldsymbol{b}$
$\tilde{\boldsymbol{a}}_{j_1}$	0	α_{j_11}	α_{j_12}	$\cdots$	α_{j_1n}	β_{j_1}
$\vdots$	$\vdots$	$\vdots$	$\vdots$		$\vdots$	$\vdots$
$\tilde{\boldsymbol{a}}_{j_r}$	0	α_{j_r1}	α_{j_r2}	$\cdots$	α_{j_rn}	β_{j_r}
$\tilde{\boldsymbol{a}}_0$	1	α_{01}	α_{02}	$\cdots$	α_{0n}	β_0

$\left(\begin{array}{l}\alpha_{j_10}=\cdots=\alpha_{j_r0}=0,\\ \alpha_{00}=1 \text{ に注意}\end{array}\right)$.

この行列 $(\alpha_{jk}, \beta_j) \in K(r+1, n+2)$ を，上の並べ方での基底 $(\tilde{J})$ に属する**単体表** (simplex tableau) という[1]. $\tilde{J} \in \tilde{\mathfrak{B}}$ と $J \in \mathfrak{B}$ とは1対1に対応するから，これを基底 (J) に属する単体表ともいう.

(3.15) の各ベクトルの始めの n 個の成分を比べて ($\tilde{\boldsymbol{a}}_0$ の始めの n 個の成分が零だから) $k \in \Omega$ に対して

$$\boldsymbol{a}_k = \sum_{j \in J} \boldsymbol{a}_j \alpha_{jk}, \qquad \boldsymbol{b} = \sum_{j \in J} \boldsymbol{a}_j \beta_j \tag{3.16}$$

を得る．これは U の基底 (J) の元の1次結合として $\boldsymbol{a}_k, \boldsymbol{b}$ を表わした式である．次に (3.15) の各ベクトルの最後の成分を比べて ($k \in \Omega$ に対して)

$$-c_k = \sum_{j \in J}(-c_j)\alpha_{jk} + \alpha_{0k}, \qquad 0 = \sum_{j \in J}(-c_j)\beta_j + \beta_0 \tag{3.17}$$

を得る．ここで

$$\gamma_k = \alpha_{0k} \qquad (k=1, \cdots, n) \tag{3.18}$$

とおく．よって，γ_k は，補助量

$$z_k = \sum_{j \in J} c_j \alpha_{jk} \qquad (k=1, \cdots, n) \tag{3.19}$$

を使えば，(3.17) により

$$\gamma_k = z_k - c_k \tag{3.20}$$

で与えられる．さらに

$$\delta = \beta_0 \tag{3.21}$$

とおく.

定義 3.1　上の α_{jk} ($j \in J$, $k \in \Omega$), β_j ($j \in \Omega$), をそれぞれ基底 (J), $J \in \mathfrak{B}$, に関する $\boldsymbol{a}_k, \boldsymbol{b}$ の**相対成分**という．また上の γ_k ($k \in \Omega$), δ をそれぞれ基底 (J) に関

---

1) 行見出し，列見出しとして対応する変数 $x_{j_1}, \cdots, x_{j_r}, z$; $z, x_1, \cdots, x_n, 1$ ($\tilde{\boldsymbol{b}}$ の所に対応するのは定数1) を使うこともある.

する1次形式(目的関数) f の**斉次相対成分**, **非斉次相対成分**という.

注意　相対成分 α_{jk}, β_j だけがわかれば, (3.19), (3.20) より γ_k が計算される. δ も (3.17) の第2式から得られる.

(3.15*) の列を並べかえて $\tilde{\boldsymbol{a}}_0, \tilde{\boldsymbol{a}}_{j_1}, \cdots, \tilde{\boldsymbol{a}}_{j_r}, \tilde{\boldsymbol{a}}_{l_1}, \cdots, \tilde{\boldsymbol{a}}_{l_s}$ とすると, 単体表は (3.15*) からわかるように次の形になる.

(3.15**)

	$\tilde{\boldsymbol{a}}_0$	$\tilde{\boldsymbol{a}}_{j_1}$	$\cdots$	$\tilde{\boldsymbol{a}}_{j_r}$	$\tilde{\boldsymbol{a}}_{l_1}$	$\cdots$	$\tilde{\boldsymbol{a}}_{l_s}$	$\tilde{\boldsymbol{b}}$
$\tilde{\boldsymbol{a}}_{j_1}$	0	1		0	$\alpha_{j_1l_1}$	$\cdots$	$\alpha_{j_1l_s}$	β_{j_1}
$\vdots$	$\vdots$		$\ddots$		$\vdots$		$\vdots$	$\vdots$
$\tilde{\boldsymbol{a}}_{j_r}$	0	0		1	$\alpha_{j_rl_1}$	$\cdots$	$\alpha_{j_rl_s}$	β_{j_r}
$\tilde{\boldsymbol{a}}_0$	1	0	$\cdots$	0	γ_{l_1}	$\cdots$	γ_{l_s}	δ

$\left(\begin{array}{l}\{l_1, \cdots, l_s\}=L \text{ は} \\ \Omega-J \text{ である}\end{array}\right)$.

よって, 単体表前半の $(r+1)$ 行 $(r+1)$ 列の行列の部分は "わかりきっている" ので, これを省き, 後半の $(r+1)$ 行 $(s+1)$ 列 $(s=|L|,\ L=\Omega-J)$ の部分だけとった次の行列だけを考えてもよい:

(3.15***)

	x_{l_1}	$\cdots$	x_{i_s}	1
x_{j_1}	$\alpha_{j_1l_1}$	$\cdots$	$\alpha_{j_1l_s}$	β_{j_1}
$\vdots$	$\vdots$		$\vdots$	$\vdots$
x_{j_r}	$\alpha_{j_rl_1}$	$\cdots$	$\alpha_{j_rl_s}$	β_{j_r}
z	γ_{l_1}	$\cdots$	γ_{l_s}	δ

.

これを**簡約単体表**という. (ここでは変数を行と列の見出しにとった.)

c) 相対成分の変換則

$J\in\mathfrak{B}$, $J^*\in\mathfrak{B}$ とし, U の基底 (J), (J^*) に関する相対成分をそれぞれ $\alpha_{jk}, \beta_j, \gamma_k, \delta$; $\alpha_{jk}{}^*, \beta_j{}^*, \gamma_k{}^*, \delta^*$ とする. これらの間の関係を求めよう. 対応する $\tilde{U}$ の基底 $(\tilde{J})$, $(\tilde{J}^*)$ を考える. $\tilde{J}, \tilde{J}^*$ の元を一列に並べて

$$\tilde{J}:\ j_1,\ \cdots,\ j_r,\ 0;\qquad \tilde{J}^*:\ h_1,\ \cdots,\ h_r,\ 0$$

とする. 対応する列ベクトル ($\tilde{A}$ の) を並べて行列

$$B=(\tilde{\boldsymbol{a}}_{j_1}, \cdots, \tilde{\boldsymbol{a}}_{j_r}, \tilde{\boldsymbol{a}}_0),\qquad B^*=(\tilde{\boldsymbol{a}}_{h_1}, \cdots, \tilde{\boldsymbol{a}}_{h_r}, \tilde{\boldsymbol{a}}_0)$$

を作る. 基底間の変換を与える行列を $T=(t_{qp})$ とする: $j_{r+1}=h_{r+1}=0$ として

$$(*)\qquad \tilde{\boldsymbol{a}}_{j_p}=\sum_{q=1}^{r+1}\tilde{\boldsymbol{a}}_{h_q}t_{qp}\qquad (1\leqq p\leqq r+1).$$

T は $r+1$ 次の正則行列である．上式は行列形で書けば

$$B=B^*T$$

となる．

特に(＊)の第1～m 成分を比べると $\boldsymbol{a}_{j_p}=\sum_{q=1}^{r}\boldsymbol{a}_{h_q}t_{qp}$ となるから，r 次行列 $T_0=(t_{qp})$ $(1\leqq q,\ p\leqq r)$ は基底(J)，(J^*)間の変換を与える行列である．

さて，$\tilde{\boldsymbol{b}}=\sum_{j\in\tilde{J}}\tilde{\boldsymbol{a}}_j\beta_j=\sum_{h\in\tilde{J}^*}\tilde{\boldsymbol{a}}_h\beta_h{}^*$ であるから，

$$\tilde{\boldsymbol{b}}=B\begin{bmatrix}\beta_{j_1}\\ \vdots\\ \beta_{j_r}\\ \beta_0\end{bmatrix}=B^*\begin{bmatrix}\beta_{h_1}{}^*\\ \vdots\\ \beta_{h_r}{}^*\\ \beta_0{}^*\end{bmatrix}$$

となる．ここへ $B=B^*T$ を代入して B^* の“係数”を，すなわち $\tilde{\boldsymbol{a}}_{h_1},\cdots,\tilde{\boldsymbol{a}}_{h_r},\tilde{\boldsymbol{a}}_0$ の係数を比較すれば

$$T\begin{bmatrix}\beta_{j_1}\\ \vdots\\ \beta_{j_r}\\ \beta_0\end{bmatrix}=\begin{bmatrix}\beta_{h_1}{}^*\\ \vdots\\ \beta_{h_r}{}^*\\ \beta_0{}^*\end{bmatrix}$$

を得る．同様に $\tilde{\boldsymbol{a}}_k=\sum_{j\in\tilde{J}}\tilde{\boldsymbol{a}}_j\alpha_{jk}=\sum_{h\in\tilde{J}^*}\tilde{\boldsymbol{a}}_h\beta_h{}^*$ から

$$T\begin{bmatrix}\alpha_{j_1k}\\ \vdots\\ \alpha_{j_rk}\\ \alpha_{0k}\end{bmatrix}=\begin{bmatrix}\alpha_{h_1k}{}^*\\ \vdots\\ \alpha_{h_rk}{}^*\\ \alpha_{0k}{}^*\end{bmatrix}$$

を得る．さらに $\tilde{\boldsymbol{a}}_0=0\cdot\tilde{\boldsymbol{a}}_{h_1}+\cdots+0\cdot\tilde{\boldsymbol{a}}_{h_r}+1\cdot\tilde{\boldsymbol{a}}_0$ だから，$t_{q,r+1}=0$ $(1\leqq q\leqq r)$，$t_{r+1,r+1}=1$ である．よって

$$T\begin{bmatrix}0\\ \vdots\\ 0\\ 1\end{bmatrix}=\begin{bmatrix}0\\ \vdots\\ 0\\ 1\end{bmatrix},\qquad T=\left[\begin{array}{c|c}T_0 & \begin{matrix}0\\ \vdots\\ 0\end{matrix}\\ \hline * & 1\end{array}\right].$$

以上をまとめれば単体表の間の関係がわかる．$\alpha_{0k}=\gamma_k$，$\alpha_{0k}{}^*=\gamma_k{}^*$，$\beta_0=\delta$，$\beta_0{}^*=\delta^*$ と書き直して，

$$(3.22)\qquad T\begin{bmatrix} 0 & \alpha_{j_1 1} & \cdots & \alpha_{j_1 n} & \beta_{j_1} \\ \vdots & \vdots & & \vdots & \vdots \\ 0 & \alpha_{j_r 1} & \cdots & \alpha_{j_r n} & \beta_{j_r} \\ 1 & \gamma_1 & \cdots & \gamma_n & \delta \end{bmatrix} = \begin{bmatrix} 0 & \alpha_{h_1 1}{}^* & \cdots & \alpha_{h_1 n}{}^* & \beta_{h_1}{}^* \\ \vdots & \vdots & & \vdots & \vdots \\ 0 & \alpha_{h_r 1}{}^* & \cdots & \alpha_{h_r n}{}^* & \beta_{h_r}{}^* \\ 1 & \gamma_1{}^* & \cdots & \gamma_n{}^* & \delta^* \end{bmatrix}.$$

特に，J と J^* とが $r-1$ 個の元を共有している場合が後で必要になるから，そのときの T の形を見ておこう．いま $J=H\cup\{i\}$，$J^*=H\cup\{k\}$ $(|H|=r-1)$ とする．J, J^* の元の並べ方を

$$J\ :\ j,\ \cdots,\ \underline{i},\ \cdots,\ h \qquad (i\ は\ p\ 番目),$$
$$J^*:\ j,\ \cdots,\ \underline{k},\ \cdots,\ h \qquad (k\ も\ p\ 番目)$$

とする．(アンダーラインは注意を惹くためにつけた.) すると $\boldsymbol{a}_k$ の (J) に関する相対成分 α_{jk} と，$\alpha_{0k}=\gamma_k$ とを用いて

$$\tilde{\boldsymbol{a}}_k = \tilde{\boldsymbol{a}}_i\alpha_{ik} + \sum_{j\in H}\tilde{\boldsymbol{a}}_j\alpha_{jk} + \tilde{\boldsymbol{a}}_0\gamma_k$$

と書ける．$(\tilde{J}^*)$ が 1 次独立だから $\alpha_{ik}\neq 0$ である．そして，

$$(3.23)\qquad \tilde{\boldsymbol{a}}_i = \frac{1}{\alpha_{ik}}\left(\tilde{\boldsymbol{a}}_k - \sum_{j\in H}\tilde{\boldsymbol{a}}_j\alpha_{jk} - \tilde{\boldsymbol{a}}_0\gamma_k\right)$$

であるから，基底間の変換行列 T は次式で与えられる．

$$(\tilde{\boldsymbol{a}}_j, \cdots, \tilde{\boldsymbol{a}}_i, \cdots, \tilde{\boldsymbol{a}}_h) = (\tilde{\boldsymbol{a}}_j, \cdots, \tilde{\boldsymbol{a}}_k, \cdots, \tilde{\boldsymbol{a}}_h)\overset{\qquad\qquad p}{\left(\begin{array}{c|c|c|c} \begin{matrix} 1 & & 0 \\ & \ddots & \\ 0 & & 1 \end{matrix} & \begin{matrix} -\theta_j \\ \vdots \\ \end{matrix} & 0 & \begin{matrix} 0 \\ \vdots \\ 0 \end{matrix} \\ \hline 0 & \theta & 0 & 0 \\ \hline 0 & \begin{matrix} \vdots \\ -\theta_h \end{matrix} & \begin{matrix} 1 & & 0 \\ & \ddots & \\ 0 & & 1 \end{matrix} & \begin{matrix} 0 \\ \vdots \\ 0 \end{matrix} \\ \hline 0 & -\theta_0 & 0 & 1 \end{array}\right)}.$$

ここで $\theta, \theta_j, \cdots, \theta_h, \theta_0$ の値は (3.23) からわかるように

$$(3.24)\qquad \theta = \frac{1}{\alpha_{ik}},\quad \theta_j = \frac{\alpha_{jk}}{\alpha_{ik}},\quad \cdots,\quad \theta_h = \frac{\alpha_{hk}}{\alpha_{ik}},\quad \theta_0 = \frac{\gamma_k}{\alpha_{ik}}$$

である．よって，一般変換則 (3.22) に上の T の形を代入して，

$$
(3.25)\qquad
\overset{\qquad\qquad\qquad p}{\left[\begin{array}{c|c|c|c}
\begin{matrix}1 & & 0\\ & \ddots & \\ 0 & & 1\end{matrix} & \begin{matrix}-\theta_j\\ \vdots\\ \\ \end{matrix} & 0 & \begin{matrix}0\\ \vdots\\ 0\end{matrix}\\
\hline
0 & \theta & 0 & 0\\
\hline
0 & \begin{matrix}\\ \vdots\\ -\theta_h\end{matrix} & \begin{matrix}1 & & 0\\ & \ddots & \\ 0 & & 1\end{matrix} & \begin{matrix}0\\ \vdots\\ 0\end{matrix}\\
\hline
0 & -\theta_0 & 0 & 1
\end{array}\right]}
\left[\begin{array}{ccccccc}
0 & \alpha_{j1} & \cdots & \alpha_{jk} & \cdots & \alpha_{jn} & \beta_j\\
\vdots & \vdots & & \vdots & & \vdots & \vdots\\
0 & \alpha_{i1} & \cdots & \alpha_{ik} & \cdots & \alpha_{in} & \beta_i\\
\vdots & \vdots & & \vdots & & \vdots & \vdots\\
0 & \alpha_{h1} & \cdots & \alpha_{hk} & \cdots & \alpha_{hn} & \beta_h\\
1 & \gamma_1 & \cdots & \gamma_k & \cdots & \gamma_n & \delta
\end{array}\right]
$$

$$
=\left[\begin{array}{ccccccc}
0 & \alpha_{j1}{}^* & \cdots & 0 & \cdots & \alpha_{jn}{}^* & \beta_j{}^*\\
\vdots & \vdots & & \vdots & & \vdots & \vdots\\
0 & \alpha_{k1}{}^* & \cdots & 1 & \cdots & \alpha_{kn}{}^* & \beta_k{}^*\\
\vdots & \vdots & & \vdots & & \vdots & \vdots\\
0 & \alpha_{h1}{}^* & \cdots & 0 & \cdots & \alpha_{hn}{}^* & \beta_h{}^*\\
1 & \gamma_1{}^* & \cdots & 0 & \cdots & \gamma_n{}^* & \delta^*
\end{array}\right]
$$

を得る．この行列等式を展開して，成分間の等式に直せば，(i と k とは特別の地位にいることに注意！)

$$
(3.26)\qquad
\begin{cases}
\alpha_{ks}{}^* = \theta\alpha_{is} = \dfrac{\alpha_{is}}{\alpha_{ik}}, \qquad \beta_k{}^* = \theta\beta_i = \dfrac{\beta_i}{\alpha_{ik}} & (s \in \Omega),\\[2ex]
\alpha_{js}{}^* = \alpha_{js} - \theta_j\alpha_{is} = \alpha_{js} - \dfrac{\alpha_{jk}\alpha_{is}}{\alpha_{ik}} & (j \in H,\ \ s \in \Omega),\\[2ex]
\beta_j{}^* = \beta_j - \theta_j\beta_i = \beta_j - \dfrac{\alpha_{jk}\beta_i}{\alpha_{ik}} & (j \in H),\\[2ex]
\gamma_s{}^* = \gamma_s - \theta_0\alpha_{is} = \gamma_s - \dfrac{\gamma_k\alpha_{is}}{\alpha_{ik}} & (s \in \Omega),\\[2ex]
\delta^* = \delta - \theta_0\beta_i = \delta - \dfrac{\gamma_k\beta_i}{\alpha_{ik}}.
\end{cases}
$$

しかし(3.26)は記憶する必要はない．おぼえ易い形(3.25)で記憶すればよい．さらにこれを単体表の行に対する基本変形の言葉で述べ直せばもっとおぼえ易くなる．いま，(3.25)中に登場する(J)，(J^*)に属する単体表をそれぞれ X, X^* としよう．X の成分である α_{ik} は X の第 p 行上にあるが，さらに α_{ik} の属する列は X の第 q 列とする．すると行列 X に左から行列 T を掛けて行列 X^* に移行する操作は，行列 X の行に対する基本変形(本講座“線型空間”第4章参照)であって，次の操作からなっている：

(イ)　X の第 p 行には $1/\alpha_{ik}$ を掛ける．

(ロ)　X の他の行からは，X の第 p 行の適当なスカラー倍を引く．ただしその結果として，第 q 列が ${}^t(0, \cdots, 0, 1, 0, \cdots, 0)$ の形(1 が p 番目)となるようにする．

この操作(イ),(ロ)をあわせたものを，行列 X の，(p, q) 成分 α_{ik} $(\alpha_{ik} \neq 0)$ に関する(行)**掃き出し変換**，あるいは**枢軸変換**(pivot transformation, pivoting)といい，成分 α_{ik} をその**枢軸**(pivot)という．

例として，行列

$$\begin{bmatrix} 1 & 2 & 5 & 6 & 7 \\ 8 & -1 & 0 & \boxed{2} & 1 \\ 4 & 3 & 2 & 1 & 0 \end{bmatrix}$$

の(2,4)成分(□で囲んである)を枢軸として枢軸変換をしてみよう．第2行には 1/2 を掛けるわけである(∵ (イ))．また第1行，第3行からはそれぞれ第2行の 6/2 倍，1/2 倍を引くわけである(∵ (ロ))．よって結果は

$$\begin{bmatrix} -23 & 5 & 5 & 0 & 4 \\ 4 & -1/2 & 0 & 1 & 1/2 \\ 0 & 7/2 & 2 & 0 & -1/2 \end{bmatrix}$$

となる．

d) 相対成分(単体表)による制約条件の簡約化

A の列ベクトル空間 U の基底 (J), $J \in \mathfrak{B}$, に属する単体表，あるいは (J) に関する相対成分 $\alpha_{jk}, \beta_j, \gamma_k, \delta$ によりもとの LP 問題は完全に再現されることを示そう．制約条件 $A\boldsymbol{x}=\boldsymbol{b} \Leftrightarrow \boldsymbol{a}_1x_1+\cdots+\boldsymbol{a}_nx_n=\boldsymbol{b}$ だから，ここへ $\boldsymbol{a}_k=\sum_{j \in J}\boldsymbol{a}_j\alpha_{jk}$, $\boldsymbol{b}=\sum_{j \in J}\boldsymbol{a}_j\beta_j$ を代入すると，$L=\Omega-J$ として

$$\begin{aligned} A\boldsymbol{x}=\boldsymbol{b} &\Leftrightarrow \sum_{j \in J}\boldsymbol{a}_jx_j+\sum_{k \in L}\boldsymbol{a}_kx_k=\boldsymbol{b} \\ &\Leftrightarrow \sum_{j \in J}\boldsymbol{a}_jx_j+\sum_{k \in L}\sum_{j \in J}\boldsymbol{a}_j\alpha_{jk}x_k=\sum_{j \in J}\boldsymbol{a}_j\beta_j \\ &\Leftrightarrow x_j+\sum_{k \in L}\alpha_{jk}x_k=\beta_j \qquad (j \in J). \end{aligned}$$

よって，$A\boldsymbol{x}=\boldsymbol{b}$ は r 本の等式

$$x_j+\sum_{k\in L}\alpha_{jk}x_k=\beta_j \qquad (j\in J) \tag{3.27}$$

に同値である．(3.27) と非負条件 $\boldsymbol{x}\geqq\boldsymbol{o}$ をあわせればもとの制約条件になる．

定義より，$j\in J$, $k\in J$ なら $\alpha_{jk}=\delta_{jk}$ (Kronecker のデルタ) であることに注意しよう．よって，(3.27) は

$$\sum_{k=1}^{n}\alpha_{jk}x_k=\beta_j \qquad (j\in J) \tag{3.28}$$

と同じである．

さて，目的関数 $f(\boldsymbol{x})=\sum c_ix_i$ を相対成分で表わそう．(3.12) は $\tilde{\boldsymbol{a}}_0z+\tilde{\boldsymbol{a}}_1x_1+\cdots+\tilde{\boldsymbol{a}}_nx_n=\tilde{\boldsymbol{b}}$ を意味するから，ここへ $\tilde{\boldsymbol{a}}_k=\sum_{j\in\tilde{J}}\tilde{\boldsymbol{a}}_j\alpha_{jk}$, $\tilde{\boldsymbol{b}}=\sum_{j\in\tilde{J}}\beta_j\tilde{\boldsymbol{a}}_j$ を代入して $\tilde{\boldsymbol{a}}_0$ の係数を比べると，上と同様の計算で ($\tilde{\Omega}-\tilde{J}=L$ に注意)

$$z+\sum_{k\in L}\alpha_{0k}x_k=\beta_0$$

を得る．すなわち，$z=c_1x_1+\cdots+c_nx_n=f(\boldsymbol{x})$ より

$$z=f(\boldsymbol{x})=\delta-\sum_{k\in L}\gamma_kx_k \tag{3.29}$$

となる．これは

$$z=f(\boldsymbol{x})=\delta-\sum_{k=1}^{n}\gamma_kx_k \tag{3.30}$$

と書けることに注意しよう．実際，$j\in J$ ならば，(3.19) と (3.20) より

$$\gamma_j=z_j-c_j=\sum_{p\in J}c_p\alpha_{pk}-c_j=0 \qquad (\because\ \alpha_{pk}=\delta_{pk})$$

となるからである．以上をまとめておく．

定理 3.5　基底 (J), $J\in\mathfrak{B}$, に関する相対成分 $\alpha_{jk},\beta_j,\gamma_k,\delta$ ($j\in\Omega$, $k\in\Omega$) を用いれば，もとの LP 問題の制約条件は

$$\begin{cases} x_j+\sum_{k\in L}\alpha_{jk}x_k=\beta_j \quad (j\in J) \qquad (\text{ただし } L=\Omega-J), \\ x_1\geqq 0, \quad \cdots, \quad x_n\geqq 0 \end{cases}$$

と同値である．目的関数は $f(\boldsymbol{x})=\delta-\sum_{k\in L}\gamma_kx_k$ と表わされる．そして相対成分 γ_j $(j\in J)$ は 0 に等しい．$\delta=\sum_{j\in J}\gamma_j\beta_j$ である．

§3.5 単 体 法

a) 可能基底，基底解

A の列ベクトル空間の基底 (J)，$J\in\mathfrak{B}$ $(J\subset\Omega=\{1,\cdots,n\})$ において，$\boldsymbol{b}$ の相対成分 β_j $(j\in J)$ がすべて $\geqq 0$ であるとき，(J) をこの LP 問題の**実行可能基底** (feasible base)，あるいは略して，**可能基底**という．(J) が可能基底となるような $J\in\mathfrak{B}$ の全体のなす族を $\mathfrak{B}^+$ と書く．$\mathfrak{B}^+\subset\mathfrak{B}$ である．

さて基底 (J) に対し，ベクトル $\boldsymbol{x}_J\in K^n$ を次のように定義する：$\boldsymbol{x}_J={}^t(\xi_1,\cdots,\xi_n)$，ただし

$$\xi_p=\begin{cases}\beta_p, & p\in J \text{ のとき},\\ 0, & p\in L=\Omega-J \text{ のとき}.\end{cases}$$

$\boldsymbol{x}_J$ を (J) に属するベクトルという．$\boldsymbol{x}_J$ は定理 3.5 の制約条件 $x_j+\sum_{k\in L}\alpha_{jk}x_k=\beta_j$ $(j\in J)$ を満たすことは明らかである．しかし，非負性 $\boldsymbol{x}_J\geqq\boldsymbol{o}$ をもつか否かはわからない．$\boldsymbol{x}_J$ を用いると相対成分 δ は次のように書ける (∵ 定理 3.5)：

$$\delta=f(\boldsymbol{x}_J).$$

さて，もしさらに (J) が可能基底ならば $\beta_j\geqq 0$ $(j\in J)$ だから，非負性 $\boldsymbol{x}_J\geqq\boldsymbol{o}$ も成り立つ．よって $\boldsymbol{x}_J$ は制約条件をみたす．すなわち実行可能ベクトル $(\boldsymbol{x}_J\in\mathfrak{D})$ である．このとき $\boldsymbol{x}_J$ を可能基底 (J) に属する**基底解** (basic feasible solution) という．(定理 3.4 により，$\boldsymbol{x}_J$, $J\in\mathfrak{B}^+$, は $\mathfrak{D}$ の端点である．実は，$\mathfrak{D}$ のすべての端点は $\boldsymbol{x}_J$, $J\in\mathfrak{B}^+$ の形となることも定理 3.4, (iii) からわかる．定理 3.6 の証明参照.)

可能基底の存在について述べよう．$\mathfrak{B}^+\neq\phi$ ならば，上述のように $\boldsymbol{x}_J\in\mathfrak{D}$ だから，$\mathfrak{D}\neq\phi$ であるが，実は逆に

定理 3.6 もとの LP 問題が実行可能ならば，すなわち $\mathfrak{D}=\{\boldsymbol{x}\in K^n\mid A\boldsymbol{x}=\boldsymbol{b},\ \boldsymbol{x}\geqq\boldsymbol{o}\}$ が空でないならば，可能基底が存在する．

証明 $\boldsymbol{x}={}^t(\xi_1,\cdots,\xi_n)\in\mathfrak{D}$ をとる．$\boldsymbol{a}_1\xi_1+\cdots+\boldsymbol{a}_n\xi_n=\boldsymbol{b}$ である．$S=\{i\in\Omega\mid\xi_i>0\}$ とおく．$(S)=\{\boldsymbol{a}_i\mid i\in S\}$ が 1 次独立なら，$S\subset J\in\mathfrak{B}$ をとれば，(J) に関する $\boldsymbol{b}$ の成分は ξ_j $(j\in J)$ となる．$\xi_j\geqq 0$ $(j\in J)$ だから (J) は可能基底である．よって，(S) は 1 次従属としよう．(S) の元の間の自明でない 1 次関係式を $\sum_{j\in S}\boldsymbol{a}_j\eta_j=\boldsymbol{o}$ とする．ある η_j は >0 としてよい．いま $\eta_j>0$ であるような $j\in S$ に対する ξ_j/η_j の最大値を α とする．$\alpha>0$ である．すると各 $j\in S$ に対し $\xi_j-\alpha\eta_j\geqq 0$ で

ある．なぜなら，$\eta_j>0$ ならば α のきめ方により $\xi_j-\alpha\eta_j\geqq 0$ であるし，$\eta_j\leqq 0$ ならば $\xi_j>0$ より $\xi_j-\alpha\eta_j\geqq 0$ である．よって，

$$\sum_{j\in S}\boldsymbol{a}_j(\xi_j-\alpha\eta_j)=\boldsymbol{b}$$

を得る．ここで係数 $\xi_j-\alpha\eta_j\ (j\in S)$ はすべて非負であるが，α のとり方よりある $j\in S$ に対しては $\xi_j-\alpha\eta_j=0$ である．すなわち，(S) が1次従属なら，$\boldsymbol{b}$ は $|S|$ 個より少数の $\boldsymbol{a}_j$ の正係数の1次結合となる．よって以下この操作をくりかえせば，結局 $\boldsymbol{b}$ は1次独立な $\boldsymbol{a}_j$ 達の正係数の1次結合となり，上記により目的を達する．▌

b) 基底 (J) から生ずる $\mathfrak{D}$ の無限方向

基底 (J) を与える $J\in\mathfrak{B}$ と，$k\in\Omega$ との組 (J,k) に対して，一つのベクトル $\boldsymbol{y}_{J,k}\in K^n$ を対応させよう．$\boldsymbol{a}_k$ の (J) に関する相対成分 $\alpha_{jk}\ (j\in J)$ を用いて，$\boldsymbol{y}_{J,k}={}^t(\eta_1,\cdots,\eta_n)$，ただし，

$$\eta_i=\begin{cases}1, & i=k\ \text{のとき},\\ -\alpha_{ik}, & i\in J\ \text{のとき},\\ 0, & \text{それ以外のとき}\end{cases}$$

とおく．すると，$\boldsymbol{a}_k=\sum_{j\in J}\boldsymbol{a}_j\alpha_{jk}$ により，$\sum_{i=1}^{n}\boldsymbol{a}_i\eta_i=0$ が成り立つ．よって

$$A\boldsymbol{y}_{J,k}=0$$

である．もしさらに各 $j\in J$ に対して

$$\alpha_{jk}\leqq 0 \tag{3.31}$$

ならば，$\boldsymbol{y}_{J,k}\geqq 0$ となるから，$\boldsymbol{y}_{J,k}\in\mathfrak{D}^{(\infty)}$ (∵ 定理3.4)，すなわち，$\boldsymbol{y}_{J,k}$ は $\mathfrak{D}$ の無限方向である．これを**対 (J,k) に属する無限方向**という．(実は，(3.1)を満たすような組 (J,k) に属する $\boldsymbol{y}_{J,k}$ 達は凸錐 $\mathfrak{D}^{(\infty)}$ を張ることが示される．第2章問題7参照.)

さて，必ずしも(3.31)の条件を仮定せぬ $\boldsymbol{y}_{J,k}$ $(J\in\mathfrak{B},\ k\in\Omega)$ の場合に戻ろう．$\boldsymbol{y}_{J,k}$ の成分 η_i を用いると

$$f(\boldsymbol{y}_{J,k})=\sum_{i=1}^{n}c_i\eta_i=c_k-\sum_{j\in J}c_j\alpha_{jk}=-\gamma_k \tag{3.32}$$

(∵ (3.19), (3.20)) となる．これは f の相対成分 γ_k の別の意味づけを与えている．

c) 単体乗数

基底(J)の元を一列に並べて $\boldsymbol{a}_j, \cdots, \boldsymbol{a}_i, \cdots, \boldsymbol{a}_h$ とし，それらの列ベクトルを並べた m 行 r 列の行列を B とする：

$$B=(\boldsymbol{a}_j, \cdots, \boldsymbol{a}_i, \cdots, \boldsymbol{a}_h)=\begin{bmatrix} a_{1j} & \cdots & a_{1i} & \cdots & a_{1h} \\ \vdots & & \vdots & & \vdots \\ a_{mj} & \cdots & a_{mi} & \cdots & a_{mh} \end{bmatrix}.$$

B の階数は r である．

定義 3.2 $\boldsymbol{\pi}=(\pi_1, \cdots, \pi_m) \in K(1, m)$ が

$$\boldsymbol{\pi}B=(c_j, \cdots, c_i, \cdots, c_h)$$

を満たすとき，$\boldsymbol{\pi}=(\pi_1, \cdots, \pi_m)$ を(並べ方まで考えた)基底(J)：$\boldsymbol{a}_j, \cdots, \boldsymbol{a}_i, \cdots, \boldsymbol{a}_h$ に属する**単体乗数** (simplex multiplier) という．

実は(J)の元の並べ方によらず，$J \in \mathfrak{B}$ のみで単体乗数が定義できるのである．すなわち

定理 3.7 (i) 各基底(J)に対し単体乗数は存在する．その全体は $K(1, m)$ 中の $m-r$ 次元のアフィン部分空間をなす．(特に $m=r$ なら 1 点になる．) すなわち単体乗数は“自由度” $m-r$ をもって存在する．

(ii) (J)に属する単体乗数 $\boldsymbol{\pi}=(\pi_1, \cdots, \pi_m)$ は

$$\boldsymbol{\pi}A=(c_1+\gamma_1, \cdots, c_n+\gamma_n)$$

を満たす．ただし $\gamma_1, \cdots, \gamma_n$ は目的関数 f の(J)に関する相対成分である．そして

$$f(\boldsymbol{x}_J)=\pi_1 b_1+\cdots+\pi_m b_m$$

を満たす．さらに，$A\boldsymbol{x}=\boldsymbol{b}$ なる各 $\boldsymbol{x} \in K^n$ に対して

$$f(\boldsymbol{x})=\pi_1 b_1+\cdots+\pi_m b_m-(\gamma_1 x_1+\cdots+\gamma_n x_n).$$

証明 (i) $K(1, m) \to K^r$ なる線型写像 $(y_1, \cdots, y_m)=\boldsymbol{y} \mapsto \boldsymbol{y}B$ の階数は r である($\because$ rank $B=r$)．よってこの線型写像は全射である．そして K^m の 1 点の原像は $m-r$ 次元のアフィン空間となる．

(ii) 相対成分の定義($\sum \boldsymbol{a}_j \alpha_{jk}=\boldsymbol{a}_k$)から，$(J)$の上の並べ方に属する単体表のうち，第 1～$r$ 行と第 2～$n+1$ 列の部分からなる行列 $A_J=(\alpha_{jk}) \in K(r, n)$ は

$$(\boldsymbol{a}_j, \cdots, \boldsymbol{a}_i, \cdots, \boldsymbol{a}_h)A_J=(\boldsymbol{a}_1, \cdots, \boldsymbol{a}_n)=A$$

を満たす．$\therefore$ $BA_J=A$.

$$\therefore \quad \boldsymbol{\pi}A=\boldsymbol{\pi}BA_J=(c_j,\cdots,c_i,\cdots,c_h)A_J=(z_1,\cdots,z_n) \qquad (\because\ (3.19))$$
$$=(c_1+\gamma_1,\cdots,c_n+\gamma_n) \qquad (\because\ (3.20)).$$

次に $A\boldsymbol{x}=\boldsymbol{b}$ なる $\boldsymbol{x}={}^t(x_1,\cdots,x_n)\in K^n$ に対して $\boldsymbol{\pi}A\boldsymbol{x}=\boldsymbol{\pi}\boldsymbol{b}$.

$$\therefore \quad \sum_{j=1}^{n}(c_j+\gamma_j)x_j=\sum_{i=1}^{m}\pi_i b_i.$$

$$\therefore \quad f(\boldsymbol{x})=\sum_{j=1}^{n}c_j x_j=\sum_{i=1}^{m}\pi_i b_i-\sum_{j=1}^{n}\gamma_j x_j$$

となる．特に $\boldsymbol{x}=\boldsymbol{x}_J$ に対しては，$j\in J$ なら $\gamma_j=0$，$k\in\Omega-J$ なら $x_k=0$ であるから，$\sum_{j=1}^{n}\gamma_j x_j=0$ である．よって，$f(\boldsymbol{x}_J)=\pi_1b_1+\cdots+\pi_m b_m$. ▌

注意 上記より $\boldsymbol{\pi}A=(c_1+\gamma_1,\cdots,c_n+\gamma_n)$ を単体乗数の定義としてもよい．

d) 単体規準 I, II (結論が出る場合)

定理 3.8 (単体規準 I：最適解あり) 可能基底 (J) に関する目的関数 f の斉次相対成分 γ_k $(k=1,\cdots,n)$ がすべて $\geqq 0$ ならば，f は基底解 $\boldsymbol{x}_J$ において最大値 $\delta=f(\boldsymbol{x}_J)$ に達する．もしさらに各 $k\in L=\Omega-J$ に対して $\gamma_k>0$ ならば，最大値を与える実行可能ベクトル $\boldsymbol{x}\in\mathfrak{D}$ は $\boldsymbol{x}_J$ に限る．

証明 $\boldsymbol{x}={}^t(x_1,\cdots,x_n)\in\mathfrak{D}$ ならば定理 3.5 より

$$f(\boldsymbol{x})=\delta-\sum_{k\in L}\gamma_k x_k\leqq\delta \qquad (\because\ \boldsymbol{x}\geqq\boldsymbol{o}).$$

しかも $\delta=f(\boldsymbol{x}_J)$ であったから，$f(\boldsymbol{x})\leqq f(\boldsymbol{x}_J)$．よって，$f$ は $\boldsymbol{x}_J$ で最大値をとる．上式より，$\gamma_k>0$ $(k\in L)$ ならば，$f(\boldsymbol{x})=f(\boldsymbol{x}_J)$ となる $\boldsymbol{x}\in\mathfrak{D}$ は $x_k=0$ $(k\in L)$ を満たす．よって，$\boldsymbol{x}=\boldsymbol{x}_J$ となる (定理 3.5 中の相対成分を用いた束縛条件を見よ)．▌

これで $\gamma_k\geqq 0$ $(k\in\Omega)$ の場合は片づいた．ではある γ_k に対して $\gamma_k<0$ となる場合はどうであろうか．$\gamma_j=0$ $(j\in J)$ だから，そのような $k\in\Omega$ は必然的に $k\in L=\Omega-J$ となる．さて

定理 3.9 (単体規準 II：最適解なし) ある可能基底 (J) とある $k\in L=\Omega-J$ に対して $\gamma_k<0$ とする．もしさらに各 $j\in J$ に対して $\alpha_{jk}\leqq 0$ ならば，目的関数 f は上に有界でない．したがって f は $\mathfrak{D}$ において最大値をもたない．

証明 §3.5, b) で述べたベクトル $\boldsymbol{y}_{J,k}$ は $\mathfrak{D}$ の無限方向で，$-\gamma_k=f(\boldsymbol{y}_{J,k})>0$ である．よって各 $\theta\in K, \theta\geqq 0$ に対し，$\boldsymbol{x}_J+\theta\boldsymbol{y}_{J,k}\in\mathfrak{D}$ かつ $f(\boldsymbol{x}_J+\theta\boldsymbol{y}_{J,k})=f(\boldsymbol{x}_J)-\theta\gamma_k$ であるから，f は上に有界でない．▌

このように，可能基底に関する単体表を見て，単体規準 I，II のいずれかが起っていれば，与えられた LP 問題の結論がそれぞれ出てしまう．（最適解がある場合にはそれも求まってしまう．） I でも II でもない場合，すなわちいくつかの γ_k が <0 となるが，対応する列ベクトル $\boldsymbol{a}_k$ の相対成分 α_{jk} のうちには必ず正のものがある場合にはどのように進行したらよいであろうか？

e）単体規準 III（進路決定）

いま可能基底 (J) に関する相対成分 $\alpha_{jk}, \beta_j, \gamma_k, \delta$ について

$$\gamma_k < 0, \qquad \alpha_{ik} > 0$$

なる $k \in L = \Omega - J,\ i \in J$ があったとする．そのような組 (i, k) を一つきめる．すると，列ベクトル $\boldsymbol{a}_k$ を (J) の元の 1 次結合として表わす式 $\boldsymbol{a}_k = \sum \boldsymbol{a}_j \alpha_{jk}$ において，$\boldsymbol{a}_i$ の係数 α_{ik} が 0 でないから，$\boldsymbol{a}_i$ は $\boldsymbol{a}_k$ および (H)，$H = J - \{i\}$，の 1 次結合の形に書ける．よって $J^* = H \cup \{k\}$ とおくと，(J^*) も基底となる．しかし (J^*) は必ずしも可能基底とはならない．そこで (J^*) が可能基底となるためには k, i の間にどんな条件があればよいかを考えよう．(J^*) に関する相対成分を α_{jk}^*，$\beta_j^*, \gamma_k^*, \delta^*$ とすれば，(J^*) が可能基底ということは $\beta_j^* \geqq 0\ (j \in J^*)$ ということであるから，§3.4, c) の変換則を利用して調べることにする．(3.26) により $\beta_k^* = \beta_i/\alpha_{ik} \geqq 0$ （$\because\ \beta_i \geqq 0,\ \alpha_{ik} > 0$）である．$j \in H$ に対しては $\beta_j^* = \beta_j - \alpha_{jk}\beta_i/\alpha_{ik}$ であるから，$\alpha_{jk} \leqq 0$ ならば $\beta_j^* \geqq 0$ （$\because\ \beta_j \geqq 0,\ \beta_i \geqq 0,\ \alpha_{ik} > 0$）となる．よって問題となるのは $\alpha_{jk} > 0$ なる番号 $j \in J$ についてのみであるが，このときには

$$\beta_j^* \geqq 0 \Leftrightarrow \beta_j \geqq \frac{\alpha_{jk}\beta_i}{\alpha_{ik}} \Leftrightarrow \frac{\beta_j}{\alpha_{jk}} \geqq \frac{\beta_i}{\alpha_{ik}}$$

である．よって，次の判定法が得られる：

(3.33)　　(J^*) が可能基底 $\Leftrightarrow$ β_i/α_{ik} は，$\alpha_{jk} > 0$ なる $j \in J$ に対して，β_j/α_{jk} の最小値となる．

このような i を k に対してとったとき，δ^* と δ の関係を見よう．(3.26) より

$$\delta^* = \delta - \frac{\gamma_k \beta_i}{\alpha_{ik}} \geqq \delta \qquad (\because\ \gamma_k < 0,\ \beta_i \geqq 0) \tag{3.34}$$

である．特に，$\beta_i > 0$ ならば

$$\delta^* > \delta \quad \text{すなわち} \quad f(\boldsymbol{x}_{J^*}) > f(\boldsymbol{x}_J) \tag{3.35}$$

となり，基底解 $\boldsymbol{x}_{J^*}$ は基底解 $\boldsymbol{x}_J$ よりも目的関数 $f(\boldsymbol{x})$ の値を増大させて（すな

わち改良して)いる．以上をまとめておこう．

定理 3.10 (単体規準 III：進路決定)　ある可能基底 (J) とある $k \in L = \Omega - J$ に対して $\gamma_k < 0$ とする．さらにこのようなどの k に対してもある $j \in J$ が存在して $\alpha_{jk} > 0$ とする．このとき k を固定した上で，$i \in J$ をえらんで，$\alpha_{ik} > 0$ かつ

$$\frac{\beta_i}{\alpha_{ik}} = \underset{\substack{j \in J \\ \alpha_{jk} > 0}}{\mathrm{Min}} \frac{\beta_j}{\alpha_{jk}}$$

ならしめれば，$J^* = H \cup \{k\}$，ただし $H = J - \{i\}$，もまた可能基底 (J^*) を与える．そして

$$f(\boldsymbol{x}_{J^*}) \geqq f(\boldsymbol{x}_J)$$

が成り立つ．さらに $\beta_i > 0$ ならば

$$f(\boldsymbol{x}_{J^*}) > f(\boldsymbol{x}_J)$$

が成り立つ．

注意　Min β_j/α_{jk} $(j \in J,\ \alpha_{jk} > 0)$ を与える $i \in J$ は必ずしも一意的ではない．

f) 退化基底，非退化問題

基底 (J) に関する $\boldsymbol{b}$ の相対成分 β_j が，各 $j \in J$ に対して，$\beta_j \neq 0$ を満たすとき，(J) は**非退化** (non degenerate) であるという．ある β_j が $=0$ となるならば (J) を**退化している** (degenerate)，あるいは**退化基底**という．

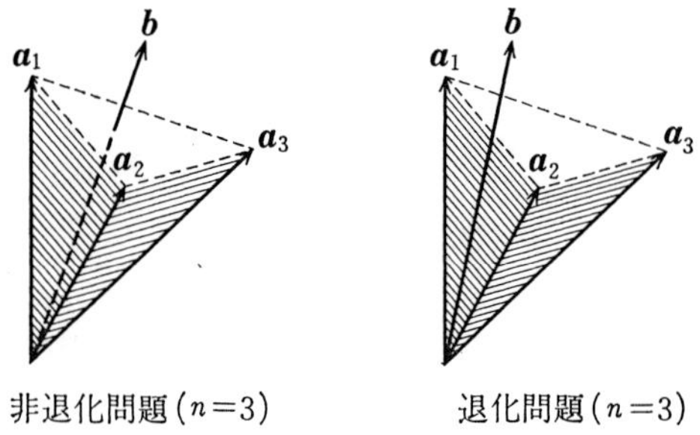

図 3.3

LP 問題 "$A\boldsymbol{x} = \boldsymbol{b}$，$\boldsymbol{x} \geqq \boldsymbol{o}$ の下で $f \to \max$" において，どの可能基底 (J)，$J \in \mathfrak{B}^+$，も非退化であるとき，この LP 問題は非退化であるという．そのときは大へん工合がよい．すなわち次の定理がある．

定理 3.11　非退化な LP 問題においては，任意の可能基底 (J_1) から出発して，

単体規準 III に従って可能基底 $(J_2), (J_3), \cdots$ を次々に作って行けば，この列

$$(J_1),\quad (J_2),\quad \cdots$$

は有限で終了する．終点の (J_r) は単体規準 I または II の条件を満たしている．

証明 単体規準 III に従って進んだとき，可能基底の無限列 $(J_1), (J_2), \cdots$ が生じたとしよう．LP 問題が非退化という仮定から，$f(\boldsymbol{x}_{J_1})<f(\boldsymbol{x}_{J_2})<\cdots$ である（∵ 定理 3.10）．よって，$J_1, J_2, \cdots$ はすべて $\mathfrak{B}^+$ の相異なる元である．$\mathfrak{B}^+$ はもちろん有限集合であるから，その中の相異なる元 $J_1, J_2, \cdots$ は有限個しかない．これは矛盾である．よって III は無限に続行できない．すなわち，単体規準 I または II のいずれかがある J_r で起り，進行は終了せざるを得ない．▌

注意 1 ある $J_1\in\mathfrak{B}^+$ から出発して III によって進んだとき登場する $J_2, J_3, \cdots$ がすべて非退化とだけ仮定すれば，上と同じ論法によりこの列は有限で終了し，I，II いずれかの可能基底に達するわけである．

注意 2 非退化問題では，$k\in L=\Omega-J$ を決めれば，III の進行を与える $j\in J$，すなわち定理 3.10 の $\mathrm{Min}\ \beta_j/\alpha_{jk}\ (j\in J,\ \alpha_{jk}>0)$ を与える $j\in J$ は一意的である．実際もし $i\in J$，$j\in J\,(i\neq j)$ において Min が達せられれば $\beta_j/\alpha_{jk}=\beta_i/\alpha_{ik}$ であるが，そのとき，$J^*=H\cup\{k\}$，$H=J-\{i\}$，とおくと，変換則 (3.26) により $\beta_j{}^*=0$ となる．これは非退化性に反する．

しかし退化問題（すなわち退化している可能基底をもつ LP 問題）でも，運さえよければ単体規準 III に従って進行して行くうちに，I か II の結論に達してしまうことがある．（実は大ていの LP はそうなのである．）そうすればこの LP は解けたことになる．例を述べよう．

例 3.3 制約条件

$$\begin{cases} x_2 \hphantom{+x_3+0.4x_4+x_5+x_6} +x_7=1, \\ 0.4x_1 +x_3 +0.4x_4 +6.4x_7=6.4, \\ 0.9x_1 -0.35x_4+x_5 +6.4x_7=6.4, \\ 0.4x_1 -0.1x_4 +x_6+2.4x_7=2.4, \end{cases} \qquad x_i\geqq 0\quad (i=1,\cdots,7)$$

の下で $z=0.2x_1+(11/80)x_4+(6/5)x_7\to\max$ にせよ[1]．

出発点の単体表は，上の数値そのままがとれる．

1) この例は筆者の東大理学部での講義 (1975/76) に出席した小瀬有昭氏（当時数学科 4 年）による．

	z	x_1	x_2	x_3	x_4	x_5	x_6	x	1
x_2	0	0	1	0	0	0	0	1	1
x_3	0	0.4	0	1	0.4	0	0	6.4	6.4
x_5	0	0.9	0	0	−0.35	1	0	6.4	6.4
x_6	0	0.4	0	0	−0.1	0	1	2.4	2.4
z	1	−0.2	0	0	−11/80	0	0	1.2	0

, $(J_0)=(2\,3\,5\,6)$.

以下 (2 3 5 6)→(2 3 5 7)→(2 4 5 7)→(1 2 4 5) と枢軸変換して進むと，可能基底 (1 2 4 5) では z は最大値に達する．$x_3=x_6=x_7=0$, $x_1=8$, $x_2=1$, $x_4=8$, $x_5=2$ で，$z_{\max}=2.7$ である．これは進み方が好運だったのであるが，次のように枢軸変換して進むと，**循環現象**を起す．(循環現象をもつ LP を作るのは易しくはない.)

(2356) ⟶ (2357) ⟶ (3457) ⟶ (4567) ⟶ (1567) ⟶ (1267)
↓
(1237) ⟶ (2347) ⟶ (3457)

だから，退化問題の理論的処理が残された問題となる．——

上例のような場合に，循環部に踏み込まぬようにするには，単体規準 III だけでは不十分である．確実に出口 (I か II の) に達するであろうか？　そうだとしても，その方法は？　それを次に述べよう．(追記：なおその後循環を避ける簡単な方法が発見された．それについては巻末文献 [9] 参照.)

§3.6 摂動法 (辞書式進行法)

a) 無限小変数 ε の添加

標準形の LP 問題 $(K^n, \mathfrak{D}, f\to\max)$, $\mathfrak{D}=\{\boldsymbol{x}\in K^n \mid A\boldsymbol{x}=\boldsymbol{b}, \boldsymbol{x}\geqq\boldsymbol{o}\}$, $f(\boldsymbol{x})=(\boldsymbol{c}\mid\boldsymbol{x})$ を考える．$A, \boldsymbol{b}, \boldsymbol{c}$ の成分はすべて順序体 K の元とする．この LP は実行可能，すなわち $\mathfrak{D}\neq\phi$ とする．したがって可能基底 (J_0) が存在する (∵ 定理 3.6)．簡単のため $J_0=\{1,\cdots,r\}$ とし，(J_0) に関する相対成分 $\alpha_{jk}{}^0, \beta_j{}^0, \gamma_k{}^0, \delta^0$ を用いて制約条件と目的関数を表わそう (§3.4, d))：

$$\text{制約条件}\quad\begin{cases} x_i+\displaystyle\sum_{k=r+1}^{n}\alpha_{ik}{}^0x_k=\beta_i{}^0, \quad \beta_i{}^0\geqq 0 \quad (1\leqq i\leqq r), \\ x_1\geqq 0, \quad \cdots, \quad x_n\geqq 0. \end{cases}$$

$$\text{目的関数}\quad z=f(\boldsymbol{x})=\delta^0-(\gamma_{r+1}{}^0x_{r+1}+\cdots+\gamma_n{}^0x_n).$$

よって始めから

$$(3.36)\qquad A=\left[\begin{array}{ccc|ccc}1 & & 0 & \alpha_{1,r+1}{}^0 & \cdots & \alpha_{1n}{}^0\\ & \ddots & & \vdots & & \vdots\\ 0 & & 1 & \alpha_{r,r+1}{}^0 & \cdots & \alpha_{rn}{}^0\end{array}\right],\qquad \boldsymbol{b}=\begin{bmatrix}\beta_1{}^0\\ \vdots\\ \beta_r{}^0\end{bmatrix}\geqq\boldsymbol{o},$$

$$(3.37)\qquad z=f(\boldsymbol{x})=\delta^0-(\gamma_{r+1}{}^0x_{r+1}+\cdots+\gamma_n{}^0x_n)$$

として論ずる．K に無限小変数を添加した多項式環(§1.4) $K[\varepsilon]$ を作り，$K[\varepsilon]$ の商体を $L=K(\varepsilon)$ とする．$K[\varepsilon]$ は順序環，$L=K(t)$，$t=1/\varepsilon$，は順序体であった(§1.4)から，上の LP 問題は L 上の LP 問題にもなっている．

さて，ε の r 個の多項式 $\beta_i{}^0(\varepsilon)\in K[\varepsilon]$，$1\leqq i\leqq r$，を

$$(3.38)\qquad \beta_1{}^0(\varepsilon)=\beta_1{}^0+\varepsilon,\quad \beta_2{}^0(\varepsilon)=\beta_2{}^0+\varepsilon^2,\quad \cdots,\quad \beta_r{}^0(\varepsilon)=\beta_r{}^0+\varepsilon^r$$

で定義する．そして L^n 上の LP 問題 $(L^n,\tilde{\mathfrak{D}},f^L\to\max)$ を次のように定義する：$\boldsymbol{b}(\varepsilon)={}^t(\beta_1{}^0(\varepsilon),\cdots,\beta_r{}^0(\varepsilon))$ として

$$\tilde{\mathfrak{D}}=\{\boldsymbol{x}\in L^n\mid A\boldsymbol{x}=\boldsymbol{b}(\varepsilon),\ \boldsymbol{x}\geqq\boldsymbol{o}\},$$
$$f^L(x_1,\cdots,x_n)=\delta^0-(\gamma_{r+1}{}^0x_{r+1}+\cdots+\gamma_n{}^0x_n).$$

新 LP 問題の意義は次の点にある：旧 LP は退化しているかも知れないが，新 LP の方では，次の補題が成り立つ．

補題 3.1　LP 問題 $(L^n,\tilde{\mathfrak{D}},f^L\to\max)$ は非退化問題である．

証明　(3.36) の行列 A の列ベクトル $\boldsymbol{a}_1,\cdots,\boldsymbol{a}_n$ は体 K,L 上でそれぞれ K^r，L^r を張る．すなわち K,L 上の A の列ベクトル空間はそれぞれ K^r,L^r である．$J\subset\Omega=\{1,\cdots,n\}$ に対して，$(J)=\{\boldsymbol{a}_j\mid j\in J\}$ が L^r の基底ならば，$|J|=r$，かつ (J) は K^r の基底にもなる．(J) に関する $\boldsymbol{b}(\varepsilon)$ の成分 $\{\beta_j(\varepsilon)\mid j\in J\}$ がいずれも 0 でないことをいえばよい．$J=\{j_1,\cdots,j_r\}$ とし

$$\boldsymbol{a}_i=\boldsymbol{a}_{j_1}t_{j_1i}+\cdots+\boldsymbol{a}_{j_r}t_{j_ri}\qquad(1\leqq i\leqq r)$$

とおけば，(t_{j_si}) は K の元を成分とする r 次の正則行列である(基底変換の行列だから)．そして

$$\boldsymbol{b}(\varepsilon)=\sum_{i=1}^r\boldsymbol{a}_i\beta_i{}^0(\varepsilon)=\sum_{j\in J}\boldsymbol{a}_j\beta_j(\varepsilon)$$

より

$$(*)\qquad \sum_{j\in J}\sum_{i=1}^r\boldsymbol{a}_jt_{ji}\beta_i{}^0(\varepsilon)=\sum_{j\in J}\boldsymbol{a}_j\beta_j(\varepsilon),\qquad\therefore\quad \sum_{i=1}^rt_{ji}\beta_i{}^0(\varepsilon)=\beta_j(\varepsilon)$$

$(j\in J)$ を得る．$\beta_j(\varepsilon)$ はいずれも K 上のベクトル空間 $K[\varepsilon]$ の元であるから，$\beta_j(\varepsilon)\neq 0$ $(j\in J)$ をいうには，$\{\beta_j(\varepsilon)\,|\,j\in J\}$ が K 上1次独立であることをいえば十分である．もし K の元 λ_j を係数とする1次関係式 $\sum\lambda_j\beta_j(\varepsilon)=0$ があれば $(*)$ より，$\lambda_{j_1}t_{j_1i}+\cdots+\lambda_{j_r}t_{j_ri}=\mu_i$ $(1\leqq i\leqq r)$ として，

$$\mu_1\beta_1{}^0(\varepsilon)+\cdots+\mu_r\beta_r{}^0(\varepsilon)=0.$$

$$\therefore\quad (\mu_1\beta_1{}^0+\cdots+\mu_r\beta_r{}^0)+\mu_1\varepsilon+\mu_2\varepsilon^2+\cdots+\mu_r\varepsilon^r=0.$$

$K[\varepsilon]$ の元 $1,\varepsilon,\cdots,\varepsilon^r$ は K 上1次独立だから，$\mu_1=\cdots=\mu_r=0$ を得る．よって行列 (t_{ji}) $(j\in J,\ i\in J_0)$ の正則性により $\lambda_1=\cdots=\lambda_r=0$．よって $\{\beta_j(\varepsilon)\,|\,j\in J\}$ は K 上1次独立となる．▌

非退化 LP 問題 $(L^n,\tilde{\mathfrak{D}},f^L\to\max)$ に対しては定理3.11が成り立つから，出発点の可能基底 (J_0) から始めて，単体規準 III に従って可能基底 $(J_1),(J_2),\cdots$ を次々に作って行けば，有限回で終点 (J_t) に達し，(J_t) は単体規準 I または II を満たす．(J_p), $p=0,1,\cdots$, に関する単体表を

$$(3.39)\quad X_p=\begin{array}{|c|c|c|}\hline 0 & & \\ \vdots & A^{(p)} & \boldsymbol{b}^{(p)}(\varepsilon)\\ 0 & & \\ \hline 1 & \boldsymbol{c}^{(p)} & \delta^{(p)}(\varepsilon)\\ \hline\end{array}=\begin{array}{|c|c|c|}\hline 0 & \vdots & \vdots\\ \vdots & \cdots\ \alpha_{jk}{}^{(p)}\ \cdots & \beta_j{}^{(p)}(\varepsilon)\\ 0 & \vdots & \vdots\\ \hline 1 & \cdots\ \gamma_k{}^{(p)}\ \cdots & \delta^{(p)}(\varepsilon)\\ \hline\end{array}$$

とする．変換則からわかるように，$\alpha_{jk}{}^{(p)}\in K$, $\gamma_k{}^{(p)}\in K$, $\beta_j{}^{(p)}(\varepsilon)\in K[\varepsilon]$, $\delta^{(p)}(\varepsilon)\in K[\varepsilon]$ となる（(J_0), (J_p) 間に (3.22) を用いよ）．

さて§1.4の準同型写像 $\varphi: K[\varepsilon]\to K$, $P(\varepsilon)=p_0+p_1\varepsilon+\cdots+p_s\varepsilon^s\mapsto P(0)=p_0=\varphi(P(\varepsilon))$ を考える．行列 X_p の各成分を φ による像でおきかえた行列を Y_p とし，$Y_p=\varphi(X_p)$ と書くことにしよう．すると

補題 3.2　$(J_0),(J_1),\cdots,(J_t)$ は LP 問題 $(K^n,\mathfrak{D},f\to\max)$ に対しても可能基底であって，それに関する単体表がそれぞれ $Y_0,Y_1,\cdots,Y_t$ となる．移行 $Y_p\to Y_{p+1}$ $(0\leqq p\leqq t-1)$ は単体規準 III に従う．そして Y_t は X_t と同じ単体規準（I または II）を満たす．

証明　$\varphi(\beta_j{}^{(p)}(\varepsilon))=\beta_j{}^{(p)}(0)=\beta_j{}^{(p)}$, $\varphi(\delta^{(p)}(\varepsilon))=\delta^{(p)}(0)=\delta^{(p)}$ とおく．φ の性質：$P\geqq Q\Longrightarrow P(0)\geqq Q(0)$（定理1.2）と $\beta_j{}^{(p)}(\varepsilon)>0$ とから，$\beta_j{}^{(p)}\geqq 0$．一方 $\boldsymbol{b}(\varepsilon)=\sum\boldsymbol{a}_j\beta_j{}^{(p)}(\varepsilon)$ の両辺に（成分毎に）φ を施せば，$\boldsymbol{b}=\sum\boldsymbol{a}_j\beta_j{}^{(p)}$．よって (J_p) はもと

の LP 問題(K 上の)の可能基底である．これに関する単体表が

$$(3.40)\qquad Y_p = \begin{array}{|c|c|c|}\hline 0 & & \\ \vdots & A^{(p)} & \boldsymbol{b}^{(p)}(0) \\ 0 & & \\ \hline 1 & \boldsymbol{c}^{(p)} & \delta^{(p)}(0) \\ \hline \end{array} = \begin{array}{|c|c|c|}\hline 0 & \vdots & \vdots \\ \vdots & \cdots\ \alpha_{jk}{}^{(p)}\ \cdots & \beta_j{}^{(p)} \\ 0 & \vdots & \vdots \\ \hline 1 & \cdots\ \gamma_k{}^{(p)}\ \cdots & \delta^{(p)} \\ \hline \end{array}$$

となることは定義から容易にわかる．

さて移行 $X_p \to X_{p+1}$ が単体規準 III に従うのだから，$\gamma_k{}^{(p)}$ $(k \in \Omega)$ 中には負のものがある．しかも $\gamma_k{}^{(p)}<0$ ならその上にある $\alpha_{jk}{}^{(p)}$ $(j \in J_p)$ 中には正のものがある．よって同じことは Y_p についても成り立つ．さて移行 $X_p \to X_{p+1}$ においては，$\gamma_k{}^{(p)}<0$ なる $k \in \Omega$ を一つ定めてから，さらに，$\alpha_{jk}{}^{(p)}>0$ $(j \in J_p)$ なる j に対する最小値

$$(3.41)\qquad \operatorname*{Min}_{\substack{j \in J_p \\ \alpha_{jk}{}^{(p)}>0}} \frac{\beta_j{}^{(p)}(\varepsilon)}{\alpha_{jk}{}^{(p)}} = \frac{\beta_i{}^{(p)}(\varepsilon)}{\alpha_{ik}{}^{(p)}}$$

を与える $i \in J_p$, $\alpha_{ik}{}^{(p)}>0$, が一意確定し，それを用いて $J_{p+1}=H \cup \{k\}$, $H=J_p-\{i\}$, を得るのであった．(3.41) から，$\alpha_{jk}{}^{(p)}>0$ に対して，$\beta_j{}^{(p)}(\varepsilon)/\alpha_{jk}{}^{(p)} \geqq \beta_i{}^{(p)}(\varepsilon)/\alpha_{ik}{}^{(p)}$ が成り立つから，φ を施してもこの不等式は保たれる(定理 1.2)．よって，

$$\operatorname*{Min}_{\substack{j \in J_p \\ \alpha_{jk}{}^{(p)}>0}} \frac{\beta_j{}^{(p)}(0)}{\alpha_{jk}{}^{(p)}} = \frac{\beta_i{}^{(p)}(0)}{\alpha_{ik}{}^{(p)}}$$

である．よって，移行 $Y_p \to Y_{p+1}$ は単体規準 III に従うことがわかった．最後に，終点の X_t が単体規準 I を満たせば，$\gamma_k{}^{(t)} \geqq 0$ $(k \in \Omega)$．よって Y_t も単体規準 I を満たす．X_t が単体規準 II を満たせば，ある $\gamma_k{}^{(t)}<0$ かつ $\alpha_{jk}{}^{(t)} \leqq 0$ $(j \in J_t)$ となるから，Y_t も単体規準 II を満たす．▮

注意 X_t が最適解をもてば，$\delta^{(t)}=\delta^{(t)}(0)$ が Y_t の最適値となっている．上の論法を図式的に書いておこう．

$$\begin{array}{ccccccc} X_0 & \xrightarrow{\text{III}} & X_1 & \xrightarrow{\text{III}} & \cdots & \xrightarrow{\text{III}} & X_t \\ \downarrow{\scriptstyle\varphi} & & \downarrow{\scriptstyle\varphi} & & & & \downarrow{\scriptstyle\varphi} \\ Y_0 & \xrightarrow[\text{III}]{} & Y_1 & \xrightarrow[\text{III}]{} & \cdots & \xrightarrow[\text{III}]{} & Y_t \end{array}$$

以上をまとめておく．

定理 3.12 LP 問題 $(K^n, \mathfrak{D}, f \to \max)$，$\mathfrak{D}=\{\boldsymbol{x} \in K^n \mid A\boldsymbol{x}=\boldsymbol{b}, \boldsymbol{x} \geqq \boldsymbol{o}\} \neq \phi$ の任意

の可能基底 (J_0) から出発して単体規準 III に従いながら，適当な可能基底 (J_1), (J_2), … を次々にとって行けば，有限回で単体規準 I または II が成り立つ可能基底 (J_t) に達することができる．そのとき $J_0, J_1, \cdots, J_t$ は互いに相異なるようにとれる．したがって最適値があれば，それを与えるような基底解 $\boldsymbol{x}_J$ が必ずある．また最適値がないなら，$\boldsymbol{y}_{J,k}$ $(k \in \Omega - J)$, (J) は可能基底，の形の $\mathfrak{D}$ の無限方向が存在して，$f(\boldsymbol{y}_{J,k})>0$ となる．——

無限小変数 ε を利用する上記の方法を，解析学での類似の方法にちなんで**摂動法**，あるいは **$\boldsymbol{\varepsilon}$ 法**という．定理 3.12 にいう“適当な進行法”は $(L^n, \tilde{\mathfrak{D}}, f^L \to \max)$ での進行法に“φ を施して”得られるが，これを $K[\varepsilon]$ から離れて，もとの $(K^n, \mathfrak{D}, f \to \max)$ に即して次に述べよう．

b）辞書式進行法

出発点の可能基底 (J_0) での相対成分を (3.36), (3.37) の $\alpha_{jk}{}^0, \beta_j{}^0, \gamma_k{}^0, \delta^0$ とする．a) の単体表 $X_0, X_1, \cdots, X_t$ の記号を用いる．X_p, X_0 間の関係を与える変換行列を T_p とする ((3.22) 参照)：$T_pX_0=X_p$. さて

$$T_p = \left[\begin{array}{c|c} & 0 \\ S_p & \vdots \\ & 0 \\ \hline * & 1 \end{array}\right]$$

とおくと，S_p は K の元を成分とする r 次の正則行列で，$T_pX_0=X_p$ により

$$S_pA^{(0)} = A^{(p)}, \qquad S_p\boldsymbol{b}^{(0)}(\varepsilon) = \boldsymbol{b}^{(p)}(\varepsilon)$$

を満たしている．いま，

$$A^{(p)} = r\Big\{\Big[\overbrace{B^{(p)}}^{r} \;\Big|\; \overbrace{C^{(p)}}^{n-r}\Big] \qquad (p=0, 1, \cdots, t)$$

とおくと，$A^{(0)}$ は (3.36) の A だから，$B^{(0)}=I$. これと $S_p[B^{(0)}, C^{(0)}]=[B^{(p)}, C^{(p)}]$ より $S_pB^{(0)}=B^{(p)}$. $\therefore$ $S_p=B^{(p)}$. よって $\boldsymbol{b}^{(p)}(\varepsilon)=S_p\boldsymbol{b}^{(0)}(\varepsilon)=B^{(p)}\boldsymbol{b}(\varepsilon)$ を得る．よって，$B^{(p)}=(\sigma_{ij}{}^{(p)}), 1 \leqq i, j \leqq r$, とおくと，$\boldsymbol{b}^{(p)}(\varepsilon)={}^t(\beta_{j_1}{}^{(p)}(\varepsilon), \cdots, \beta_{j_r}{}^{(p)}(\varepsilon))$, $J_p=\{j_1, \cdots, j_r\}$，は

$$\beta_{j_\nu}{}^{(p)}(\varepsilon) = \sigma_{\nu 1}(\beta_1{}^0+\varepsilon)+\cdots+\sigma_{\nu r}(\beta_r{}^0+\varepsilon^r) \qquad (1 \leqq \nu \leqq r)$$

で与えられる．準同型写像 $\varphi: K[\varepsilon] \to K$ を両辺に施せば

$$\beta_{j_\nu}{}^{(p)} = \sigma_{\nu 1}\beta_1{}^0 + \cdots + \sigma_{\nu r}\beta_r{}^0.$$

(3.42) $$\therefore \quad \beta_{j_\nu}{}^{(p)}(\varepsilon) = \beta_{j_\nu}{}^{(p)} + \sigma_{\nu 1}\varepsilon + \sigma_{\nu 2}\varepsilon^2 + \cdots + \sigma_{\nu r}\varepsilon^r.$$

すなわち，X_p 中の $\boldsymbol{b}(\varepsilon)$ の r 個の相対成分 $\beta_j{}^{(p)}(\varepsilon)$ は，Y_p 中の $\boldsymbol{b}$ の r 個の相対成分 $\beta_j{}^{(p)}$ と，Y_p 中の行列 $A^{(p)}$ の一部分である $B^{(p)}$ とから読みとれる：

(3.43) $$Y_p = \begin{array}{|c|ccc|c|c|c|c|}\hline 0 & \sigma_{11} & \cdots & \sigma_{1r} & & \alpha_{j_1k}{}^{(p)} & & \beta_{j_1}{}^{(p)} \\ \vdots & \vdots & & \vdots & * & \vdots & * & \vdots \\ 0 & \sigma_{r1} & \cdots & \sigma_{rr} & & \alpha_{j_rk}{}^{(p)} & & \beta_{j_r}{}^{(p)} \\ \hline 1 & * & \cdots & * & * & \gamma_k{}^{(p)} & * & \delta^{(p)} \\ \hline \end{array}$$

(表中の σ_{ij} と $\beta_{j_1}{}^{(p)}, \cdots, \beta_{j_r}{}^{(p)}$ とから読み取ればよい)．

そうすると摂動法での進行法が，ε を消した形で述べ直される：$\gamma_k{}^{(p)}<0$ なる k に対し，$\alpha_{jk}{}^{(p)}>0$ なる $j \in J_p$ をとる．($k \leqq r$ なら，$\alpha_{jk}{}^{(p)}$ は σ_{sk} である．) そのような各 $j_s \in J_p$ に対し次のベクトルを Y_p を見ながら作る：

(3.44) $$\boldsymbol{z}_{j_s} = \left(\frac{\beta_{j_s}{}^{(p)}}{\alpha_{j_sk}{}^{(p)}}, \frac{\sigma_{s1}}{\alpha_{j_sk}{}^{(p)}}, \cdots, \frac{\sigma_{sr}}{\alpha_{j_sk}{}^{(p)}}\right) \in K(1, r+1).$$

$\alpha_{j_sk}{}^{(p)}>0$, $\alpha_{j_qk}{}^{(p)}>0$ $(j_s \neq j_q)$ のときのベクトル $\boldsymbol{z}_{j_s}, \boldsymbol{z}_{j_q}$ 間の“大小”を次のように辞書式に定める：$\boldsymbol{z}_{j_s}=(\xi_0, \xi_1, \cdots, \xi_r)$，$\boldsymbol{z}_{j_q}=(\eta_0, \eta_1, \cdots, \eta_r)$ として，

$$\boldsymbol{z}_{j_r} > \boldsymbol{z}_{j_q} \Leftrightarrow \xi_0=\eta_0,\ \ \xi_1=\eta_1,\ \ \cdots,\ \ \xi_{l-1}=\eta_{l-1},\ \ \xi_l>\eta_l$$

なる l, $0 \leqq l \leqq r$, が存在する．

すると，$\boldsymbol{z}_{j_r}>\boldsymbol{z}_{j_q}$ は，$K[\varepsilon]$ の順序の意味で $\xi_0+\xi_1\varepsilon+\cdots+\xi_r\varepsilon^r>\eta_0+\eta_1\varepsilon+\cdots+\eta_r\varepsilon^r$ となることと同値である(§1.4, b))．したがって (3.42) より，

$$\boldsymbol{z}_{j_s} > \boldsymbol{z}_{j_q} \Leftrightarrow \frac{\beta_{j_s}{}^{(p)}(\varepsilon)}{\alpha_{j_sk}{}^{(p)}} > \frac{\beta_{j_q}{}^{(p)}(\varepsilon)}{\alpha_{j_qk}{}^{(p)}}$$

だから，ベクトル $\boldsymbol{z}_j$ ($j \in J_p$, $\alpha_{jk}{}^{(p)}>0$) 中に最小なものがただ一つ定まる．それを $\boldsymbol{z}_i$ とすると，$J_{p+1}=H \cup \{k\}$，$H=J_p-\{i\}$，とおいて次の可能基底 J_{p+1} に移るということが摂動法での進行法と一致しているわけである．以上の進行法を**辞書式進行法**という．まとめておこう．

定理 3.13 (3.36) を満たす $A, \boldsymbol{b}$ を用いた LP 問題“$A\boldsymbol{x}=\boldsymbol{b}$, $\boldsymbol{x} \geqq \boldsymbol{o}$ の下で $f(\boldsymbol{x}) \to \max$”において，可能基底 (J_0)，$J_0=\{1, \cdots, r\}$，から出発して単体規準 III に従う可能基底の列 $(J_0), (J_1), (J_2), \cdots$ を次のように作ることができる：(J_p) での単体表を (3.43) とし，$\gamma_k{}^{(p)}<0$ とする．このとき $\alpha_{jk}{}^{(p)}>0$ なる $j \in J_p$ に対してベ

クトル $\boldsymbol{z}_j$ を (3.44) で定め，辞書式順序での $\boldsymbol{z}_j$ の最小が $\boldsymbol{z}_i$ ($i \in J_p$ は一意確定) とする．このとき $J_{p+1}=H\cup\{k\}$，$H=J_p-\{i\}$，により J_{p+1} に進む．すると列 (J_0), (J_1), … は有限で終了し，最後の (J_t) は単体規準 I または II を満たす．

注意　単体規準 III での進行は上のベクトル $\boldsymbol{z}_j$ の最初の成分にのみ着目していたことになる．残りの成分の比較までしないと，循環現象も起り得るわけである．しかし実用上は摂動法はわずらわしく，また大抵の LP 問題では III に従って行けば終点に着くことが"経験的"に知られている．また $\gamma_k<0$ なる k が沢山あるときは，$|\gamma_k|$ が最大なもの (いわゆる most negative な γ_k) をとるのが普通である．早く山頂を目指す登山者が分れ道に来た時は，上り勾配の最も急な道をとるのが通例であるのと同じである．(しかしそれはその場では早く山頂に導くように見えても，真にそうかどうかはわからない．その先の上り道がどうなっているかが問題である.)

§3.7　出発点の可能基底と単体表の構成

a）正準形の LP 問題

LP 問題 "$A\boldsymbol{x}=\boldsymbol{b}$, $\boldsymbol{x}\geqq\boldsymbol{o}$ の下で $f\to\max$" を単体法で解くには，ある可能基底 (J) とそれに関する相対成分を知る必要がある．それさえわかれば，必要あれば辞書式進行法も使って，以下簡単な演算で結論が出ることは §3.5, §3.6 に見た通りである．しかし一般には出発点の可能基底と相対成分がなかなか得られない．

しかし次の (イ) と (ロ) が成り立つ場合にはそれがすぐわかる．すなわち，

(イ)　$A=(a_{ij})\in K(m,n)$ の n 個の列ベクトルの中に m 個の単位ベクトル $\boldsymbol{e}_i$ $={}^t(0,\overset{i}{\cdots},0,1,0,\cdots,0)$ $(1\leqq i\leqq m)$ が含まれている，

(ロ)　$\boldsymbol{b}\geqq\boldsymbol{o}$.

実際，そのときは必要があれば x_i の番号をつけかえて，$\boldsymbol{a}_1=\boldsymbol{e}_1$, $\boldsymbol{a}_2=\boldsymbol{e}_2$, …, $\boldsymbol{a}_m=\boldsymbol{e}_m$ とすれば，$J=\{1,\cdots,r\}$ が可能基底である $\left(\boldsymbol{b}=\sum_{i=1}^{m} b_i\boldsymbol{a}_i \text{ だから}\right)$．しかもこの基底 (J) に関する $\boldsymbol{a}_k$, $\boldsymbol{b}$ の相対成分は a_{jk}, b_j 自身に他ならない．f の相対成分だけは少々計算を要するが，それは次のような簡単なことである．すなわち，

$$x_i+a_{i,r+1}x_{r+1}+\cdots+a_{in}x_n=b_i$$

$(1\leqq i\leqq m)$ により $f(\boldsymbol{x})=c_1x_1+\cdots+c_nx_n$ から，$x_1,\cdots,x_m$ を消去すれば，

$$f(\boldsymbol{x})=\sum_{i=1}^{m}c_i\left(b_i-\sum_{j=r+1}^{n}a_{ij}x_j\right)+\sum_{j=m+1}^{n}c_jx_j.$$

よって，相対成分は (実は既知のことだが)

$$\delta = \sum_{i=1}^{m} c_i b_i, \qquad \gamma_k = c_k - \sum_{i=1}^{m} c_i a_{ij} \quad (1 \leqq k \leqq n)$$

で与えられる.

(イ), (ロ) を満たすとき，この LP 問題は**正準形** (canonical form) をもつという．このときは rank (A) = rank $[A, \boldsymbol{b}] = m$ である.

どの可能基底に対しても相対成分を使って制約条件を書けば，それは正準形の LP 問題になる.

例 3.4 "$\sum_{j=1}^{n} a_{ij}x_j \leqq b_i$ $(1 \leqq i \leqq m)$, $x_j \geqq 0$ $(1 \leqq j \leqq n)$ の下で $f \to \max$" という規準形の LP 問題は，もし各 $b_i \geqq 0$ ならば，スラック変数 $w_i = b_i - \sum_{j=1}^{n} a_{ij}x_j$ $(1 \leqq i \leqq m)$ を導入すれば正準形となる.

b) 実行可能性の判定

標準形の LP 問題 "$A\boldsymbol{x} = \boldsymbol{b}$, $\boldsymbol{x} \geqq \boldsymbol{o}$ の下で $f \to \max$" が実行可能か否か，すなわち $\mathfrak{D} = \{\boldsymbol{x} \in K^n \mid A\boldsymbol{x} = \boldsymbol{b}, \boldsymbol{x} \geqq \boldsymbol{o}\}$ が空でないか否かは，LP 問題が与えられたときまず最初に決定すべき大切な問題である．この判定問題が実は正準形の LP 問題に直されることを示そう．$A = (a_{ij}) \in K(m, n)$, $\boldsymbol{b} \in K^m$ とする．必要あれば，$\sum a_{ij}x_j = b_i$ の両辺の符号を変えて，始めから

$$\boldsymbol{b} \geqq \boldsymbol{o}$$

としてよい.

さて，**人為変数** (artificial variable) と呼ばれる m 個の新変数 $x_{n+1}, \cdots, x_{n+m}$ を追加して，変数 $x_1, \cdots, x_{n+m}$ に関する次の LP 問題 (F) を考える：

(F): 制約条件

$$(*) \quad \begin{cases} a_{11}x_1 + \cdots + a_{1n}x_n + x_{n+1} & = b_1, \\ a_{21}x_1 + \cdots + a_{2n}x_n \qquad + x_{n+2} & = b_2, \\ \cdots\cdots\cdots \qquad\qquad \ddots & \\ a_{m1}x_1 + \cdots + a_{mn}x_n \qquad\qquad + x_{n+m} & = b_m, \\ x_1 \geqq 0, \quad \cdots, \quad x_n \geqq 0, \quad \cdots, \quad x_{n+m} \geqq 0 & \end{cases}$$

の下で関数

$$g(\boldsymbol{x}) = x_{n+1} + \cdots + x_{n+m}$$

を最小にせよ．すなわち $-g$ を最大にせよともいえる.

$g(\boldsymbol{x})$ を**判定関数**と呼ぶ．LP 問題 (F) は正準形である．出発点の実行基底とし

て (J_0), $J_0=\{n+1, \cdots, n+m\}$, がとれる. $-g$ の相対成分 ((J_0) での) は

$$-g(\boldsymbol{x}) = -\sum_{i=1}^{m}\left(b_i-\sum_{j=1}^{n}a_{ij}x_j\right)$$

からわかる：斉次相対成分は, $d_j=\sum_{i=1}^{m}a_{ij}$ $(1\leqq i\leqq n)$ として

$$(-d_1, \cdots, -d_n, 0, \cdots, 0)$$

である. 非斉次相対成分は

$$-(b_1+\cdots+b_m)$$

である.

さて $(*)$ は空でない凸多面体 $\tilde{\mathfrak{D}}$ を定め, その上で g は明らかに下に有界である. よって, $\tilde{\mathfrak{D}}$ 上で g は最小値 α をもつ. g の形から $\alpha\geqq 0$ である. 最適値を与える変数値を $(\xi_1, \cdots, \xi_{n+m})$ とすれば, $\alpha=\xi_{n+1}+\cdots+\xi_{n+m}$ だから

$$\alpha = 0 \iff \xi_{n+1} = \cdots = \xi_{n+m} = 0.$$

このときは $(\xi_1, \cdots, \xi_n)$ はもとの LP 問題の実行可能解である：${}^t(\xi_1, \cdots, \xi_n) \in \mathfrak{D}$. $\therefore$ $\mathfrak{D}\neq\phi$.

逆に, $\boldsymbol{x}_0={}^t(\xi_1, \cdots, \xi_n) \in \mathfrak{D}$ ならば, $\tilde{\boldsymbol{x}}_0={}^t(\xi_1, \cdots, \xi_n, 0, \cdots, 0) \in \tilde{\mathfrak{D}}$ となり, $g(\tilde{\boldsymbol{x}}_0)=0$ となる. g は $\tilde{\mathfrak{D}}$ 上で至る所 $\geqq 0$ だから, $g(\tilde{\boldsymbol{x}}_0)=0$ は g の $\tilde{\mathfrak{D}}$ 上の最小値である. よって

$$\alpha = 0 \iff \mathfrak{D} \neq \phi$$

である. α を求めるには上の正準形 LP 問題 (F) : $(K^{n+m}, \tilde{\mathfrak{D}}, g\to\min)$ を単体法で解けばよい.

例 3.5
$$\begin{cases} x_1-x_2+2x_3 = 1, \\ x_1+x_2-x_3 = -2, \\ 3x_1-x_2+3x_3 = 0 \end{cases}$$

なる連立方程式に非負解 (x_1, x_2, x_3) があるか.

[解]　連立1次方程式の右辺が $\geqq 0$ となるように書き直し, さらに人為変数 x_4, x_5, x_6 と判定関数 $g(\boldsymbol{x})=x_4+x_5+x_6$ を追加して LP 問題：

$$\begin{cases} x_1-x_2+2x_3+x_4 = 1, \\ -x_1-x_2+x_3+x_5 = 2, \\ 3x_1-x_2+3x_3+x_6 = 0, \\ x_i \geqq 0 \quad (1\leqq i\leqq 6) \end{cases}$$

の下で $-g=-(x_4+x_5+x_6)\to\max$ を考える．

$$-g=-3+3x_1-3x_2+6x_3$$

だから出発点の単体表は $x_0=-(x_4+x_5+x_6)$ として

	x_0	x_1	x_2	x_3	x_4	x_5	x_6	1
x_4	0	1	−1	2	1	0	0	1
x_5	0	−1	−1	1	0	1	0	2
x_6	0	3	−1	[3]	0	0	1	0
x_0	1	−3	3	−6	0	0	0	−3

．

[3] の要素を枢軸として枢軸変換をすれば

	x_0	x_1	x_2	x_3	x_4	x_5	x_6	1
x_4	0	−1	−1/3	0	1	0	−2/3	1
x_5	0	−2	−2/3	0	0	1	−1/3	2
x_6	0	1	−1/3	1	0	0	1/3	0
x_0	1	3	1	0	0	0	2	−3

．

これは単体基準 I を満たす．よって，$-g$ の最大値は -3，よって g の最小値は $3>0$ だから，始めの連立 1 次方程式は非負解をもたない．

注意　この例はメノコでも直ぐわかる：始めの二つの等式を加えて $2x_1+x_3=-1$ となる．これが非負解をもたぬことは明白である．

さて元へ戻って，LP 問題 (F) において，g が最小値 $\alpha=0$ に達したとし，その時の最終の可能基底を (J) とする．ただし $J\subset\tilde{\Omega}=\{1,\cdots,n+m\}$，$|J|=m$，である．これに属する基底解を $\boldsymbol{x}_J={}^t(\xi_1,\cdots,\xi_{n+m})$ とすれば，$\xi_{n+1}+\cdots+\xi_{n+m}=\alpha=0$ だから，$\xi_{n+1}=\cdots=\xi_{n+m}=0$ である．$\therefore$ $\boldsymbol{x}_J={}^t(\xi_1,\cdots,\xi_n,0,\cdots,0)$ そして ${}^t(\xi_1,\cdots,\xi_n)$ は $A\boldsymbol{x}=\boldsymbol{b}$，$\boldsymbol{x}\geqq\boldsymbol{o}$ の解となる．いま $\Omega=\{1,\cdots,n\}$ として

$$J'=\{j\in\Omega\,|\,\xi_j>0\}$$

とおく．すると，$\xi_j>0\Longrightarrow j\in J$ だった（$\boldsymbol{x}_J$ の作り方！）から，

$$J'\subset J$$

である．よって，(J') は 1 次独立である．

もし，$J'=J$ ならば，(J') はもとの LP の可能基底になっている．そして (F) の最終単体表（(J) に属するもの）は，$(J)=(J')$ に関する $\boldsymbol{b},\boldsymbol{a}_1,\cdots,\boldsymbol{a}_n$ の相対成

分を与えている．次のことに注意しておこう．もとの LP 問題の目的関数 $f(\boldsymbol{x})=c_1x_1+\cdots+c_nx_n$ の代りに，例のように新変数 z を追加して，制約条件

$$z-c_1x_1-\cdots-c_nx_n=0$$

を導入する．g の方も $-g$ を表わす新変数 w を追加して制約条件

$$w+x_{n+1}+\cdots+x_{n+m}=0$$

を導入する．そして，(F) の出発点の単体表を

	z	w	x_1	$\cdots$	x_n	x_{n+1}	$\cdots$	x_{n+m}	1
x_{n+1}	0	0	a_{11}	$\cdots$	a_{1n}	1		0	b_1
$\vdots$	$\vdots$	$\vdots$	$\vdots$		$\vdots$		$\ddots$		$\vdots$
x_{n+m}	0	0	a_{m1}	$\cdots$	a_{mn}	0		1	b_m
z	1	0	$-c_1$	$\cdots$	$-c_n$	0	$\cdots$	0	0
w	0	1	$-d_1$	$\cdots$	$-d_m$	0	$\cdots$	0	δ

$$\left(\begin{array}{l} d_j=\sum_{i=1}^{m}a_{ij}\ (1\leqq j\leqq n), \\ \delta=-(b_1+\cdots+b_m) \end{array}\right)$$

とする．すると，最初の可能基底は $z, w, x_{n+1}, \cdots, x_{n+m}$ の列であるが，以下の次々の進行でも z, w の列は必ず可能基底中に含まれる．そして，上のように $J=J'$ ならば，もとの LP の可能基底 $(J')=(J)$ が求まったのみならず，そのときの z の相対成分も最終単体表から読みとれるわけである．以後は w の行と列とを捨てて，もとの LP の単体法による解法を実行すればよい．

次に $J'\neq J$ としよう．$A\boldsymbol{x}=\boldsymbol{b}$ に解があるから，

$$\mathrm{rank}\,(A)=\mathrm{rank}\,[A, \boldsymbol{b}]$$

である．この値を r とする．よって行列 $[A, \boldsymbol{b}]$ は r 個の1次独立な行をもち，他の行はそれらの1次結合である．$[A, \boldsymbol{b}]$ の行の順序を適当に並べかえれば $[A, \boldsymbol{b}]$ の始めの r 個の行が1次独立としてよい．すると，$A\boldsymbol{x}=\boldsymbol{b}$ は

$$(\S)\qquad \left\{\begin{array}{l} a_{11}x_1+\cdots+a_{1n}x_n=b_1, \\ \cdots\cdots\cdots\cdots\cdots \\ a_{r1}x_1+\cdots+a_{rn}x_n=b_r \end{array}\right.$$

と同値である．よって必要があれば(§)に移ることにして，始めから，$r=m$ としてよい．すなわち

$$\mathrm{rank}\,(A)=\mathrm{rank}\,[A, \boldsymbol{b}]=m$$

と仮定する．さて A の列を適当に並べかえて，$J'=\{1, \cdots, h\}$，$h<m$，としてよ

い．さらに必要があれば A の列を適当に並べかえて，$\boldsymbol{a}_1, \cdots, \boldsymbol{a}_m$ は1次独立としてよい．また A の行を並べかえれば最終単体表のうち $\boldsymbol{a}_1, \cdots, \boldsymbol{a}_n, \boldsymbol{b}$ の相対成分の部分は

$$
\begin{array}{r}
\\ \\ \\ \\
\text{$j,\cdots,k$ は}\\ \text{$J-J'$ の元}\rightarrow
\end{array}
m\left\{
\begin{array}{c|c|c|c|c}
 & \boldsymbol{a}_1\ \cdots\ \boldsymbol{a}_h & \boldsymbol{a}_{h+1}\ \cdots\ \boldsymbol{a}_m & \boldsymbol{a}_{m+1}\ \cdots\ \boldsymbol{a}_n & \boldsymbol{b} \\ \hline
\boldsymbol{a}_1 & 1 \qquad & & & \beta_1 \\
\vdots & \ddots & P & Q & \vdots \\
\boldsymbol{a}_h & \qquad 1 & & & \beta_h \\ \hline
\boldsymbol{a}_j & & & & \beta_j \\
\vdots & O & R & S & \vdots \\
\boldsymbol{a}_k & & & & \beta_k
\end{array}
\right.
\qquad
\left(\begin{array}{l} j,\cdots,k \text{ は} \\ >h \text{ である} \end{array}\right)
$$

の形となる．J' のとり方から，

$$\beta_j = \cdots = \beta_k = 0$$

である．$\boldsymbol{a}_1, \cdots, \boldsymbol{a}_m$ が1次独立だから

$$
\det\left[\begin{array}{c|c}
\begin{matrix} 1 & & \\ & \ddots & \\ & & 1 \end{matrix} & P \\ \hline
O & R
\end{array}\right] \neq 0. \qquad \therefore \quad \det R \neq 0.
$$

したがって，上の行列に対して第 $h+1, \cdots, m$ 行の適当な並べかえと行掃き出し変換を繰り返して

$$
\begin{array}{c|c|c|c|c}
 & \boldsymbol{a}_1\ \cdots\ \boldsymbol{a}_h & \cdots\ \boldsymbol{a}_m & \cdots\ \boldsymbol{a}_n & \boldsymbol{b} \\ \hline
\boldsymbol{a}_1 & 1 \qquad & & & \beta_1 \\
\vdots & \ddots & O & * & \vdots \\
\boldsymbol{a}_h & \qquad 1 & & & \beta_h \\ \hline
\boldsymbol{a}_{h+1} & & 1 \quad 0 & & 0 \\
\vdots & O & \ddots & * & \vdots \\
\boldsymbol{a}_m & & 0 \quad 1 & & 0
\end{array}
$$

の形の行列に達する．よって，$A\boldsymbol{x}=\boldsymbol{b}$，$\boldsymbol{x} \geqq \boldsymbol{o}$ なる制約条件はこれと同値な正準形の制約条件に直された．

注意　目的関数 f の相対成分は，$\boldsymbol{a}_k, \boldsymbol{b}$ の相対成分から (3. 19)，(3. 20) により計算して

もよいが，上の最後の掃き出し法の過程で f の相対成分を逐次記入して行けば，正準形に直った所から直ちに単体法の計算が始められる．

このように与えられたLPに対し，まず人為変数を導入して正準形化した問題を単体法で解いて，始めの問題を正準形に直し，次にそれをもう1度単体法で解くという方法を**2段単体法**という．

例 3.6　$x_1+x_2+x_3=1$，$2x_1+3x_2+4x_3=7/2$ $(x_1\geqq 0, x_2\geqq 0, x_3\geqq 0)$ の下で $x_1-2x_3\to\max$ を求めよ．

［解］　$x_1+x_2+x_3+x_4=1$，$2x_1+3x_2+4x_3+x_5=7/2$，$x_i\geqq 0$ $(1\leqq i\leqq 5)$ の下で，$w=-(x_4+x_5)$ の最大を求める．(x_4, x_5；人為変数）同時に，$z=x_1-2x_3$ の相対成分も記入して行く．

$$w=-(1-x_1-x_2-x_3)-(7/2-2x_1-3x_2-4x_3)$$

により出発点の単体表は以下の通りである．

	w	z	x_1	x_2	x_3	x_4	x_5	1
x_4	0	0	$\boxed{1}$	1	1	1	0	1
x_5	0	0	2	3	4	0	1	7/2
w	1	0	−3	−4	−5	0	0	−9/2
z	0	1	−1	0	2	0	0	0

（w の行に着目して枢軸変換開始．□は枢軸），

	w	z	x_1	x_2	x_3	x_4	x_5	1
x_1	0	0	1	1	1	1	0	1
x_5	0	0	0	1	$\boxed{2}$	−2	1	3/2
w	1	0	0	−1	−2	3	0	−3/2
z	0	1	0	1	3	1	0	1

（まだ $w_{\max}$ に至らない），

	w	z	x_1	x_2	x_3	x_4	x_5	1
x_1	0	0	1	1/2	0	2	−1/2	1/4
x_3	0	0	0	1/2	1	−1	1/2	3/4
w	1	0	0	0	0	1	1	0
z	0	1	0	−1/2	0	4	−3/2	−1/2

（$w_{\max}$ に達した）．

$\therefore\ w_{\max}=0$. 故に始めの LP は実行可能. w の行と列を除く. 人為変数 x_4, x_5 の列も除き，正準形の問題での $z\to\max$ に直せた.

	z	x_1	x_2	x_3	1
x_1	0	1	$\boxed{1/2}$	0	1/4
x_3	0	0	1/2	1	3/4
z	1	0	$-1/2$	0	$-1/2$

($z_{\max}$ に至らない),

	z	x_1	x_2	x_3	1
x_2	0	2	1	0	1/2
x_3	0	-1	0	1	1/2
z	1	1	0	0	$-1/4$

$\left(z_{\max}=-\dfrac{1}{4}\right)$.

§3.8 輸送問題

a) 問題の形

ある会社はぶどう園 $A_1, \cdots, A_m$ を所有している. ぶどう園 A_i での今年度の生産高は a_i キログラム $(1\leqq i\leqq m)$ であった. 一方都市 $B_1, \cdots, B_n$ では今年度のぶどうの需要量としてそれぞれ $b_1, \cdots, b_n$ (キログラム)を予定している. A_i から B_j へのぶどうの送料は1キログラム当り c_{ij} 円 $(1\leqq i\leqq m,\ 1\leqq j\leqq n)$ とする. もちろん

$$a_i\geqq 0,\quad b_j\geqq 0,\quad c_{ij}\geqq 0\qquad (1\leqq i\leqq m,\ 1\leqq j\leqq n)$$

である. A_i から B_j へ x_{ij} キログラム送って，上の需要をすべて満たし，かつ送料総額

$$\sum_{i=1}^{m}\sum_{j=1}^{n}c_{ij}x_{ij}$$

を最小にしたい. これは制約条件

$$\sum_{j=1}^{n}x_{ij}\leqq a_i,\quad \sum_{i=1}^{m}x_{ij}\geqq b_j,\quad x_{ij}\geqq 0\qquad (1\leqq i\leqq m,\ 1\leqq j\leqq n)$$

の下で $\sum_{i,j}c_{ij}x_{ij}\to\min$ という LP である. これを**輸送問題** (transportation problem) あるいは Hitchcock の問題という. これが実行可能のためには, $\sum_i a_i\geqq\sum_{i,j}x_{ij}\geqq\sum_j b_j$ により, $\sum a_i\geqq\sum b_j$ が必要である. 以下これを仮定し,

$$\sum_{i=1}^{m} a_i - \sum_{j=1}^{n} b_j = b_{n+1} \geqq 0$$

とおく．さらに $c_{i,n+1}=0\ (1\leqq i\leqq m)$ とおく．スラック変数 $x_{i,n+1}=a_i-\sum_j x_{ij}\geqq 0$ を導入して，上の LP と同値な新しい LP 問題を作る：

$$(*)\quad \sum_{j=1}^{n+1} x_{ij} = a_i, \qquad \sum_{i=1}^{m} x_{ij} \geqq b_j, \qquad x_{ij} \geqq 0 \qquad (1\leqq i\leqq m,\ 1\leqq j\leqq n+1)$$

の下で

$$\sum_{i=1}^{m}\sum_{j=1}^{n+1} c_{ij}x_{ij} \longrightarrow \min.$$

$x_{ij}{}^0=a_ib_j/\alpha,\ \alpha=\sum a_i=\sum b_j$，はこれの実行可能解である．しかもこれの各実行可能解 (x_{ij}) は，$\sum a_i=\sum_{i,j} x_{ij}\geqq\sum b_j=\sum a_i$ により，$(*)$ の第2式を等号で満たす．よって，始めから，等号型の輸送問題：

$$\sum_{j=1}^{n} x_{ij} = a_i, \quad \sum_{i=1}^{m} x_{ij} = b_j, \quad x_{ij} \geqq 0 \quad \text{の下で} \quad \sum_{i,j} c_{ij}x_{ij} \longrightarrow \min$$

を考えればよい．以下これを考える．補題2.6により，定義域の凸多面体の端点は，a_i, b_j が皆整数ならば，整数座標をもつから，$x_{ij}\in \boldsymbol{Z}$ なる最適解がある．この LP を次のように書く：

$$A\boldsymbol{x} = \boldsymbol{b}, \quad \boldsymbol{x} \geqq \boldsymbol{o} \quad \text{の下で} \quad -\boldsymbol{c}\boldsymbol{x} \longrightarrow \max.$$

ただし，

$$A = \begin{array}{c} \quad\overbrace{\qquad\qquad}^{n}\ \overbrace{\qquad\qquad}^{n}\qquad\qquad\ \overbrace{\qquad\qquad}^{n} \\ \begin{array}{r} m\left\{\begin{array}{c}\\ \\ \\ \end{array}\right. \\ n\left\{\begin{array}{c}\\ \\ \\ \end{array}\right. \end{array} \left[\begin{array}{c|c|c|c} 1\ \cdots\ 1 & & & \\ & 1\ \cdots\ 1 & \cdots & \\ & & & 1\ \cdots\ 1 \\ \hline 1 & 1 & & 1 \\ \ \ddots & \ \ddots & \cdots & \ \ddots \\ \quad 1 & \quad 1 & & \quad 1 \end{array}\right] \end{array}, \qquad \boldsymbol{b} = \begin{bmatrix} a_1 \\ \vdots \\ a_m \\ b_1 \\ \vdots \\ b_n \end{bmatrix},$$

$$\boldsymbol{x} = {}^t(x_{11}, x_{12}, \cdots, x_{1n}\,;\cdots;\,x_{m1}, \cdots, x_{mn}),$$
$$\boldsymbol{c} = (c_{11}, c_{12}, \cdots, c_{1n}\,;\cdots;\,c_{m1}, \cdots, c_{mn})$$

である．すると $\mathfrak{D}=\{\boldsymbol{x}\in K^{mn}\mid A\boldsymbol{x}=\boldsymbol{b},\ \boldsymbol{x}\geqq\boldsymbol{o}\}$ は空でない有界凸多面体だから，最適解が存在する．

b）基底と相対成分

$\Omega=\Omega_1\times\Omega_2,\ \Omega_1=\{1,\cdots,m\},\ \Omega_2=\{1,\cdots,n\}$ とおく．そして，A の列ベクトルを

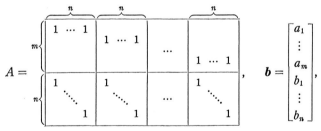

左から右へ順に $\boldsymbol{a}_{(1,1)}, \boldsymbol{a}_{(1,2)}, \cdots, \boldsymbol{a}_{(1,n)}, \cdots, \boldsymbol{a}_{(m,n)}$ とする．$\lambda=(i,j)\in\Omega$ に対して，

$$\boldsymbol{a}_\lambda = \boldsymbol{e}_i+\boldsymbol{f}_j$$

となる．ただし

$$\boldsymbol{e}_i = (0, \cdots, \overset{i}{\overbrace{1}}, \cdots, 0\,;0, \cdots, 0), \qquad \boldsymbol{f}_j = (0, \cdots, 0\,;0, \cdots, \overset{m+j}{\overbrace{1}}, \cdots, 0)$$

である．

補題 3.3 $\lambda_\nu=(i_\nu, j_\nu)\in\Omega$ $(1\leqq\nu\leqq p)$ とすると，$\boldsymbol{a}_{\lambda_1}, \cdots, \boldsymbol{a}_{\lambda_p}$ が 1 次独立となるための必要十分条件は，$\{\lambda_1, \cdots, \lambda_p\}$ が §2.7 の意味でループを含まないことである．

証明 例えば $\lambda_1, \cdots, \lambda_q$ がループをなせば

$$\boldsymbol{a}_{\lambda_1}-\boldsymbol{a}_{\lambda_2}+\cdots-\boldsymbol{a}_{\lambda_q} = \boldsymbol{o}$$

は明らか．よって，$\boldsymbol{a}_{\lambda_1}, \cdots, \boldsymbol{a}_{\lambda_p}$ は 1 次従属である．逆に $\boldsymbol{a}_{\lambda_1}, \cdots, \boldsymbol{a}_{\lambda_p}$ が 1 次従属とし，$\xi_1\boldsymbol{a}_{\lambda_1}+\cdots+\xi_p\boldsymbol{a}_{\lambda_p}=\boldsymbol{o}$ とする．$\xi_1\neq0, \cdots, \xi_q\neq0, \xi_{q+1}=\cdots=\xi_p=0$ としてよい．すると，各 ν $(1\leqq\nu\leqq q)$ に対し，$\boldsymbol{a}_{\lambda_\nu}$ の形: $\boldsymbol{a}_{\lambda_\nu}=\boldsymbol{e}_{i_\nu}+\boldsymbol{f}_{j_\nu}$ から，λ_ν と同行の元 λ_ρ $(\neq\lambda_\nu)$，$1\leqq\rho\leqq q$, がある．また λ_ν と同行の元 λ_σ $(\neq\lambda_\nu)$，$1\leqq\sigma\leqq q$, もある．よって補題 2.5 により $\{\lambda_1, \cdots, \lambda_q\}$ はループを含む．▌

行列 A の階数 r を求めよう．$(u_1, \cdots, u_m, v_1, \cdots, v_n)=\boldsymbol{z}$ とおくと，$\boldsymbol{z}A=\boldsymbol{o} \Leftrightarrow u_i+v_j=0$ $(1\leqq i\leqq m,\ 1\leqq j\leqq n) \Leftrightarrow u_1=\cdots=u_m=-v_1,\ v_1=\cdots=v_n=-u_1 \Leftrightarrow \boldsymbol{z}=\lambda(1, \cdots, 1\,; -1, \cdots, -1)$ の形，となる．よって，$\{\boldsymbol{z}\in K^{m+n}\mid \boldsymbol{z}A=\boldsymbol{o}\}$ が 1 次元だから，$r=m+n-1$ である．行列 $[A, \boldsymbol{b}]$ の階数も r である（$\because$ $\mathfrak{D}\neq\phi$）．

$\Omega=\Omega_1\times\Omega_2$ の部分集合 J に対し，(J) がこの LP の基底とし，(J) に関する相対成分 $\alpha_{\lambda\mu}, \beta_\lambda, \gamma_\mu, \delta$ のうち $\{\beta_\lambda\}$ はわかっているとして，他のものを求めてみよう．

（イ） $\alpha_{\lambda\mu}$ $(\lambda\in J,\ \mu\in\Omega)$ の決定．

$\mu\in J$ なら $\alpha_{\lambda\mu}=\delta_{\lambda\mu}$ (Kronecker のデルタ) である．

$\mu\in\Omega-J$ なら，$\{\boldsymbol{a}_\mu\}\cup(J)$ が 1 次従属だから，$\{\mu\}\cup J$ 中にループがある．そのループは μ を通る（さもないと J 中にループがあり (J) が 1 次従属化する !）．これを

$$\mu,\ \ \lambda_1,\ \ \cdots,\ \ \lambda_p \qquad (\lambda_1\in J, \cdots, \lambda_p\in J)$$

とすると，$\boldsymbol{a}_\mu-\boldsymbol{a}_{\lambda_1}+\boldsymbol{a}_{\lambda_2}-\cdots=\boldsymbol{o}$.

$$\therefore\quad \boldsymbol{a}_\mu = \boldsymbol{a}_{\lambda_1}-\boldsymbol{a}_{\lambda_2}+\cdots-\boldsymbol{a}_{\lambda_p}$$

である．一方 $\boldsymbol{a}_\mu$ を (J) の元の 1 次結合として表わす仕方は一意的だから，上式がそれに当る．よって

$$\alpha_{\lambda\mu}=\begin{cases}(-1)^{s+1}, & \lambda=\lambda_s \text{ のとき},\\ 0, & \lambda\in J-\{\lambda_1,\cdots,\lambda_p\} \text{ のとき}.\end{cases}$$

(いずれにせよ $\alpha_{\lambda\mu}=\pm1$ か $=0$ である.)

(ロ) γ_μ ($\mu\in\Omega$) の決定.

$J=\{\lambda_1,\cdots,\lambda_r\}$ とし，行列 $B=(\boldsymbol{a}_{\lambda_1},\cdots,\boldsymbol{a}_{\lambda_r})$ を用いて (J) に関する単体乗数 (§3.5, c)) $\boldsymbol{\pi}=(u_1,\cdots,u_n,v_1,\cdots,v_n)$ を

$$\boldsymbol{\pi}B=(-c_{\lambda_1},\cdots,-c_{\lambda_r}) \quad \text{あるいは} \quad \boldsymbol{\pi}A=(-c_1+\gamma_1,\cdots,-c_n+\gamma_n)$$

から求める．A の形から，これは，$\lambda_s=(i_s,j_s)$ として

$$u_{i_s}+v_{j_s}=-c_{i_s,j_s} \qquad (1\leqq s\leqq r)$$

を意味する．上述した $\boldsymbol{z}A=\boldsymbol{o}$ の解 $\boldsymbol{z}$ の形から，$u_1,\cdots,u_m$ のうちの任意の一つ．例えば $u_1=0$ なる単体乗数 $\boldsymbol{\pi}$ が一意に存在する．$\boldsymbol{\pi}A=(z_{11},\cdots,z_{1n},\cdots,z_{mn})$ より，$\mu=(i,j)$ とおくと

$$u_i+v_j=z_{ij}=z_\mu=\gamma_\mu-c_\mu.$$

よって，$\gamma_\mu=u_i+v_j+c_\mu$ から γ_μ を求めればよい．

(ハ) δ の決定.

$\delta=-\sum c_\lambda\beta_\lambda$ (λ は J 上を動く) から出る.

c) 変形単体表

基底 (J) での相対成分 $\alpha_{\lambda\mu},\beta_\lambda,\gamma_\mu,\delta$ がわかったとき，単体表の代りに，これに相当する"変形単体表"なるものを次のように作製する．まず b), (イ) より $\alpha_{\lambda\mu}$ はすぐ読み取れるから記入はしない．以下下図のごとき表を作るのだが，まず $\lambda=(i,j)\in J$ なら，図の $\lambda=(i,j)$ の場所 (c_{ij} の右下の空白) には $\beta_\lambda=\beta_{ij}$ を記入し，四角で囲む．$\lambda=(i,j)\notin J$ ならば，ここには $\gamma_\lambda=\gamma_{ij}$ を記入するが，四角で囲まない．

d) 枢軸変換 (単体基準 III) の進行

いま (J) を可能基底とし，相対成分 $\alpha_{\lambda\mu},\gamma_\mu,\beta_\lambda,\delta$ がわかっているとする．変形単体表を作り，以下次のごとき手順で進行する．

I 各 $\gamma_\mu\geqq0$ なら，δ は最適値である．ある $\gamma_\mu<0$ なら，そのうちの絶対値の最大な (すなわち most negative な) γ_μ をとる．

II $\mathfrak{D}$ は無限方向を持たぬから $\alpha_{\lambda\mu}>0$ (すなわち $\alpha_{\lambda\mu}=1$) なる $\lambda\in J$ があるが，そのうち $\mathrm{Min}\,\beta_\lambda/\alpha_{\lambda\mu}$，すなわち $\mathrm{Min}\,\beta_\lambda$ ($\alpha_{\lambda\mu}=1$ なる $\lambda\in J$ に対する) を与える $\lambda\in$

	v_1	v_2		v_j		v_n
u_1	c_{11}	c_{12}		c_{1j}		c_{1n}
u_2	c_{21}	c_{22}		c_{2j}		c_{2n}
u_i	c_{i1}	c_{i2}		c_{ij}		c_{in}
u_m	c_{m1}	c_{m2}		c_{mj}		c_{mn}

J をとり，それを σ とする．

III　$J^*=(J-\{\sigma\})\cup\{\mu\}$ とおく．新しい可能基底 (J^*) に関し，変換則を利用して相対成分 β_κ^* を求める．それは，

$$\beta_\mu^* = \beta_\sigma/\alpha_{\sigma\mu} = \beta_\sigma, \qquad \beta_\tau^* = \beta_\tau - \frac{\beta_\sigma\alpha_{\tau\mu}}{\alpha_{\sigma\mu}} = \beta_\tau - \beta_\sigma\alpha_{\tau\mu}$$

$(\tau\in J-\{\sigma\})$ で与えられる．

以下これを続行して最適解に達する．(退化基底による循環現象が生じたら摂動法を用いる．しかし輸送問題で循環現象の生じる例は未だ知られていない．)

e) 出発点の可能基底 (J_0) と，その相対成分 (β_λ^0) の構成

出発点の可能基底 (J_0) とそれに関する相対成分 (β_{ij}^0) $(i,j\in J_0)$ を (あるいは基底解 $\boldsymbol{x}_{J_0}$ をといってもよい) 求める**北西隅法** (northwest corner method) なるものを述べる．それは $\Omega=\Omega_1\times\Omega_2$ と $(a_1,\cdots,a_m)$, $(b_1,\cdots,b_n)$ だけで定まり，(c_{ij}) にはよらない．

これを $m+n$ に関して帰納的に定義する．$(1,1)\in J_0$ とし，$\beta_{11}^0=\mathrm{Min}\{a_1,b_1\}=d_1$ とする．

$a_1=d_1$ なら，$\tilde{\Omega}_1=\Omega_1-\{1\}$ とし，$\tilde{\Omega}_1\times\Omega_2$ と $(a_2,\cdots,a_m)$, $(b_1-d_1,b_2,\cdots,b_n)$ に関して作ったすでに作られている可能基底 $\tilde{J}_0$ と β_λ^0 $(\lambda\in\tilde{J}_0)$ に $(1,1)$ と β_{11}^0 を合わせて J_0 と β_λ^0 $(\lambda\in J_0)$ とする．$\{(1,1)\}\cup\tilde{J}_0$ 中には $(1,1)$ と同行の元がなく，また $\tilde{J}_0$ がループを含まないから，J_0 もループを含まない．よって (J_0) は1次独立．

$|\tilde{J}_0|=|\tilde{\Omega}_1|+|\Omega_2|-1$ だから，$|J_0|=|\tilde{\Omega}_1|+|\Omega_2|=m+n-1$．よって (J_0) は基底である．しかも $\beta_\lambda{}^0 \geqq 0\ (\lambda \in J_0)$ だから，(J_0) は可能基底である．

$b_1=d_1$ なら，$\hat{\Omega}_2=\Omega_2-\{1\}$ とし，$\Omega_1 \times \hat{\Omega}_2$ と $(a_1-d_1, a_2, \cdots, a_m)$，$(b_2, \cdots, b_m)$ に関してすでに作られている可能基底 $\tilde{J}_0$ と $\beta_\lambda{}^0\ (\lambda \in \tilde{J}_0)$ とに $(1, 1)$ と $\beta_{11}{}^0$ とを合わせ J_0 と $\beta_\lambda{}^0\ (\lambda \in J_0)$ を作ればよい．

例 3.7　次の輸送問題を解け．

					$a_i \downarrow$
$c_{ij}\rightarrow$	1	8	5	2	3
	10	3	6	9	7
	7	4	2	8	9
$b_i\rightarrow$	5	6	4	4	

注意　始めの $A_1, \cdots, A_m$ と $B_1, \cdots, B_n$ を並べかえて，$c_{11} \leqq c_{ij}$ (各 i, j に対し)，$c_{22} \leqq c_{ij}$ $(2 \leqq i \leqq m,\ 2 \leqq j \leqq n)$，$c_{33} \leqq c_{ij}$ $(3 \leqq i \leqq m,\ 3 \leqq j \leqq n)$，… となるようにしておいて北西隅法に従うと最適解に速く達するようである．

［解］　1　J_0 と $\beta_\lambda{}^0\ (\lambda \in J_0)$ は北西隅法で求める．

3 ↓	0	0	0
2 →	5 ↓	0	0
0	1 →	4 →	4

$$J_0=\{(1, 1), (2, 1), (2, 2), (3, 2), (3, 3), (3, 4)\}.$$

2　変形単体表を作る：その順序は $\beta_\lambda\ (\lambda \in J_0)$ を書き込み，次に，$u_i+v_j+c_{ij}=0$ $((i, j) \in J_0)$，$u_1=0$ により $u_1, \cdots, u_m, v_1, \cdots, v_n$ を決める．最後に，$\gamma_{ij}=u_i+v_j+c_{ij}$，$(i, j) \notin J_0$，により，$\gamma_{ij}$ を書き込む．

	−1	6	8	2
0	1 / [3]	8 / 14	5 / 13	2 / 4
−9	10 / [2]	3 / [5]	6 / 5	9 / 2
−10	7 / −4	4 / [1]	2 / [4]	8 / [4]

輸送費 $-\delta=82$

3　以下 d) により進行する：$\gamma_\mu<0$ なる μ は $(3,1)$ で，$(3,1)$ と J_0 を通るループは $(3,1)$, $(3,2)$, $(2,2)$, $(2,1)$；

$$\alpha_{32}{}^0=1,\qquad \alpha_{21}{}^0=1,\qquad \alpha_{22}{}^0=-1,$$

$\mathrm{Min}\,\{\beta_{32}{}^0, \beta_{21}{}^0\}=\beta_{32}{}^0$．よって，$J_1=(J_0-\{(3,2)\})\cup\{(3,1)\}$ である．これより下図が得られる．

	−1	6	4	−2
0	1 / [3]	8 / 14	5 / 9	2 / 0
−9	10 / [1]	3 / [6]	6 / 1	9 / −2
−6	7 / [1]	4 / 4	2 / [4]	8 / [4]

輸送費 78

4　もう1度 d) により進行すると最適解に達する．

−76	−1	4	4	−2
0	1 / [3]	8 / 12	5 / 9	2 / 0
−7	10 / 2	3 / [6]	6 / 3	9 / [1]
−6	7 / [2]	4 / 2	2 / [4]	8 / [3]

（最適解 (γ_μ はすべて $\geqq 0$ となった)）

輸送費 76

問　　題

1　$x_1+x_2+x_3\leqq 1$, $2x_1+3x_2+4x_3\leqq 3$, $x_1-x_2+x_3\leqq 0$, $x_1\geqq 0$, $x_2\geqq 0$, $x_3\geqq 0$ の下で $x_1+x_2-x_3\to\max$, を解け．

2　上の LP 問題を標準形 LP 問題に直し，その可能基底をすべて求めよ．

3　変数 u_i $(1\leqq i\leqq 3)$, v_j $(1\leqq j\leqq 4)$ に対する制約条件 $u_i+v_j\leqq 1$ $(1\leqq i\leqq 3,\ 1\leqq j\leqq 4)$ の下で $2u_1+4u_2+6u_3+3(v_1+v_2+v_3+v_4)\to\max$, を解け．

4[1]　LP 問題：$A\boldsymbol{x}=\boldsymbol{b}$, $\boldsymbol{x}\geqq\boldsymbol{o}$ の下で，$f(\boldsymbol{x})\to\max$, ただし

1)　筆者の東大での講義 (1975/76) のとき木下俊之氏 (当時大学院生) の提出したレポートによる．

$$A=\begin{bmatrix} 2 & 1 & -2 & 1 & 0 & 0 & 0 \\ -16 & -6 & 10 & 0 & 1 & 0 & 0 \\ -8 & -1 & 1 & 0 & 0 & 1 & 0 \\ 0 & 0 & 1 & 0 & 0 & 0 & 1 \end{bmatrix}, \quad \boldsymbol{b}=\begin{bmatrix} 0 \\ 0 \\ 0 \\ 1 \end{bmatrix},$$

$f(\boldsymbol{x})=4x_1+3x_2-5x_3$，について次のことを示せ．

(i) 可能基底の総数は 24 個である．

(ii) 循環現象 (4 5 6 7) → (1 5 6 7) → (1 2 6 7) → (1 2 3 7) → (4 2 3 7) → (4 5 3 7) → (4 5 6 7) をもつ．

(iii) (2 3 5 6) なる可能基底に対応して最適解が生ずる．

5 変数 $x_1, \cdots, x_6$ に対する制約条件 $x_1+x_2+x_3+x_4 \geqq a_1$，$x_2+x_3+x_4+x_5 \geqq a_2$，$x_3+x_4+x_5+x_6 \geqq a_3$ の下で，$x_1+x_2+x_3+x_4+x_5+x_6$ は下に有界であるか．

6 問題 4 の LP を辞書式進行法によって解け．

7 順序体 K 上の標準形の LP 問題 $A\boldsymbol{x}=\boldsymbol{b}$, $\boldsymbol{x} \geqq \boldsymbol{o}$ $(A \in K(m, n))$ の下で，$z=\boldsymbol{cx} \to \max$ を考える．K に無限大変数を添加した多項式環 $K[t]$ の商体を L とし，L 上の LP 問題：$A\boldsymbol{x}+\boldsymbol{w}=\boldsymbol{b}$, $\boldsymbol{x} \geqq \boldsymbol{o}$, $\boldsymbol{w} \geqq \boldsymbol{o}$ の下で，$\boldsymbol{cx}-t(w_1+\cdots+w_m) \to \max$ (ただし $A \in K(m, n)$) を考える．新問題の目的関数の相対成分 γ_k, δ は t の 1 次式であることを示せ．新問題の最適解を与える単体表において，非斉次相対成分 $\delta \notin K$ なら，旧問題が実行不能であることを示せ (**罰金法**)．

8 次の LP 問題の制約条件を正準化せよ．

$$x_1+2x_4+3x_5+4x_6=-1, \qquad x_2+2x_4-3x_5=-1, \qquad x_3-5x_4+x_5=-1,$$

$x_1 \geqq 0, \cdots, x_6 \geqq 0$ の下で，$x_1+x_2 \to \max$．

9 次の行列の定める輸送問題を解け．

(i)

	c_{ij}				a_i
	1	9	3	7	4
	5	2	8	4	6
	3	4	2	1	8
b_j	3	3	3	9	

(ii)

1	8	3	7	4
2	9	6	5	4
4	7	6	3	4
3	3	3	3	

10 変数 x_1, x_2, x_3 に対する制約条件：$x_1-x_2+x_3=1/2$，$x_1+x_2+x_3=1$，$x_i \geqq 0$ $(1 \leqq i \leqq 3)$ の下で，$P_1(t)x_1+P_2(t)x_2+P_3(t)x_3 \to \max$ を解け．ただし，$P_i(t) \in K[t]$，t は無限大変数，とする．(x_1, x_2, x_3 の動く範囲は $K(t)$ 上である．)

第4章　双対定理

どんな LP 問題 $(K^n, \mathfrak{D}, f\to\max)$ に対しても，その制約条件の表示法を一組決めれば，もとの LP 問題と表裏一対の関係にある第2の LP 問題 (原問題の双対問題と呼ばれる) が (制約条件の表示式とともに) 定まる．双対問題の形は原問題の制約式の形により種々変るが，それらを通じて不変な著しい性質がある．それが本章の主目的たる双対定理の内容である．現実界にも応用が広いが，組合せ理論にも双対定理が姿を変えて多数存在している．その二, 三を後章で見ることにしよう．

§4.1　双対問題

a) 双対問題の定義

LP 問題 $(\mathfrak{F})=(K^n, \mathfrak{D}, f\to\max)$ が与えられているとしよう．定義域 $\mathfrak{D}$ を定める制約条件の表わし方は一意ではないが，これが §3.1, c) の意味での一般形 (3.2) で与えられたとする：

$$
(3.2)\qquad
\begin{cases}
\left.\begin{array}{l}
a_{11}x_1+\cdots+a_{1n}x_n\leqq b_1,\\
\cdots\cdots\cdots\cdots\cdots\\
a_{p1}x_1+\cdots+a_{pn}x_n\leqq b_p,
\end{array}\right\}\ \text{不等式制約,}\\
\left.\begin{array}{l}
a_{p+1,1}x_1+\cdots+a_{p+1,n}x_n=b_{p+1},\\
\cdots\cdots\cdots\cdots\cdots\\
a_{m1}x_1+\cdots+a_{mn}x_n=b_m,
\end{array}\right\}\ \text{等式制約,}\\
\underbrace{x_1\geqq 0,\quad\cdots,\quad x_q\geqq 0}_{\text{非負変数}};\quad \underbrace{x_{q+1},\quad\cdots,\quad x_n}_{\text{自由変数}}.
\end{cases}
$$

ここで $0\leqq p\leqq m,\ 0\leqq q\leqq n$ である．(3.2) を行列形で書き直そう：$A=(a_{ij})\in K(m,n)$ を

$$
\begin{aligned}
P&=(a_{ij})\in K(p,q) &&(1\leqq i\leqq p,\ 1\leqq j\leqq q),\\
Q&=(a_{ij})\in K(p,n-q) &&(1\leqq i\leqq p,\ q+1\leqq j\leqq n),
\end{aligned}
$$

$$R=(a_{ij})\in K(m-p,q) \qquad (p+1\leqq i\leqq m,\ 1\leqq j\leqq q),$$
$$S=(a_{ij})\in K(m-p,n-q) \qquad (p+1\leqq i\leqq m,\ q+1\leqq j\leqq n)$$

によって区分けして

$$A=\begin{bmatrix} P & Q \\ R & S \end{bmatrix}$$

と表わし，さらに

$$\boldsymbol{c}={}^t(b_1,\cdots,b_p)\in K^p, \qquad \boldsymbol{d}={}^t(b_{p+1},\cdots,b_m)\in K^{m-p},$$
$$\boldsymbol{y}={}^t(x_1,\cdots,x_p)\in K^p, \qquad \boldsymbol{z}={}^t(x_{p+1},\cdots,x_m)\in K^{m-p},$$
$$\boldsymbol{g}=(c_1,\cdots,c_q)\in K(1,q), \qquad \boldsymbol{h}=(c_{q+1},\cdots,c_n)\in K(1,n-q)$$

とおけば

$$\mathfrak{D}=\left\{\begin{bmatrix}\boldsymbol{y}\\ \boldsymbol{z}\end{bmatrix}\in K^n \mid P\boldsymbol{y}+Q\boldsymbol{z}\leqq\boldsymbol{c},\ R\boldsymbol{y}+S\boldsymbol{z}=\boldsymbol{d},\ \boldsymbol{y}\geqq\boldsymbol{o}\right\},$$

$$f(\boldsymbol{x})=\sum_{j=1}^{n}c_jx_j=\boldsymbol{g}\boldsymbol{y}+\boldsymbol{h}\boldsymbol{z}\longrightarrow \max$$

である．行列

$$F=\begin{bmatrix} P & Q & \boldsymbol{c} \\ R & S & \boldsymbol{d} \\ \boldsymbol{g} & \boldsymbol{h} & 0 \end{bmatrix}\in K(m+1,n+1)$$

と，F の行列の大きさと，F の区分けを示す数の組(すなわち制約式，変数の個数と非負変数，不等式制約の個数) (m,n), (p,q) とのなす組 $(F,(m,n),(p,q))$ とを，この LP 問題 $(\mathfrak{F})$ のパターンと呼び，$(\mathfrak{F})=(F)^{m,n}{}_{p,q}$ と書く．

さて，一般に矩形行列 X に対し，$-{}^tX$ を X^* と書くことにし，$(F^*,(n,m),(q,p))$ をパターンにもつ LP 問題 $(\mathfrak{F}^*)=(F^*)^{n,m}{}_{q,p}$ を $(\mathfrak{F})$ の**双対問題**(dual problem)という．

$$F^*=\begin{bmatrix} -{}^tP & -{}^tR & -{}^t\boldsymbol{g} \\ -{}^tQ & -{}^tS & -{}^t\boldsymbol{h} \\ -{}^t\boldsymbol{c} & -{}^t\boldsymbol{d} & 0 \end{bmatrix}$$

である．$(F^*)^*=F$ だから，$(\mathfrak{F}^*)$ の双対問題を作ればもとの $(\mathfrak{F})$ に戻る．双対問題 $(\mathfrak{F}^*)$ に対して，$(\mathfrak{F})$ を**主問題**(primal problem)という．さて $(\mathfrak{F}^*)$ は $(K^m,\mathfrak{D}^*,f^*\to\max)$ の形であって，

$$\bar{\boldsymbol{u}}={}^t(w_1,\cdots,w_p), \qquad \bar{\boldsymbol{v}}={}^t(w_{p+1},\cdots,w_m)$$

とおけば

$$\mathfrak{D}^* = \left\{\begin{bmatrix} \bar{\boldsymbol{u}} \\ \bar{\boldsymbol{v}} \end{bmatrix} \in K^m \mid -{}^tP\bar{\boldsymbol{u}}-{}^tR\bar{\boldsymbol{v}} \leqq -{}^t\boldsymbol{g},\ -{}^tQ\bar{\boldsymbol{u}}-{}^tS\bar{\boldsymbol{v}}=-{}^t\boldsymbol{h},\ \bar{\boldsymbol{u}} \geqq \boldsymbol{o}\right\},$$

$$f^*(w_1, \cdots, w_m) = -{}^t\boldsymbol{c}\bar{\boldsymbol{u}}-{}^t\boldsymbol{d}\bar{\boldsymbol{v}} \longrightarrow \max$$

である．${}^t\bar{\boldsymbol{u}}=\boldsymbol{u}$, ${}^t\bar{\boldsymbol{v}}=\boldsymbol{v}$ とおくと，双対問題 $(\mathfrak{F}^*)$ は制約条件

$$\boldsymbol{u}P+\boldsymbol{v}R \geqq \boldsymbol{g}, \quad \boldsymbol{u}Q+\boldsymbol{v}S = \boldsymbol{h}, \quad \boldsymbol{u} \geqq \boldsymbol{o}$$

の下で

$$\boldsymbol{uc}+\boldsymbol{vd} \longrightarrow \min$$

という LP 問題であるといってもよい．以下 $(\mathfrak{F}^*)$ をこの意味にとる．次のことに注意しよう．

$$\begin{cases} (\mathfrak{F}^*) \text{ の制約式の個数} = n = (\mathfrak{F}) \text{ の変数の個数}, \\ (\mathfrak{F}^*) \text{ の変数の個数} = m = (\mathfrak{F}) \text{ の制約式の個数}. \end{cases}$$

より精密には

$$\begin{cases} (\mathfrak{F}^*) \text{ の非負変数の個数} = p = (\mathfrak{F}) \text{ の不等式制約の個数}, \\ (\mathfrak{F}^*) \text{ の自由変数の個数} = q = (\mathfrak{F}) \text{ の等式制約の個数}, \\ (\mathfrak{F}^*) \text{ の不等式制約の個数} = q = (\mathfrak{F}) \text{ の非負変数の個数}, \\ (\mathfrak{F}^*) \text{ の等式制約の個数} = p = (\mathfrak{F}) \text{ の自由変数の個数}. \end{cases}$$

これらの個数間の等式の示す 1 対 1 対応をつけよう：

(イ) $(\mathfrak{F}^*)$ の制約式 $\sum w_i a_{ij} \geqq c_j$ $(1 \leqq j \leqq q)$ を，$(\mathfrak{F})$ の非負変数 x_j $(1 \leqq j \leqq q)$ に対応する不等式制約という．

(ロ) $(\mathfrak{F}^*)$ の制約式 $\sum w_i a_{ij} = c_j$ $(q+1 \leqq j \leqq n)$ を，$(\mathfrak{F})$ の自由変数 x_j $(q+1 \leqq j \leqq n)$ に対応する等式制約という．

(ハ) $(\mathfrak{F}^*)$ の非負変数 w_i $(1 \leqq i \leqq p)$ を，$(\mathfrak{F})$ の不等式制約 $\sum a_{ij}x_j \leqq b_i$ $(1 \leqq i \leqq p)$ に対応する非負変数という．

(ニ) $(\mathfrak{F}^*)$ の自由変数 w_i $(p+1 \leqq i \leqq m)$ を，$(\mathfrak{F})$ の等式制約 $\sum a_{ij}x_j = b_i$ $(p+1 \leqq i \leqq m)$ に対応する自由変数という．

例 4.1 規準形の $(\mathfrak{F}) = (F)^{m,n}{}_{m,n}$: Q, R, S, $\boldsymbol{d}$, $\boldsymbol{h}$, $\boldsymbol{z}$ は登場しない．$(\mathfrak{F}^*) = (F^*)^{n,m}{}_{n,m}$ も規準形で

$$(\mathfrak{F}):\ P\boldsymbol{y} \leqq \boldsymbol{c}, \quad \boldsymbol{y} \geqq \boldsymbol{o} \quad \text{の下で} \quad \boldsymbol{gy} \longrightarrow \max,$$

$$(\mathfrak{F}^*):\ \boldsymbol{u}P \leqq \boldsymbol{g}, \quad \boldsymbol{u} \geqq \boldsymbol{o} \quad \text{の下で} \quad \boldsymbol{uc} \longrightarrow \min.$$

例 4.2　標準形の $(\mathfrak{F})=(F)^{m,n}{}_{0,n}$: $P, Q, S, \boldsymbol{c}, \boldsymbol{h}, \boldsymbol{z}$ を欠く．$(\mathfrak{F}^*)=(F^*)^{n,m}{}_{n,0}$ は双対標準形で

$$(\mathfrak{F}):\quad R\boldsymbol{y}=\boldsymbol{d},\quad \boldsymbol{y}\geqq \boldsymbol{o}\quad \text{の下で}\quad \boldsymbol{g}\boldsymbol{y}\longrightarrow \max,$$
$$(\mathfrak{F}^*):\ \boldsymbol{v}R\geqq \boldsymbol{g}\qquad \text{の下で}\quad \boldsymbol{v}\boldsymbol{d}\longrightarrow \min.$$

例 4.3　双対標準形の $(\mathfrak{F})=(F)^{m,n}{}_{m,0}$: $P, R, S, \boldsymbol{g}, \boldsymbol{d}, \boldsymbol{y}$ を欠く．$(\mathfrak{F}^*)=(F^*)^{n,m}{}_{0,m}$ は標準形で

$$(\mathfrak{F}):\quad Q\boldsymbol{z}\leqq \boldsymbol{c}\qquad \text{の下で}\quad \boldsymbol{h}\boldsymbol{z}\longrightarrow \max,$$
$$(\mathfrak{F}^*):\ \boldsymbol{u}Q=\boldsymbol{h},\quad \boldsymbol{u}\geqq \boldsymbol{o}\quad \text{の下で}\quad \boldsymbol{u}\boldsymbol{c}\longrightarrow \min.$$

例 4.4　等式形の $(\mathfrak{F})=(F)^{m,n}{}_{0,0}$: $P, Q, R, \boldsymbol{c}, \boldsymbol{g}, \boldsymbol{y}$ を欠く．$(\mathfrak{F}^*)=(F^*)^{n,m}{}_{0,0}$ も等式形で

$$(\mathfrak{F}):\quad S\boldsymbol{z}=\boldsymbol{d}\quad \text{の下で}\quad \boldsymbol{h}\boldsymbol{z}\longrightarrow \max,$$
$$(\mathfrak{F}^*):\ \boldsymbol{v}S=\boldsymbol{h}\quad \text{の下で}\quad \boldsymbol{v}\boldsymbol{d}\longrightarrow \min.$$

(これは LP としては興味のない場合である．最適値が $\mathfrak{D}$ または $\mathfrak{D}^*$ 上で存在するのは，$\mathfrak{D}$ または $\mathfrak{D}^*$ 上で目的関数が定数である場合に限るからである.)

b）双対問題の意味づけ，潜在価格

例 3.2 は食料品店で買物をする人にとっての LP であって，健康保持条件 $A\boldsymbol{x}\geqq\boldsymbol{b}$, $\boldsymbol{x}\geqq\boldsymbol{o}$ の下で総費用 $\boldsymbol{c}\boldsymbol{x}\to\min$ という LP であった．さて隣の薬屋ではビタミン $A_1, A_2, \cdots$ を個別に売っていて，食料品屋を訪れる上記の客を誘っている．もし薬屋の主人が A_i の値段を単位あたり y_i と定めたとすると，$y_1a_{1j}+\cdots+y_ma_{mj}$ なる値は，食品 B_j に対し薬屋の主人が，B_j 中に含有されている $A_1, \cdots, A_m$ を基準にして考えている値段(評価価格)である．それが食料品屋での値段 c_j を越しては客は誘えないであろうから(と薬屋は考える)，

$$y_1a_{1j}+\cdots+y_ma_{mj}\leqq c_j\qquad (1\leqq j\leqq n),$$
$$y_1\geqq 0,\quad \cdots,\quad y_m\geqq 0$$

なる制約条件が生ずる．その下で，客は健康保持上 A_i を b_i ずつ買うのだから

$$y_1b_1+\cdots+y_mb_m$$

が客の払う金額，すなわち，薬屋の売上高である．それをなるべく大きくしたいというのが薬屋の側の LP である．すなわち $\boldsymbol{y}A\leqq\boldsymbol{c}$, $\boldsymbol{y}\geqq\boldsymbol{o}$ の下で $\boldsymbol{y}\boldsymbol{b}\to\max$ である．これは買手側の LP の双対問題である．このように反対向きの目的をもった相手同志(つまり 2 人の“対局者”)が，同一の局面上で，本質的には互いに認

めあう制約下で，目的を追求しあう——というのが双対問題の姿であると考えられる．このように考えると後述の双対定理の興味が具体的となる．

上例で，双対変数 y_i は薬屋が食料品屋と対抗するために考えている A_i の価格である．このことから，双対問題の最適解 $y=(y_1, \cdots, y_m)$ に対し，$y_1, \cdots, y_m$ を**影の価格** (shadow price) あるいは**潜在価格**ということがある．

もう一つの例を述べよう．例 3.1 は手持資源内での製造という制約条件 $A\boldsymbol{x} \leqq \boldsymbol{b}$, $\boldsymbol{x} \geqq \boldsymbol{o}$ の下で利益 $\boldsymbol{cx} \to \max$ となるように製品を作るという会社側 (甲とする) の LP であった．いま別の大会社乙がこの甲会社の資源 $A_1, \cdots, A_m$ の全部を，単位あたりそれぞれ $y_1, \cdots, y_m$ という評価価格で買い取ろうと計画したとする．したがって $y_1 a_{1j} + \cdots + y_m a_{mj}$ はこの評価法で眺めた製品 B_j の 1 単位あたりの価格である．これが B_j 1 単位あたりの利益 c_j を下回っては会社甲は資源を乙に売ろうとはしないであろうから (と乙会社は考える)，$y_1 a_{1j} + \cdots + y_m a_{mj} \geqq c_j$ $(1 \leqq j \leqq n)$，$y_1 \geqq 0, \cdots, y_m \geqq 0$ が制約条件である．この下で買取りの総費用 $y_1 b_1 + \cdots + y_m b_m \to \min$ というのが乙会社の LP である．これは $\boldsymbol{y}A \geqq \boldsymbol{c}$, $\boldsymbol{y} \geqq \boldsymbol{o}$ の下で $\boldsymbol{yb} \to \min$ で，甲会社の LP の双対問題である．この例では潜在価格という用語がいかにも適切に聞える．

§4.2 双対定理

a) 相似な LP

以下の記述の便宜のため，二つの LP $(\mathfrak{F})$, $(\mathfrak{G})$ の相似性を定義しておく．どちらも 目的関数→max あるいはともに 目的関数→min の形とする．

定義 4.1 LP 問題 $(\mathfrak{F})$ が LP 問題 $(\mathfrak{G})$ に**相似**であるとは，実行可能性，目的関数の有界性すなわち最適解の存在性，最適値において一致することをいう．このとき $(\mathfrak{F}) \sim (\mathfrak{G})$ と書く．——

詳しくいえば，$(\mathfrak{F}) = (K^n, \mathfrak{D}_1, f_1 \to \max)$，$(\mathfrak{G}) = (K^N, \mathfrak{D}_2, f_2 \to \max)$ として，$(\mathfrak{F}) \sim (\mathfrak{G})$ の意味は次の通り：

(イ) $\mathfrak{D}_1 = \phi$ ならば，$(\mathfrak{F}) \sim (\mathfrak{G}) \Leftrightarrow \mathfrak{D}_2 = \phi$.

(ロ) $\mathfrak{D}_1 \neq \phi$ かつ f_1 が上に有界でないならば，$(\mathfrak{F}) \sim (\mathfrak{G}) \Leftrightarrow \mathfrak{D}_2 \neq \phi$ かつ f_2 は上に有界でない．

(ハ) $\mathfrak{D}_1 \neq \phi$ かつ f_1 が上に有界，したがって最適解が存在するならば，$(\mathfrak{F}) \sim$

$(\mathfrak{G}) \Longleftrightarrow \mathfrak{D}_2 \neq \phi$ かつ f_2 も最適解をもち，しかも f_1, f_2 の最適値は一致する．

例 4.5　$(\mathfrak{G})$ が $(\mathfrak{F})$ から変数変換（§3, 2, b)）により得られるとしよう：$(\mathfrak{G}) \Longrightarrow (\mathfrak{F})$．すると $(\mathfrak{F}) \sim (\mathfrak{G})$ である（§3.2, b) 参照）．——

相似関係 $\sim$ は同値関係である．すなわち，

（i）　$(\mathfrak{F}_1) \sim (\mathfrak{F}_1)$,

（ii）　$(\mathfrak{F}_1) \sim (\mathfrak{F}_2) \Longrightarrow (\mathfrak{F}_2) \sim (\mathfrak{F}_1)$,

（iii）　$(\mathfrak{F}_1) \sim (\mathfrak{F}_2)$,　$(\mathfrak{F}_2) \sim (\mathfrak{F}_3) \Longrightarrow (\mathfrak{F}_1) \sim (\mathfrak{F}_3)$.

例 4.6　$(\mathfrak{F}) = (K^n, \mathfrak{D}, f \to \max)$，$\mathfrak{D} = \{\boldsymbol{x} \in K^n \mid A\boldsymbol{x} \leqq \boldsymbol{b}\}$ $(A \in K(m, n))$ としてみる．スラック変数 $\boldsymbol{w}$ を導入して，$(\tilde{\mathfrak{F}}) = (K^{n+m}, \tilde{\mathfrak{D}}, \tilde{f} \to \max)$,

$$\tilde{\mathfrak{D}} = \left\{ \begin{bmatrix} \boldsymbol{x} \\ \boldsymbol{w} \end{bmatrix} \in K^{n+m} \mid A\boldsymbol{x} + \boldsymbol{w} = \boldsymbol{b}, \boldsymbol{w} \geqq \boldsymbol{o} \right\}, \qquad \tilde{f}({}^t\boldsymbol{x}, {}^t\boldsymbol{w}) = f(\boldsymbol{x})$$

を作る．$(\tilde{\mathfrak{F}}) \Longrightarrow (\mathfrak{F})$ である（§3.2, c)）．そこで $(\mathfrak{F})$, $(\tilde{\mathfrak{F}})$ の双対問題を調べよう．$f(\boldsymbol{x}) = c_1x_1 + \cdots + c_nx_n = \boldsymbol{cx}$,　$\boldsymbol{c} = (c_1, \cdots, c_n)$ とする．

$$(\mathfrak{F}^*) : \boldsymbol{u}A = \boldsymbol{c}, \quad \boldsymbol{u} \geqq \boldsymbol{o} \quad \text{の下で} \quad \boldsymbol{ub} \longrightarrow \min$$

である．$(\tilde{\mathfrak{F}})$ のパターンが $\begin{pmatrix} I & A & \boldsymbol{b} \\ 0 & \boldsymbol{c} & 0 \end{pmatrix}_{0,m}^{m,n+m}$ だから（I は m 次単位行列），その双対問題 $(\tilde{\mathfrak{F}}^*)$ は

$$(\tilde{\mathfrak{F}}^*) : \boldsymbol{u} \geqq \boldsymbol{o}, \quad \boldsymbol{u}A = \boldsymbol{c} \quad \text{の下で} \quad \boldsymbol{ub} \longrightarrow \min$$

となり，$(\mathfrak{F}^*)$ と全く一致する．

さらに変数 x の非負化 $\boldsymbol{x} = \boldsymbol{u} - \boldsymbol{v}$,　$\boldsymbol{u} \geqq \boldsymbol{o}$,　$\boldsymbol{v} \geqq \boldsymbol{o}$ $(\boldsymbol{u}, \boldsymbol{v} \in K^n)$ を作って $(\mathfrak{G}) = \{K^{2n+m}, \mathfrak{E}, g \to \max\}$ を作る：

$$\mathfrak{E} = \left\{ \begin{bmatrix} \boldsymbol{u} \\ \boldsymbol{v} \\ \boldsymbol{w} \end{bmatrix} \in K^{2n+m} \mid A(\boldsymbol{u} - \boldsymbol{v}) + \boldsymbol{w} = \boldsymbol{b}, \boldsymbol{u} \geqq \boldsymbol{o}, \boldsymbol{v} \geqq \boldsymbol{o}, \boldsymbol{w} \geqq \boldsymbol{o} \right\},$$

$g({}^t\boldsymbol{u}, {}^t\boldsymbol{v}, {}^t\boldsymbol{w}) = f(\boldsymbol{u} - \boldsymbol{v}) = \boldsymbol{cu} - \boldsymbol{cv}$ である．$(\mathfrak{G}) \Longrightarrow (\tilde{\mathfrak{F}})$ となっている（§3.2, c)）．$(\mathfrak{G})$ のパターンは $\begin{pmatrix} I & A & -A & \boldsymbol{b} \\ 0 & \boldsymbol{c} & -\boldsymbol{c} & 0 \end{pmatrix}_{m}^{m,2n+m}$ だから，その双対問題は

$$(\mathfrak{G}^*) : \boldsymbol{u} \geqq \boldsymbol{o}, \quad \boldsymbol{u}A \geqq \boldsymbol{c}, \quad -\boldsymbol{u}A \geqq -\boldsymbol{c} \quad \text{の下で} \quad \boldsymbol{ub} \longrightarrow \min$$

となる．これも $(\mathfrak{F}^*)$ と全く一致する．以上で $(\mathfrak{F}^*)$ が双対問題として（互いに相似な）$(\mathfrak{F})$, $(\tilde{\mathfrak{F}})$, $(\mathfrak{G})$ をもつことがわかった．実は，任意の LP 問題の双対問題はどれも互いに相似になることが次に述べる双対定理からわかるのである．

b）双対定理

定理 4.1 LP 問題$(\mathfrak{F})=(K^n, \mathfrak{D}, f\to\max)$に対して，$\mathfrak{D}$を定める制約条件を任意に一つ定め，それに関する$(\mathfrak{F})$の双対問題を$(\mathfrak{F}^*)=(K^m, \mathfrak{D}^*, f^*\to\min)$とする．すると

（i） $\boldsymbol{x}\in\mathfrak{D}$, $\boldsymbol{y}\in\mathfrak{D}^* \Longrightarrow f(\boldsymbol{x})\leqq f^*(\boldsymbol{y})$,

（ii） $\mathfrak{D}\neq\phi$, $\mathfrak{D}^*\neq\phi$ ならば，f, f^* はそれぞれ $\mathfrak{D}, \mathfrak{D}^*$ で最大値 $f_{\max}$，最小値 $f_{\min}{}^*$ に達し，しかも

$$f_{\max}=f_{\mathrm{mim}}{}^*,$$

(iii) $\mathfrak{D}\neq\phi$ ならば，次の3条件は同値である：

（イ） $(\mathfrak{F})$が最適解をもつ,

（ロ） f が $\mathfrak{D}$ 上で上に有界,

（ハ） $\mathfrak{D}^*\neq\phi$,

(iv) $(\mathfrak{F})$が最適解をもつ $\Longleftrightarrow$ $(\mathfrak{F}^*)$が最適解をもつ．

証明 まず$\mathfrak{D}$の制約条件が標準形のときに証明し，一般の場合はその後で証明する．$A=(a_{ij})\in K(m,n)$，$\boldsymbol{b}\in K^m$ とし

$$\mathfrak{D}=\{\boldsymbol{x}\in K^n \mid A\boldsymbol{x}=\boldsymbol{b}, \boldsymbol{x}\geqq\boldsymbol{o}\}, \qquad f(\boldsymbol{x})=\boldsymbol{c}\boldsymbol{x}$$

$(\boldsymbol{c}\in K(1,n))$とおく．

$$\mathfrak{D}^*=\{\boldsymbol{y}\in K(1,m) \mid \boldsymbol{y}A\geqq\boldsymbol{c}\}, \qquad f^*(\boldsymbol{y})=\boldsymbol{y}\boldsymbol{b}$$

である．

（i）の証明：$\boldsymbol{x}\in\mathfrak{D}$, $\boldsymbol{y}\in\mathfrak{D}^*$ とすると

$$f(\boldsymbol{x})=\boldsymbol{c}\boldsymbol{x}\leqq(\boldsymbol{y}A)\boldsymbol{x}=\boldsymbol{y}(A\boldsymbol{x})=\boldsymbol{y}\boldsymbol{b}=f^*(\boldsymbol{y}).$$

(ii)の証明：$\mathfrak{D}\neq\phi$, $\mathfrak{D}^*\neq\phi$ なら(i)により f は $\mathfrak{D}$ 上で上に有界，f^* は $\mathfrak{D}^*$ 上で下に有界である．したがって f, f^* はそれぞれ $\mathfrak{D}, \mathfrak{D}^*$ 上で最大値 $f_{\max}, f_{\min}{}^*$ に達する(定理3.1)．そして(i)より $f_{\max}\leqq f_{\min}{}^*$ である．等号の成立を示そう．定理3.12により$(\mathfrak{F})$の可能基底(J)が存在して，$f(\boldsymbol{x}_J)=f_{\max}$ となる．(J)に関する f の斉次相対成分 γ_j はすべて $\gamma_j\geqq0$ である(単体規準 II)．さて(J)に属する単体乗数(§3.5, c))を $\boldsymbol{\pi}=(\pi_1, \cdots, \pi_m)$ とすれば，$\boldsymbol{\pi}A=(c_1+\gamma_1, \cdots, c_n+\gamma_n)\geqq(c_1, \cdots, c_n)$．$\therefore$ $\boldsymbol{\pi}\in\mathfrak{D}^*$．しかも $\boldsymbol{\pi}\boldsymbol{b}=f(\boldsymbol{x}_J)$ であった(定理3.7, (ii))から，$f^*(\boldsymbol{\pi})=f(\boldsymbol{x}_J)$．よって，(i)より $f_{\max}=f(\boldsymbol{x}_J)=f_{\min}{}^*$．

(iii)の証明：$\mathfrak{D}\neq\phi$ とする．（イ）$\Longrightarrow$（ロ）は明らか．（ロ）$\Longrightarrow$（イ）は定理3.1

中にある．(ハ) $\Longrightarrow$ (イ) は上の (ii) 中にある．(イ) $\Longrightarrow$ (ハ) も，(ii) の証明で $\boldsymbol{\pi} \in \mathfrak{D}^*$ により，$\mathfrak{D}^* \neq \phi$ であることからわかる．

(iv) の証明：(iii) により $\mathfrak{D}^* \neq \phi$．よって (ii) からわかる．

次に $\mathfrak{D}$ の制約条件が一般の連立1次不等式の形

$$\mathfrak{D} = \{\boldsymbol{x} \in K^n \mid A\boldsymbol{x} \leqq \boldsymbol{b}\}, \quad f(\boldsymbol{x}) = \boldsymbol{cx} \quad (A = (a_{ij}) \in K(m, n))$$

とする．例4.6で用いた $(\mathfrak{G}) = (K^N, \mathfrak{E}, g \to \max)$ を作ると，$(\mathfrak{G}^*)$ と $(\mathfrak{F}^*) = (K^m, \mathfrak{D}^*, f^* \to \max)$ は全く一致するのであった．上述のように $(\mathfrak{G})$ と $(\mathfrak{G}^*)$ とでは (i) ～ (iv) が成り立つから，$(\mathfrak{G}) \overset{\varphi}{\Longrightarrow} (\mathfrak{F})$ を用いて，

(i)′：$\boldsymbol{x} \in \mathfrak{D}$，$\boldsymbol{y} \in \mathfrak{D}^*$ ならば $\boldsymbol{x} = \varphi(\boldsymbol{x}')$，$\boldsymbol{x}' \in \mathfrak{E}$，と表わせば ($\because$ $\varphi(\mathfrak{E}) = \mathfrak{D}$)，$f^*(\boldsymbol{y}) \geqq g(\boldsymbol{x}') = f(\boldsymbol{x})$，

(ii)′：$\mathfrak{D} \neq \phi$，$\mathfrak{D}^* \neq \phi$ ならば，$\mathfrak{E} \neq \phi$ 故，$g_{\max} = f_{\max}$ と $f_{\min}{}^*$ が存在して一致する，

(iii)′：$f_{\max}$ があれば $g_{\max}$ があるから $\mathfrak{D}^* \neq \phi$，他は上と同様である，

(iv)′ も上と同様である．▌

系 LP 問題 $(\mathfrak{F})$ の双対問題は $(\mathfrak{F})$ の制約条件のとり方によらず互いに相似である．

証明 双対定理4.1に扱っている内容は相似性の下で不変であるから．▌

c) 単体表から双対問題の最適解を読み取ること

上の定理4.1, (ii) の証明中に，標準形の LP 問題

$$A\boldsymbol{x} = \boldsymbol{b}, \quad \boldsymbol{x} \geqq \boldsymbol{o} \quad \text{の下で} \quad \boldsymbol{cx} \longrightarrow \max$$

の双対問題の解の求め方が含まれている．これは重要なので再記しよう．

定理 4.2 (i) 標準形の LP 問題 "$A\boldsymbol{x} = \boldsymbol{b}$，$\boldsymbol{x} \geqq \boldsymbol{o}$ の下で $f(\boldsymbol{x}) = \boldsymbol{cx} \to \max$" に対し，可能基底 (J) に属する基底解 $\boldsymbol{x}_J$ が最適解を与えたとすれば，(J) に属する単体乗数 $\boldsymbol{\pi} = (\pi_1, \cdots, \pi_m)$ は双対問題 "$\boldsymbol{y}A \geqq \boldsymbol{c}$ の下で $f^*(\boldsymbol{y}) = \boldsymbol{yb} \to \min$" の最適解を与える．

(ii) 特に出発点の可能基底に属する単体表を次の形にとる．すなわち

(1) 行と列の見出しには，列ベクトルのかわりに変数 z, x を用いる，

(2) 単体表を見易くするために，初期の基底に対応する変数が $x_1, \cdots, x_m$ となるようにする．(これは変数の順序を並べかえればつねに可能である) したがって単体表左方に単位行列が生じる．

(*)

	z	$x_1 \cdots x_m$	$x_{m+1} \cdots x_n$	1
x_1	0	1　　0		
$\vdots$	$\vdots$	$\ddots$	*	*
x_m	0	0　　1		
z	1	$0 \cdots 0$	*	*

そのとき終点の可能基底 (J) に属する単体表が

(**)

	z	$x_1 \cdots x_m$	$x_{m+1} \cdots x_n$	1
x_j	0	$* \cdots *$		β_j
$\vdots$	$\vdots$	$\vdots \ \ddots \ \vdots$	*	$\vdots$
x_h	0	$* \cdots *$		β_h
z	1	$\gamma_1 \cdots \gamma_m$	$\gamma_{m+1} \cdots \gamma_n$	δ

であれば，$(\gamma_1, \cdots, \gamma_m)$ が (*) を主問題の制約条件と目的関数として作った双対問題の最適解である．

証明　(i) は既述．(ii) を示そう．(*) の単体表から，その最初の列と最後の行を除いた行列を $(A_0, \boldsymbol{b}_0)$，$A_0 \in K(m, n)$，$\boldsymbol{b}_0 \in K^m$ とすれば，もとの制約条件は $A_0\boldsymbol{x}=\boldsymbol{b}_0$，$\boldsymbol{x} \geqq \boldsymbol{o}$ と同値なのであった．(J) はこれの可能基底にもなっている．そしてその (J) に属する単体乗数 $\boldsymbol{\pi}=(\pi_1, \cdots, \pi_m)$ は，双対問題の最適解である．さて

$$\boldsymbol{\pi} A_0 = (0+\gamma_1, \cdots, 0+\gamma_m, *, \cdots, *)$$

が成り立つから，$A_0=(I \ \ *)$ の形であることより，$\boldsymbol{\pi} A_0=(\pi_1, \cdots, \pi_m, *, \cdots, *)$．$\therefore \ \gamma_i=\pi_i \ (1 \leqq i \leqq m)$ となる．∎

§4.3　最適解の判定条件

ここでは $(\mathfrak{F})=(K^n, \mathfrak{D}, f \to \max)$ を §4.1, a) の (3.2) の形の一般形にとっておく：$(\mathfrak{F})=(F)^{m,n}{}_{p,q}$，それについて双対問題 $(\mathfrak{F}^*)=(K^m, \mathfrak{D}^*, f^* \to \min)$ を考える．

定理 4.3　$\mathfrak{D} \neq \phi$，$\mathfrak{D}^* \neq \phi$，$({}^t\boldsymbol{y}, {}^t\boldsymbol{z}) \in \mathfrak{D}$，$(\boldsymbol{u}, \boldsymbol{v}) \in \mathfrak{D}^*$ とすると，これらがそれぞれ $(\mathfrak{F})$，$(\mathfrak{F}^*)$ の最適解であるための必要十分条件は，${}^t\boldsymbol{y}=(x_1, \cdots, x_q)$，${}^t\boldsymbol{z}=(x_{q+1}, \cdots, x_n)$，$\boldsymbol{u}=(w_1, \cdots, w_p)$，$\boldsymbol{v}=(w_{p+1}, \cdots, w_m)$ として，$p+q$ 個の等式

$$
(4.1) \qquad \begin{cases} w_i\left(c_i - \sum_{j=1}^{n} a_{ij}x_j\right) = 0 & (1 \leqq i \leqq p), \\ \left(\sum_{i=1}^{m} w_i a_{ij} - c_i\right)x_j = 0 & (1 \leqq j \leqq q) \end{cases}
$$

が成り立つことである.

証明 §4.1, a) の記号を用いると

$$
(*) \quad f^*(\boldsymbol{u}, \boldsymbol{v}) = \boldsymbol{uc} + \boldsymbol{vd} \geqq (\boldsymbol{u}, \boldsymbol{v})\begin{bmatrix} P & Q \\ R & S \end{bmatrix}\begin{bmatrix} \boldsymbol{y} \\ \boldsymbol{z} \end{bmatrix} \geqq \boldsymbol{gy} + \boldsymbol{hz} = f(\boldsymbol{y}, \boldsymbol{z})
$$

となる. なぜなら

$$
(\text{イ}) \quad (\boldsymbol{u}, \boldsymbol{v})\begin{bmatrix} P & Q \\ R & S \end{bmatrix}\begin{bmatrix} \boldsymbol{y} \\ \boldsymbol{z} \end{bmatrix} = (\boldsymbol{u}P + \boldsymbol{v}R, \boldsymbol{u}Q + \boldsymbol{v}S)\begin{bmatrix} \boldsymbol{y} \\ \boldsymbol{z} \end{bmatrix} \geqq (\boldsymbol{g}, \boldsymbol{h})\begin{bmatrix} \boldsymbol{y} \\ \boldsymbol{z} \end{bmatrix} = f(\boldsymbol{y}, \boldsymbol{z})
$$

$$
(\because \ \boldsymbol{u}P + \boldsymbol{v}R \geqq \boldsymbol{g}, \ \ \boldsymbol{y} \geqq \boldsymbol{o}, \ \ \boldsymbol{u}Q + \boldsymbol{v}S = \boldsymbol{d}),
$$

$$
(\text{ロ}) \quad (\boldsymbol{u}, \boldsymbol{v})\begin{bmatrix} P & Q \\ R & S \end{bmatrix}\begin{bmatrix} \boldsymbol{y} \\ \boldsymbol{z} \end{bmatrix} = (\boldsymbol{u}, \boldsymbol{v})\begin{bmatrix} P\boldsymbol{y} + Q\boldsymbol{z} \\ R\boldsymbol{y} + S\boldsymbol{z} \end{bmatrix} \leqq (\boldsymbol{u}, \boldsymbol{v})\begin{bmatrix} \boldsymbol{c} \\ \boldsymbol{d} \end{bmatrix} = f^*(\boldsymbol{u}, \boldsymbol{v})
$$

$$
(\because \ P\boldsymbol{y} + Q\boldsymbol{z} \leqq \boldsymbol{c}, \ \ \boldsymbol{u} \geqq \boldsymbol{o}, \ \ R\boldsymbol{y} + S\boldsymbol{z} = \boldsymbol{d}).
$$

よって $(*)$ を得る. さて双対定理4.1により $({}^t\boldsymbol{y}, {}^t\boldsymbol{z}) \in \mathfrak{D}$ と $(\boldsymbol{u}, \boldsymbol{v}) \in \mathfrak{D}^*$ がそれぞれ最適解となる必要十分条件は

$$
f(\boldsymbol{y}, \boldsymbol{z}) = f^*(\boldsymbol{u}, \boldsymbol{v})
$$

が成り立つことである. これは $(*)$ 中の2箇所の $\geqq$ がいずれも $=$ となることと同値である. そのための条件は上の (イ), (ロ) の計算により,

$$
(\text{ハ}) \quad (\boldsymbol{u}P + \boldsymbol{v}R - \boldsymbol{g})\boldsymbol{y} = 0,
$$

$$
(\text{ニ}) \quad \boldsymbol{u}(\boldsymbol{c} - (P\boldsymbol{y} + Q\boldsymbol{z})) = 0
$$

である. $\boldsymbol{u}P + \boldsymbol{v}R - \boldsymbol{g} \geqq \boldsymbol{o}$, $\boldsymbol{y} \geqq \boldsymbol{o}$ だから, (ハ) は (4.1) の第2式と同値である. $\boldsymbol{u} \geqq \boldsymbol{o}$, $\boldsymbol{c} - (P\boldsymbol{y} + Q\boldsymbol{z}) \geqq \boldsymbol{o}$ だから (ニ) は (4.1) の第1式と同値である. ▌

この定理を**緩急相補性の原理** (principle of complementary slackness) ともいう. $(\mathfrak{F})$, $(\mathfrak{F}^*)$ 中の不等式の制約条件が不等号で (つまり緩やかに) 成り立てば, 例えば $(\mathfrak{F}^*)$ のある非負変数 w_i $(1 \leqq i \leqq p)$ が >0 であれば, 対応する $(\mathfrak{F})$ 中の不等式制約は等号で (つまりぎりぎりの所で) 成立してしまう: $c_i = \sum a_{ij}x_j$ (逆も然り) etc. というのが (4.1) の内容である.

例 4.7

$$
(\mathfrak{F}): \quad A\boldsymbol{x} = \boldsymbol{b}, \quad \boldsymbol{x} \geqq \boldsymbol{o} \quad \text{の下で} \quad \boldsymbol{cx} \longrightarrow \max,
$$

$$
(\mathfrak{F}^*): \quad \boldsymbol{y}A \geqq \boldsymbol{c} \qquad \text{の下で} \quad \boldsymbol{yb} \longrightarrow \min
$$

とすると，それぞれの実行可能解 $\boldsymbol{x}, \boldsymbol{y}$ に対して，

$$\boldsymbol{x}, \boldsymbol{y} \text{ が共に最適解} \Longleftrightarrow (\boldsymbol{y}A-\boldsymbol{c})\boldsymbol{x} = 0$$

である．あるいは $\boldsymbol{z}=\boldsymbol{y}A-\boldsymbol{c}$ とおくと，求める条件は

$$x_1z_1 = \cdots = x_nz_n = 0$$

となる．

§4.4 双対単体法

a) 双対可能基底

標準形の LP 問題“$A\boldsymbol{x}=\boldsymbol{b},\ \boldsymbol{x}\geqq\boldsymbol{o}$ の下で $f(\boldsymbol{x})=\boldsymbol{cx}\to\max$”の基底 (J) に関する相対成分を $\alpha_{jk}, \beta_j, \gamma_k, \delta$ とする．以前に $\beta_j\geqq 0\ (j\in J)$ のとき，(J) を可能基底と名づけたのであるが，ここでは

定義 4.2 $\gamma_k\geqq 0\ (1\leqq k\leqq n)$ のとき，(J) を**双対可能基底** (dual feasible base) という．——

序に，可能基底でありかつ双対可能基底であるような (J) を**最適基底**と呼ぶことにする．(そのとき基底解が最適解となるから.)

さて，可能基底から出発して枢軸変換をくりかえして結論 I，II に達するのが単体法であった．次にこれと双対的に双対可能基底から出発しよう．

b) 双対単体法

(J) を双対可能基底，$\alpha_{jk}, \beta_j, \gamma_k, \delta$ を相対成分とする．

双対単体規準 I^D. 各 $\beta_j\geqq 0\ (j\in J)$ ならば (J) は最適基底である．(既述)

双対単体規準 II^D. ある $i\in J$ に対し $\beta_i<0$ とする．このとき，

$$\alpha_{i1}\geqq 0, \quad \cdots, \quad \alpha_{in}\geqq 0$$

ならば，もとの LP 問題は実行不能 ($\mathfrak{D}=\{\boldsymbol{x}\in K^n \mid A\boldsymbol{x}=\boldsymbol{b}, \boldsymbol{x}\geqq\boldsymbol{o}\}$ が空集合) である．

[証明] 制約条件

$$\alpha_{i1}x_1+\cdots+\alpha_{in}x_n\leqq\beta_i$$

に非負解 $x_1, \cdots, x_n$ はありえないからである．▌

双対単体規準 III^D (進路決定). $\beta_i<0$ なる $i\in J$ が存在し，かつかかる i のどれに対しても，$\alpha_{is}<0$ なる番号 $s\ (1\leqq s\leqq n)$ があるとする．

$\Omega=\{1, \cdots, n\}$，$L=\Omega-J$ とすると，上の s は $s\in L$ である．($s\in J$ なら $\alpha_{is}=$

$\delta_{is} \geqq 0$ だから.) このとき, $\alpha_{is}<0$, $s \in L$, なる s に対して

$$\operatorname*{Min}_{\substack{s \in L \\ \alpha_{is}<0}} \left\{ -\frac{\gamma_s}{\alpha_{is}} \right\}$$

を与えるような $s \in L$ を一つ定めそれを k とする. そして, $H=J-\{i\}$, $J^*=H \cup \{k\}$ とおく. $\alpha_{ik}<0$ だから $\alpha_{ik} \neq 0$. よって (J^*) も基底である. この (J^*) がまた一つの双対可能基底となることを示そう. (J^*) に関する相対成分 α_{jl}^*, β_j^*, γ_l^*, δ^* は変換則(§3.4, c))を用いて次のようになる:

$$\gamma_l^* = \gamma_l - \frac{\gamma_k \alpha_{il}}{\alpha_{ik}} \qquad (l=1, \cdots, n).$$

$l=i$ なら, $\alpha_{ii}=\delta_{ii}=1$, $\gamma_i=0$ ($\because$ $i \in J$) だから, $\gamma_i^*=-\gamma_k/\alpha_{ik} \geqq 0$ である. $l \neq i$, $l \in J$ ならば, $\alpha_{il}=\delta_{il}=0$ だから, $\gamma_l^*=\gamma_l=0$ である. $l \in L$ としよう. $\alpha_{il} \geqq 0$ なら $\gamma_l^* \geqq \gamma_l \geqq 0$ ($\because$ $\alpha_{ik}<0$). $\alpha_{il}>0$ なら k のとり方により $-\gamma_l/\alpha_{il} \geqq -\gamma_k/\alpha_{ik}$. $\therefore$ $\gamma_l \geqq \gamma_k \alpha_{il}/\alpha_{ik}$. $\therefore$ $\gamma_l^* \geqq 0$. よって (J^*) も双対可能基底である.

さらに変換則により

$$\delta^* = \delta - \frac{\gamma_k \beta_i}{\alpha_{ik}},$$

$\delta^*=f(\boldsymbol{x}_{J^*})$, $\delta=f(\boldsymbol{x}_J)$, $\gamma_k \geqq 0$, $\beta_i<0$, $\alpha_{ik}<0$ であるから,

$$(*) \qquad f(\boldsymbol{x}_{J^*}) \leqq f(\boldsymbol{x}_J)$$

である.

注意 (J), (J^*) は可能基底とは限らぬから, $\boldsymbol{x}_J$, $\boldsymbol{x}_{J^*}$ は実行可能ベクトルとは限らない.

$(*)$ により, もし $\gamma_l>0$ が各 $l \in L$ について成り立てば(このとき, (J) を**双対非退化**であるという)

$$(**) \qquad f(\boldsymbol{x}_{J^*}) < f(\boldsymbol{x}_J)$$

となる. よって単体法のときと同様に, 考えている LP 問題のすべての双対可能基底が双対非退化であれば(このときもとの LP 問題は双対非退化であるという), 任意の双対可能基底から出発して III^D に従って進めば, 有限回で終点に達し, 結論として

(イ) LP 問題の最適解に達する,

あるいは

(ロ) もとの LP 問題は実行不能であると判明する

のどちらかとなる.

双対非退化性を仮定しない場合は，単体法のときと同様に摂動法により切り抜けるのである．いまこの LP 問題 $(\mathfrak{F})$ の一つの双対可能基底 (J_0)，$J_0=\{p+1, \cdots, n\}$，$p=n-m$，が与えられたとし，その単体表を

$$(\S)\qquad \begin{array}{|c|ccc|ccc|c|} 0 & & & & 1 & & & b_1 \\ \vdots & & A_0 & & & \ddots & & \vdots \\ 0 & & & & & & 1 & b_m \\ \hline 1 & c_1 & \cdots & c_p & 0 & \cdots & 0 & d \end{array}$$

とする．順序体 K に無限小変数を添加して多項式環 $K[\varepsilon]$ を作り，その元

$$\gamma_1(\varepsilon)=c_1+\varepsilon,\quad \gamma_2(\varepsilon)=c_2+\varepsilon^2,\quad \cdots,\quad \gamma_p(\varepsilon)=c_p+\varepsilon^p$$

を考える．そして，$K(\varepsilon)$ ($K[\varepsilon]$ の商体) 上の LP 問題 $(\mathfrak{F}(\varepsilon))$：

$$A_0\begin{bmatrix} x_1 \\ \vdots \\ x_p \end{bmatrix}+\begin{bmatrix} x_{p+1} \\ \vdots \\ x_n \end{bmatrix}=\begin{bmatrix} b_1 \\ \vdots \\ b_m \end{bmatrix},\qquad x_j \geqq 0 \quad (1 \leqq j \leqq 0)$$

の下で，$F(x)=d-\sum_{i=1}^{p}\gamma_i(\varepsilon)x_i \to \max$，を考える．$(\mathfrak{F}(\varepsilon))$ に対しても (J_0) は双対可能基底で，その単体表は (§) で c_i を $\gamma_i(\varepsilon)$ でおきかえればよい．

さて，$(\mathfrak{F}(\varepsilon))$ の任意の双対可能基底 (J) に対し，$F(x)$ の斉次相対成分を $\tilde{\gamma}_j(\varepsilon)$ とする．$\tilde{\gamma}_k(\varepsilon)>0$ $(k \in L=\Omega-J)$ を示せば，$(\mathfrak{F}(\varepsilon))$ の双対非退化性がわかる．そのためには，単体法のときと同様に，$\tilde{\gamma}_k(\varepsilon)$ $(k \in L)$ が K 上 1 次独立なることを示せばよい．単体法のときと同様に $\gamma_1(\varepsilon), \cdots, \gamma_p(\varepsilon)$ は K 上 1 次独立である．$|L|=p$ だから，

$$(\S\S)\qquad \sum_{i=1}^{p}K\gamma_i(\varepsilon)=\sum_{k \in L}K\tilde{\gamma}_k(\varepsilon)$$

をいえばよい．さて，$|J_0 \cap J|=m-1$ ならば，$J_0=H \cup \{i\}$，$J=H \cup \{k\}$，$H=J_0 \cap J$，の形だから，変換則 (3.26) により (§§) がわかる．そうでないときは，基底列 $(J_1), \cdots, (J_t)$，$J_t=J$，が存在して ($(J_1), \cdots, (J_{t-1})$ は必ずしも双対可能基底ではないが)，$|J_i \cap J_{i+1}|=m-1$ $(i=0, 1, \cdots, t-1)$ となる (これは線型空間論で周知事項である．本講座 “線型空間 I” 補題 2.3 の証明参照)．よって $(J_i), (J_{i+1})$ 間で (§§) が成り立ち，結局 $(J_0), (J)$ 間でも (§§) が成り立つ．これで $(\mathfrak{F}(\varepsilon))$ の双対非退化性がわかったから，(J_0) から III^D で進行すると有限回で終点に達する．そ

れを $(J_0)\to(J_1)\to\cdots\to(J_s)$ とし，対応する単体表を $X_0, \cdots, X_s$ とする．ここからまた以前の摂動法のときと同様に，準同型写像 $\varphi: K[\varepsilon]\to K,\ P(\varepsilon)\mapsto P(0)$，を X_i の各成分に施して Y_i を作れば，$(J_0)\to(J_1)\to\cdots\to(J_s)$ は $(\mathfrak{F})$ においても III^D に従う進行であって，その単体表が $Y_0, Y_1, \cdots, Y_s$ となる．よって前同様に，$(\mathfrak{F})$ に対しても (J_s) は終点で，$(\mathfrak{F}(\varepsilon))$ と同種の結論に達する：

$$\begin{array}{ccccccc} X_0 & \xrightarrow{\mathrm{III}^D} & X_1 & \xrightarrow{\mathrm{III}^D} & \cdots & \xrightarrow{\mathrm{III}^D} & X_s \\ \varphi\downarrow & & \downarrow\varphi & & & & \downarrow\varphi \\ Y_0 & \xrightarrow{\mathrm{III}^D} & Y_1 & \longrightarrow & \cdots & \longrightarrow & Y_s \end{array}$$

Y_0 はもとの $(\mathfrak{F})$ の出発点の (J_0) の単体表であるから，これで III^D の進行法でつねに $\mathrm{I}^D, \mathrm{II}^D$ のいずれかに達することがわかった．この方法を双対単体法という．

c）制約条件の正準化への応用

与えられた制約条件 $A\boldsymbol{x}=\boldsymbol{b},\ \boldsymbol{x}\geqq\boldsymbol{o}$ が実行可能か否かを双対単体法により判定し，しかも最終にその形を正準形（§3.7, a)）に直すことができる．すなわち

（第1段） 行掃き出し変換（枢軸変換）をくりかえして，（その結果生ずる $\sum 0\cdot x_j=0$ の形の式は省いて）$A\boldsymbol{x}=\boldsymbol{b}$ を

$$A=\left[\begin{array}{ccc|c} 1 & & & \\ & \ddots & & * \\ & & 1 & \end{array}\right], \qquad \boldsymbol{b}=\begin{bmatrix} b_1 \\ \vdots \\ b_m \end{bmatrix}$$

の形に直す．（これは $\operatorname{rank}(A, \boldsymbol{b})=\operatorname{rank}(A)$ なら可能である．）

（第2段） $K[\varepsilon]$ を考え，目的関数 $f(\boldsymbol{x})=(\boldsymbol{c}\,|\,\boldsymbol{x})$ として

$$\boldsymbol{c}=(0, \cdots, 0, \varepsilon, \varepsilon^2, \cdots, \varepsilon^{n-m})$$

をとる．すると $A\boldsymbol{x}=\boldsymbol{b},\ \boldsymbol{x}\geqq\boldsymbol{o}$ の下で $f\to\max$ という体 $K(\varepsilon)$ 上の LP 問題 $(\mathfrak{F}(\varepsilon))$ が，双対可能基底 (J_0)，$J_0=\{1, \cdots, m\}$ とともに与えられている．これは双対非退化だから，III^D に従って進めば有限回で結論に達する．

（第3段） その結果，$(\mathfrak{F}(\varepsilon))$ が II^D なら，$A\boldsymbol{x}=\boldsymbol{b},\ \boldsymbol{x}\geqq\boldsymbol{o}$ には解がない．$(\mathfrak{F}(\varepsilon))$ が I^D なら，$A\boldsymbol{x}=\boldsymbol{b},\ \boldsymbol{x}\geqq\boldsymbol{o}$ に解があるのみならず，終点の最適基底と，それに属する単体表が得られる．これは与えられた制約条件 $A\boldsymbol{x}=\boldsymbol{b},\ \boldsymbol{x}\geqq\boldsymbol{o}$ の正準形を与える．

注意1 上の $\boldsymbol{c}$ の代りに $\boldsymbol{c}=(0, \cdots, 0, *, \cdots, *)$，$*$ は K の $\geqq 0$ なる元，を用いても同様だが，$*$ のとり方によっては双対退化が生じ，なかなか終点に行けないことになる．$*$

をすべて >0 にとる方がよい．しかし上の ε 法なら確実に終点へ行くわけである．

注意 2　LP 問題 $(\mathfrak{P})$ に対する双対単体法は，$(\mathfrak{P})$ の適当な双対問題 $(\mathfrak{P}^*)$ を作れば $(\mathfrak{P}^*)$ に対する単体法であることがわかる．だから実は本質的には単体法のことと思ってよい．興味をもたれた読者は，双対単体法での“辞書式進行法”をその立場から探してみられるとよい．

問　題

K は順序体とする．

1　$A\in K(m,n)$，$\boldsymbol{b}\in K^m$，$\boldsymbol{c}=K(1,n)$ に対して $A\boldsymbol{x}\leqq\boldsymbol{b}$，$\boldsymbol{x}\geqq\boldsymbol{o}$ が解 $\boldsymbol{x}$ をもち，$\boldsymbol{y}A\leqq\boldsymbol{c}$，$\boldsymbol{y}\geqq\boldsymbol{o}$ が解 $\boldsymbol{y}$ をもてば，$A\boldsymbol{x}\leqq\boldsymbol{b}$，$\boldsymbol{x}\geqq\boldsymbol{o}$，$\boldsymbol{y}A\leqq\boldsymbol{c}$，$\boldsymbol{y}\geqq\boldsymbol{o}$，$\boldsymbol{c}\boldsymbol{x}\geqq\boldsymbol{y}\boldsymbol{b}$ にも解 $\boldsymbol{x},\boldsymbol{y}$ があることを，定理 2.3 を用いて証明せよ．（そうすれば定理 4.1, (ii) の別証明が得られる．）

2　双対単体法により，次の制約条件を正準化せよ：$x_1+2x_4+3x_5+4x_6=-1$，$x_2+2x_4-3x_5=-1$，$x_3-5x_4+x_5=-1$，$x_1\geqq 0$, $\cdots$, $x_6\geqq 0$.（これは第 3 章問題 8 と同じ問題である．）

3　輸送問題（§3.8）の双対問題を作り，これを解釈（意味づけ）せよ．

4　次の LP 問題を単体法で解いて，最終単体表から双対問題の最適解を読みとれ．

(i)　$3x_1+5x_2+6x_3+5x_4+x_5=1$，$2x_1+3x_2+2x_3+3x_4+x_6=1$，$5x_1+x_2+3x_3+6x_4+x_7=1$，$x_i\geqq 0$ $(1\leqq i\leqq 7)$ の下で，$x_1+x_2+x_3+x_4\to\max$.

(ii)　$x_1+2x_2+3x_3+x_4=1$，$4x_1+5x_2+6x_3+x_5=1$，$x_i\geqq 0$ $(1\leqq i\leqq 5)$ の下で，$x_1+x_2+x_3\to\max$.

5　双対単体法により次の LP 問題を解け．$3x_1+2x_2+5x_3\geqq 1$，$5x_1+3x_2+x_3\geqq 1$，$6x_1+2x_2+3x_3\geqq 1$，$5x_1+3x_2+6x_3\geqq 1$，$x_i\geqq 0$ $(1\leqq i\leqq 3)$ の下で，$x_1+x_2+x_3\to\min$.（これは問題 4, (i) の双対問題と同値である．）

6　i,j の最大公約数を $d_{ij}>0$ とする．変数 $u_1,\cdots,u_6,v_1,\cdots,v_6$ に対する制約条件 $u_i+v_j\geqq d_{ij}$ $(1\leqq i,j\leqq 6)$ の下で，$u_1+\cdots+u_6+v_1+\cdots+v_6$ の最小値および，これを与える (u_i, v_j) を求めよ．

7　問題 6 で d_{ij} を $d_{ij}=i+j$ でおきかえて，同じ問題を解け．

8　上の問題 4, (i) の最適解 $x_3=x_4=x_5=x_7=0$，$x_1=2/11$，$x_2=1/11$，$x_6=4/11$ を知って，緩急相補性の原理（定理 4.3）を用い，双対問題の最適解条件を書き下せ．またこれを解いて，双対問題の最適解を求めよ．逆に問題 5 を解いて最適解を求め，同様な方針で双対問題の最適解を求めよ．

9　輸送問題とその双対問題に対し，緩急相補性の原理を書き下し，これを解釈せよ．

第5章　双対定理の応用

本章では双対定理の様々な応用(行列ゲームの解の存在, Dilworth の定理, 割り当て問題など)を述べる. グラフ理論, 組合せ理論などの数学に登場する“一般には $F(x) \leqq G(y)$ でかつ $\mathrm{Max}\, F = \mathrm{Min}\, G$”の形の定理の多くが双対定理の(暗々裡にかくれた)姿である.

§5.1　行列ゲーム

a)　行列ゲームの問題

毎年多数の対局をすることになっている2人の棋士甲と乙がいるとしよう. (碁でも将棋でもチェスでも何でもよいが, 仮に将棋とする. あるいは甲と乙が例えば別々の野球チームに属する投手とバッターでもよい.) 甲は振飛車を好み, 戦型 $A_1, A_2, \cdots, A_m$ (A_1=中飛車, A_2=四間飛車, A_3=向飛車, … など)で戦うとする. 乙は居飛車型で, 戦型 $B_1, B_2, \cdots, B_n$ (B_1=位取り, B_2=棒銀, … など)で戦うとする. いままでの多数の対局結果から, 甲の乙に対する勝率は, 甲が A_i で, 乙が B_j で戦ったときは a_{ij} (パーセント)であった ($i=1, \cdots, m, j=1, \cdots, n$) とする. この勝率表

甲＼乙	B_1	B_2	$\cdots$	B_n
A_1	a_{11}	a_{12}	$\cdots$	a_{1n}
$\vdots$	$\vdots$	$\vdots$		$\vdots$
A_m	a_{m1}	a_{m2}	$\cdots$	a_{mn}

を一応信頼して, (A_i, B_j) での戦いは甲にとって勝ち味が a_{ij} であるという“法則”の下で, 来年度は甲は $A_1, \cdots, A_m$ をそれぞれどの位の割合で(つまり100局中 A_i を何局)指そうかという採用度を戦略として決定したいと考えている. 乙も同じ勝率表をもっていて, 同様の戦略決定を考えている.

さて, 乙が B_j を来年度の甲との総対局数の y_j (パーセント)だけ採用したとする ($1 \leqq j \leqq n$). もちろん

$$y_1 \geqq 0, \quad \cdots, \quad y_n \geqq 0, \quad y_1+\cdots+y_n=1$$

である．このような $\boldsymbol{y}={}^t(y_1, \cdots, y_n)$ のなす $\boldsymbol{R}^n$ の部分集合を S_n と書くことにする．S_n の元を n 次元の**確率ベクトル**という．

さて，乙の戦略が上の $\boldsymbol{y} \in S_n$ であったとし，以下の推理を(乙が)実行する．そのとき，甲が戦型 A_i を採用したとして，乙に勝つ期待値を計算しよう．乙が $B_1, \cdots, B_n$ で戦ったときはそれぞれ勝率の期待値が $a_{i1}, \cdots, a_{in}$ だから，乙が $B_1, \cdots, B_n$ の"ローテーション"を $y_1, \cdots, y_n$ の率で採用した場合には，甲は A_i を採れば

$$g_i(\boldsymbol{y}) = a_{i1}y_1+a_{i2}y_2+\cdots+a_{in}y_n$$

という勝率が期待できる．よって，甲は，この勝率が最大となるような A_i をえらぶであろう．(A_i は $\boldsymbol{y}$ 毎に変り得る.)

$$g(\boldsymbol{y}) = \mathrm{Max}\,\{g_1(\boldsymbol{y}), \cdots, g_m(\boldsymbol{y})\}$$

とおく．一般に，$\alpha=\mathrm{Max}\,\{\alpha_1, \cdots, \alpha_m\}$ とすると

$$\alpha = \underset{\boldsymbol{x} \in S_m}{\mathrm{Max}}\,(\alpha_1 x_1+\cdots+\alpha_m x_m)$$

という原理が成り立つ(証明は容易！)から，

$$g(\boldsymbol{y}) = \underset{\boldsymbol{x} \in S_m}{\mathrm{Max}}\,\{x_1 g_1(\boldsymbol{y})+\cdots+x_m g_m(\boldsymbol{y})\}$$

と書ける．

$g(\boldsymbol{y})$ は，乙の $\boldsymbol{y}$ 戦略の下で甲が最善を尽して戦略をえらんだとして，乙に勝つ期待値(の最大なるもの)である．だから乙としては，$\boldsymbol{y}$ をえらぶには，この $g(\boldsymbol{y})$ の値がなるべく小さくなるようにローテーション $\boldsymbol{y}$ を企画するのがよいことになる．すなわち

$$\underset{\boldsymbol{y} \in S_n}{\mathrm{Min}}\, g(\boldsymbol{y})$$

が乙にとって望ましい．これを実現する $\boldsymbol{y} \in S_n$ があるとき，$\boldsymbol{y}$ を**乙の最適戦略**という．$A=(a_{ij})$ とおくと

$$\sum_{i=1}^{m} x_i g_i(\boldsymbol{y}) = \sum_{i=1}^{m}\sum_{j=1}^{n} x_i a_{ij} y_j = \sum_{i,j} a_{ij} x_i y_j = {}^t\boldsymbol{x}A\boldsymbol{y}$$

だから，

$$\underset{\boldsymbol{y} \in S_n}{\mathrm{Min}}\, g(\boldsymbol{y}) = \underset{\boldsymbol{y} \in S_n}{\mathrm{Min}}\left(\underset{\boldsymbol{x} \in S_m}{\mathrm{Max}} \sum_{i,j} a_{ij} x_i y_j\right)$$

と書ける．

さて，甲も同様に推理する．すなわち甲が戦略 $\boldsymbol{x}\in S_m$ を採ったとき，乙が B_j 戦型で戦えば，(甲から見た)勝率の期待値は

$$f_j(\boldsymbol{x})=x_1a_{1j}+x_2a_{2j}+\cdots+x_ma_{mj}$$

である．よって乙は，B_j として，$f_1(x),\cdots,f_n(x)$ が最小となる j をえらぶことになる．よって

$$f(\boldsymbol{x})=\mathrm{Min}\,\{f_1(\boldsymbol{x}),\cdots,f_n(\boldsymbol{x})\}$$

は乙が最善を尽して戦略をえらんだとして，甲の勝つ期待値の最小なるものである．だから甲は $\boldsymbol{x}$ をえらぶに当っては，$f(\boldsymbol{x})$ がなるべく大きくなるように $\boldsymbol{x}$ を企画するべきである．すなわち

$$\underset{\boldsymbol{x}\in S_m}{\mathrm{Max}}\,f(\boldsymbol{x})$$

が甲にとって望ましい．上と同様に

$$f(\boldsymbol{x})=\underset{\boldsymbol{y}\in S_n}{\mathrm{Min}}\,\{f_1(\boldsymbol{x})y_1+\cdots+f_n(\boldsymbol{x})y_n\}$$

と書けるから $f_1(\boldsymbol{x})y_1+\cdots+f_n(\boldsymbol{x})y_n=\sum a_{ij}x_iy_j$ より

$$\underset{\boldsymbol{x}\in S_m}{\mathrm{Max}}\,f(\boldsymbol{x})=\underset{\boldsymbol{x}\in S_m}{\mathrm{Max}}\left(\underset{\boldsymbol{y}\in S_n}{\mathrm{Min}}\sum_{i,j}a_{ij}x_iy_j\right)$$

である．これを実現する $\boldsymbol{x}\in S_m$ があるとき，$\boldsymbol{x}$ を**甲の最適戦略**という．さて問題は次のようになる．

（I） 甲，乙の最適戦略は存在するか？

（II） あったとして，それを $\boldsymbol{x}_0,\boldsymbol{y}_0$ とすると $f(\boldsymbol{x}_0)$ と $g(\boldsymbol{y}_0)$ とではどちらが大きいか？　$f(\boldsymbol{x}_0)=g(\boldsymbol{y}_0)$ となるか？

注意　一般に X, Y が集合で，$F:X\times Y\to \boldsymbol{R}$ をその上の実数値関数とする．

$$\underset{x\in X}{\mathrm{Max}}\left(\underset{y\in Y}{\mathrm{Min}}\,F(x,y)\right),\qquad \underset{y\in Y}{\mathrm{Min}}\left(\underset{x\in X}{\mathrm{Max}}\,F(x,y)\right)$$

は存在するとは限らないが，例え存在しても一致するとは限らない．例えば $X=\{1,2,3\}$，$Y=\{1,2,3,4\}$ で F が次の行列とする $(F(i,j)=(i,j)$ 成分)．すると

X \ Y	1	2	3	4
1	8	4	5	1
2	6	2	7	4
3	3	1	7	9

$$\underset{y}{\mathrm{Min}}\, F(1,y)=1,\qquad \underset{y}{\mathrm{Min}}\, F(2,y)=2,\qquad \underset{y}{\mathrm{Min}}\, F(3,y)=1.$$

$$\therefore\quad \underset{x}{\mathrm{Max}}\left(\underset{y}{\mathrm{Min}}\, F(x,y)\right)=2.$$

$$\underset{x}{\mathrm{Max}}\, F(x,1)=8,\qquad \underset{x}{\mathrm{Max}}\, F(x,2)=4,\qquad \underset{x}{\mathrm{Max}}\, F(x,3)=7,$$

$$\underset{x}{\mathrm{Max}}\, F(x,4)=9.$$

$$\therefore\quad \underset{y}{\mathrm{Min}}\left(\underset{x}{\mathrm{Max}}\, F(x,y)\right)=4,$$

で両者は確かに相異なる．

類似の問題は他にもいろいろある．父が小さい子供とジャンケンをする．

父＼子	紙	石	鋏
紙	0	1	−1
石	−2	0	1
鋏	1	−2	0

父は子供にハンディキャップをつけて，勝てば子から10円貰うが石か鋏で負ければ20円払い，紙で負ければ10円払うことにする．ここでも父と子の最適戦略とそのときの期待値について上のような問題が生じる．

このジャンケンの場合には，（計算法は後述）（I）の答は yes で，（II）の答は

	紙	石	鋏
父 $\boldsymbol{x}_0$	$\frac{7}{16}$	$\frac{4}{16}$	$\frac{5}{16}$
子 $\boldsymbol{y}_0$	$\frac{5}{16}$	$\frac{4}{16}$	$\frac{7}{16}$

，　$f(\boldsymbol{x}_0)=g(\boldsymbol{y}_0)=-\dfrac{3}{16}.$

すなわち（両者が最善を尽して）父が子に払う金額の期待値も，子が父から貰える金額の期待値もともに $(3/16)\times 10$ 円$\fallingdotseq 1.9$ 円 である．

実は，一般の場合にも（I）の答はつねに yes で，（II）の答はつねに $f(\boldsymbol{x}_0)=g(\boldsymbol{y}_0)$ となって（“法則” $A=(a_{ij})$ が何であろうと）両者が最善を尽せば均衡状態が生ずるという素適な結果が存在するのである．

このように $A=(a_{ij})$ という矩形行列を一つ与えよう．それは棋士の例では勝率の統計的法則であり，ジャンケンの例では両者の利得（または支払い）の一覧表であった．他の例では競合する2人の商店間の種々の“戦略”に関する得失を

ある基準で測った量の一覧表と思うことができる．これにより，A の定める行列ゲーム(**零和2人ゲーム**ともいう．戦略対 (A_i, B_j) に対して甲の得点を a_{ij} で，乙の得点を $b_{ij}=-a_{ij}$ で定めると，$a_{ij}+b_{ij}=0$ となるからこの名がある)が生ずる．上の答は行列ゲームの基本定理と呼ばれていることの内容である．それを次に述べよう．

問 父と子のジャンケン問題の答を確かめよ．

b) 行列ゲームの解の存在(基本定理)

問題を一般にして，$A=(a_{ij})\in K(m,n)$，K は順序体，とし，S_m, S_n を a) と同様(ただし成分は $\in K$)とする．$f_i(\boldsymbol{x}), f(\boldsymbol{x}), g_j(\boldsymbol{y}), g(\boldsymbol{y})$ も a) と同様に定義する．a_{ij} を $a_{ij}+\alpha=b_{ij}$ でおきかえると，$\boldsymbol{x}\in S_m$，$\boldsymbol{y}\in S_n$ に対し

$$\sum b_{ij}x_iy_j=\sum a_{ij}x_iy_j+\sum \alpha x_iy_j=\alpha+\sum a_{ij}x_iy_j$$

となる．よって，必要あれば十分大きな $\rho>0$ を加えて，始めからすべての $a_{ij}>0$ とする．

互いに双対的な二つの LP 問題を考える：$\boldsymbol{c}=(1,\cdots,1)\in K(1,n)$，$\boldsymbol{b}={}^t(1,\cdots,1)\in K^m$ とし

$$(\mathfrak{F}):\quad \boldsymbol{x}\in K^m,\quad \boldsymbol{x}\geqq \boldsymbol{o},\quad {}^t\boldsymbol{x}A\geqq \boldsymbol{c}\quad \text{の下で}\quad {}^t\boldsymbol{x}\boldsymbol{b}\longrightarrow \min,$$

$$(\mathfrak{F}^*):\quad \boldsymbol{y}\in K^n,\quad \boldsymbol{y}\geqq \boldsymbol{o},\quad A\boldsymbol{y}\leqq \boldsymbol{b}\quad \text{の下で}\quad \boldsymbol{c}\boldsymbol{y}\longrightarrow \max$$

とするとき，$(\mathfrak{F})$, $(\mathfrak{F}^*)$ はどちらも実行可能である．$(\mathfrak{F})$ の方は $A>0$ からわかる．$(\mathfrak{F}^*)$ は $\boldsymbol{y}=\boldsymbol{o}$ が実行可能ベクトルである．よって双対定理によりそれぞれ最適解 $\boldsymbol{x}_1, \boldsymbol{y}_1$ をもち，かつ ${}^t\boldsymbol{x}_1\boldsymbol{b}=\boldsymbol{c}\boldsymbol{y}_1$．この値を θ とおくと ${}^t\boldsymbol{x}_1=(\xi_1,\cdots,\xi_m)$，$\boldsymbol{y}_1={}^t(\eta_1,\cdots,\eta_n)$ として

$$\theta=\xi_1+\cdots+\xi_m=\eta_1+\cdots+\eta_m.$$

しかも $\boldsymbol{x}_1A\geqq\boldsymbol{c}$ より $\boldsymbol{x}_1\neq\boldsymbol{o}$ だから，$\theta>0$

$$\frac{1}{\theta}\boldsymbol{x}_1=\boldsymbol{x}_0,\qquad \frac{1}{\theta}\boldsymbol{y}_1=\boldsymbol{y}_0$$

とおくと，${}^t\boldsymbol{x}_0\in S_m$，$\boldsymbol{y}_0\in S_n$ である．さて

$$\begin{cases} \boldsymbol{x}\in S_m \Longrightarrow {}^t\boldsymbol{x}A\boldsymbol{y}_0\leqq {}^t\boldsymbol{x}\cdot\dfrac{1}{\theta}A\boldsymbol{y}_1\leqq \dfrac{1}{\theta}{}^t\boldsymbol{x}\boldsymbol{b}=\dfrac{1}{\theta}, \\ \boldsymbol{y}\in S_n \Longrightarrow {}^t\boldsymbol{x}_0A\boldsymbol{y}\geqq \dfrac{1}{\theta}{}^t\boldsymbol{x}_1A\boldsymbol{y}\geqq \dfrac{1}{\theta}\boldsymbol{c}\boldsymbol{y}=\dfrac{1}{\theta}. \end{cases}$$

よって，各 $\boldsymbol{x}\in S_m$，各 $\boldsymbol{y}\in S_n$ に対し

$$ {}^t\boldsymbol{x}A\boldsymbol{y}_0 \leqq \frac{1}{\theta} \leqq {}^t\boldsymbol{x}_0A\boldsymbol{y} $$

となる．特に $\boldsymbol{x}=\boldsymbol{x}_0$，$\boldsymbol{y}=\boldsymbol{y}_0$ とおくと上式の両端が一致するから，$1/\theta={}^t\boldsymbol{x}_0A\boldsymbol{y}_0$ を得る．よって

$$ (*) \qquad {}^t\boldsymbol{x}A\boldsymbol{y}_0 \leqq {}^t\boldsymbol{x}_0A\boldsymbol{y}_0 \leqq {}^t\boldsymbol{x}_0A\boldsymbol{y} \qquad (\boldsymbol{x}\in S_m,\ \boldsymbol{y}\in S_n) $$

である．

さて，$f(\boldsymbol{x}), g(\boldsymbol{y})$ の定義から，$\boldsymbol{x}\in S_m$，$\boldsymbol{y}\in S_n$ ならば

$$ (**) \qquad f(\boldsymbol{x}) \leqq \sum f_j(\boldsymbol{x})y_j = {}^t\boldsymbol{x}A\boldsymbol{y} = \sum x_ig_i(\boldsymbol{y}) \leqq g(\boldsymbol{y}). $$

よってつねに $f(\boldsymbol{x})\leqq g(\boldsymbol{y})$ である．一方 $(*)$ より

$$ \sum x_ig_i(\boldsymbol{y}_0) \leqq {}^t\boldsymbol{x}_0A\boldsymbol{y}_0 \leqq \sum f_j(\boldsymbol{x}_0)y_j \qquad (\boldsymbol{x}\in S_m,\ \boldsymbol{y}\in S_n) $$

だから，それぞれ $\boldsymbol{x}\in S_m$ での max と $\boldsymbol{y}\in S_n$ での min をとり

$$ g(\boldsymbol{y}_0) \leqq {}^t\boldsymbol{x}_0A\boldsymbol{y}_0 \leqq f(\boldsymbol{x}_0) $$

を得る．これと一般の不等式 $f(\boldsymbol{x})\leqq g(\boldsymbol{y})$ より

$$ g(\boldsymbol{y}_0) = {}^t\boldsymbol{x}_0A\boldsymbol{y}_0 = f(\boldsymbol{x}_0). $$

$$ \therefore\quad f(\boldsymbol{x}_0) = \operatorname*{Max}_{\boldsymbol{x}\in S_m} f(\boldsymbol{x}), \qquad g(\boldsymbol{y}_0) = \operatorname*{Min}_{\boldsymbol{y}\in S_n} g(\boldsymbol{y}). $$

よって，$\operatorname*{Max}_{\boldsymbol{x}\in S_m} f(\boldsymbol{x})$，$\operatorname*{Min}_{\boldsymbol{y}\in S_n} g(\boldsymbol{y})$ は存在し，両者は一致する．以上をまとめて

定理 5.1 (von Neumann，行列ゲームの基本定理)　順序体 K 上の行列 $A=(a_{ij})\in K(m,n)$ に対し

$$ \operatorname*{Max}_{\boldsymbol{x}\in S_m}\left(\operatorname*{Min}_{\boldsymbol{y}\in S_n}\sum_{i,j} a_{ij}x_iy_j\right), \qquad \operatorname*{Min}_{\boldsymbol{y}\in S_n}\left(\operatorname*{Max}_{\boldsymbol{x}\in S_m}\sum_{i,j} a_{ij}x_iy_j\right) $$

は存在し，かつ一致する．ただし $S_m=\{\boldsymbol{x}\in K^m \mid \boldsymbol{x}\geqq\boldsymbol{o}, \sum x_i=1\}$，$S_n$ も同様，である．——

この共通の値を $v(A)$ と書き，行列 A の定める行列ゲームの**値**という．$v(A)$ の計算法は $A>0$ なら上記の通り ($v(A)=1/\theta$ である) で，LP の計算法で求まる．そうでないときは A の各成分に $\rho>0$ を加えた行列 B に対し $v(B)$ を求め，次に $v(A)=v(B)-\rho$ を求めればよい．LP$(\mathfrak{F}^*)$ は正準形に (直ちに) 直せる．

注意 1　$F(\boldsymbol{x},\boldsymbol{y})={}^t\boldsymbol{x}A\boldsymbol{y}$ とおくと，上の不等式 $(*)$ は

$$ (*) \qquad F(\boldsymbol{x},\boldsymbol{y}_0) \leqq F(\boldsymbol{x}_0,\boldsymbol{y}_0) \leqq F(\boldsymbol{x}_0,\boldsymbol{y}) $$

と書ける．これの成立が証明の要点であった．一般に領域 $X\times Y$ 上の関数 $F(\boldsymbol{x},\boldsymbol{y})$ に対

し，$(*)$ なる点 $(\boldsymbol{x}_0, \boldsymbol{y}_0)$ を F の鞍点 (saddle point) という．そのグラフは $(\boldsymbol{x}_0, \boldsymbol{y}_0)$ で図5.1のように馬の鞍状になっているからである．定理5.1中の鞍点 $(\boldsymbol{x}_0, \boldsymbol{y}_0)$ の存在を保証する部分を，von Neumann の鞍点定理という．

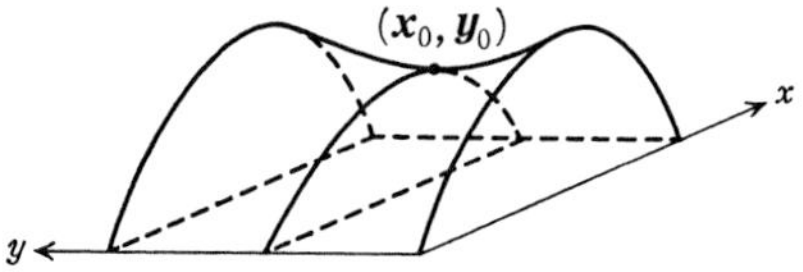

図5.1

注意2　$A=(a_{ij})$ の定める行列ゲームの値 $v(A)$ も同じ順序体に属する．

注意3　$v(A)$ の値はもちろん A のみで定まるが，最適解 $\boldsymbol{x}_0, \boldsymbol{y}_0$ は一意的とは限らない．それらはそれぞれ S_m, S_n 中に有界な凸多面体を作ることが知られている．その端点の求め方もわかっている．

§5.2　割り当て問題

a）割り当て問題

ある芸能プロダクション甲は n 人の男性タレント $A_1, \cdots, A_n$ と n 人の女性タレント $B_1, \cdots, B_n$ を所有している．A_i 氏と B_j 嬢とを組ませて一つの演芸(例えば男女漫才)を乙劇場に出演させると a_{ij} 円の利益が生ずる．利益最大となる組ませ方は何か？　これを n 次行列 $A=(a_{ij})$ の定める**割り当て問題**という．(ただし1人の男は1人の女としか組ませられないとする.)　これは σ が n 文字の置換($n!$ 個ある)上を動くときの

$$\mathrm{Max}\sum_{i=1}^{n} a_{\sigma(i),i}$$

を求める問題で，LP ではない．

しかしこれを次のように LP 化出来る(そうすれば双対問題が考えられる！)．いま，$K(n,n)$ 中の $n!$ 個の置換行列を $P_1, \cdots, P_N$ $(N=n!)$ とし，$K(n,n)$ 中で

$$\mathfrak{D} = [P_1, \cdots, P_N] \qquad (P_1, \cdots, P_N \text{ の凸包})$$

とする．$\mathfrak{D}$ は重確率行列全体の集合と一致するのであった(Birkhoff-von Neumann の定理，§2.7，定理2.13)．$A=(a_{ij}) \in K(n,n)$ が与えられたとき(K: 順序体)

$$f(X) = \mathrm{tr}\,(XA)$$

とおくと，f の $\mathfrak{D}$ 上の最大値はある P_i で達せられる(定理3.1)．ところが，一

方置換 σ に対応する置換行列(§2.7)を $P_\sigma=(p_{ij})$ とすると，$p_{ij}=0$ $(j\neq\sigma(i)$ のとき$)$，$p_{ij}=1$ $(j=\sigma(i)$ のとき$)$ だから，

$$f(P_\sigma)=\operatorname{tr}(P_\sigma A)=\sum_{i,j=1}^{n}p_{ij}a_{ji}=\sum_{i=1}^{n}a_{\sigma(i),i}.$$

よって，

$$f \text{ の } \mathfrak{D} \text{ 上の最大値} = \operatorname*{Max}_{\sigma}\left(\sum_{i=1}^{n}a_{\sigma(i),i}\right)$$
$$= \text{割り当て問題の解(最適値)}$$

となる.

b) 割り当て問題の双対問題

$(\mathfrak{F})=(K(n,n),\mathfrak{D},f\to\max)$ の双対問題を作ろう．$K(n,n)$ を K^N, $N=n^2$, と見る：$X=(x_{ij})\in K(n,n)$ に対して

$$\boldsymbol{x}={}^t(x_{11},x_{12},\cdots,x_{1n},\cdots,x_{n1},\cdots,x_{nn})$$

を対応させる．また

$$B=\left(\begin{array}{c|c|c|c}
\overbrace{1\ \cdots\ 1}^{n} & \overbrace{0\ \cdots\ 0}^{n} & & \overbrace{0\ \cdots\ 0}^{n} \\
 & 1\ \cdots\ 1 & & \vdots\qquad\vdots \\
0 & 0\ \cdots\ 0 & \cdots & \vdots\qquad\vdots \\
 & \vdots\qquad\vdots & & 0\ \cdots\ 0 \\
 & 0\ \cdots\ 0 & & 1\ \cdots\ 1 \\
\hline
\begin{matrix}1 & & 0\\ & \ddots & \\ 0 & & 1\end{matrix} & \begin{matrix}1 & & 0\\ & \ddots & \\ 0 & & 1\end{matrix} & \cdots & \begin{matrix}1 & & 0\\ & \ddots & \\ 0 & & 1\end{matrix}
\end{array}\right)\begin{array}{l}\left.\vphantom{\begin{matrix}1\\1\\1\\1\\1\end{matrix}}\right\}n\\ \left.\vphantom{\begin{matrix}1\\1\\1\end{matrix}}\right\}n\end{array}\in K(2n,N),$$

$$\boldsymbol{b}={}^t(1,\cdots,1)\in K^{2n},$$
$$\boldsymbol{c}=(a_{11},a_{12},\cdots,a_{1n},\cdots,a_{n1},\cdots,a_{nn})\in K(1,N)$$

とおくと，

$$(\mathfrak{F})=(K^N,\mathfrak{D},f\to\max),\qquad \mathfrak{D}=\{\boldsymbol{x}\in K^N\mid \boldsymbol{x}\geqq\boldsymbol{o},\ B\boldsymbol{x}=\boldsymbol{b}\},$$
$$f(\boldsymbol{x})=\boldsymbol{c}\boldsymbol{x}$$

としてよい．よって双対問題は $\boldsymbol{u}=(u_1,\cdots,u_n)$，$\boldsymbol{v}=(v_1,\cdots,v_n)$ として

$$(\mathfrak{F}^*)=(K^{2n},\mathfrak{D}^*,f^*\to\min),\qquad \mathfrak{D}^*=\{(\boldsymbol{u},\boldsymbol{v})\in K(1,2n)\mid(\boldsymbol{u},\boldsymbol{v})B\geqq\boldsymbol{c}\},$$
$$f^*(\boldsymbol{u},\boldsymbol{v})=(u_1+\cdots+u_n)+(v_1+\cdots+v_n)$$

となる. $(\boldsymbol{u},\boldsymbol{v})B\geqq \boldsymbol{c}$ は展開すれば

$$(*) \qquad u_i+v_j \geqq a_{ij} \qquad (1\leqq i, j\leqq n)$$

となる. よって

$(\mathfrak{F}^*)$: 条件 $(*)$ の下で (u_i, v_j は自由変数), $\sum u_i+\sum v_i\to\min$

となる. $(\mathfrak{F}^*)$ の意味: 乙劇場が $A_1, \cdots, A_n, B_1, \cdots, B_n$ の全員を甲プロから借り出して独立に一興行打とうと思っている. 乙は A_i, B_j に対しそれぞれ u_i 円, v_j 円の借り出し料を甲に払うものと評価している. したがって借り出し成功のためには $u_i+v_j\geqq a_{ij}$ の成立が必要である. この下で借り出し料の総額 $u_1+\cdots+u_n+v_1+\cdots+v_n$ をなるべく小さくしたいというのが乙劇場の LP$(\mathfrak{F}^*)$ である.

$\mathfrak{D}\neq\phi$ かつ $\mathfrak{D}$ は有界だから, $(\mathfrak{F})$ は最適解をもつ. よって $(\mathfrak{F}^*)$ もそうである. その最適値を $\sum a_{\sigma(i),i}$ (σ はある置換) とする. また $(u_1, \cdots, u_n, v_1, \cdots, v_n)$ が $(\mathfrak{F}^*)$ の最適解とすると,

$$\sum u_i+\sum v_i = \sum a_{\sigma(i),i}$$

である. 一方, $u_{\sigma(i)}+v_i\geqq a_{\sigma(i),i}$ $(1\leqq i\leqq n)$ だから, i についてこれらを加えて, $\sum u_{\sigma(i)}+\sum v_i=\sum a_{\sigma(i),i}$. 一方 $\sum u_{\sigma(i)}=\sum u_i$ だから, これと $u_{\sigma(i)}+v_i\geqq a_{\sigma(i),i}$ より,

$$u_{\sigma(i)}+v_i = a_{\sigma(i),i} \qquad (1\leqq i\leqq n)$$

が成り立つ.

$(\mathfrak{F}^*)$ を解くことにより, A の成分が有理数のときに最適値および σ を求める方法を後述する (§5.3, g) 参照).

§5.3 結婚定理・SDR・Dilworth の定理

a) 結合構造, 有向グラフ, 2部グラフ

三つの集合 A, B, Γ からなる組 (A, B, Γ) において, Γ が直積集合 $A\times B$ の部分集合であるとき, 組 (A, B, Γ) を**結合構造** (incidence structure) という. これは数学において至る所に登場する2項関係という概念と同じである. すなわち, $a\in A$, $b\in B$ が $(a,b)\in\Gamma$ を満たすとき, a と b は関係 Γ にあるといい, $a\Gamma b$ (あるいは別の記号を使うこともある) と書くのである.

特に, $A=B$ のとき, 結合構造 (A, A, Γ) を**有向グラフ** (oriented graph) という. (A, A, Γ) を (A, Γ) と略記するのが普通である. (たいていは A が有限集合

の場合を考える.) 有向グラフ (A, Γ) において A の元を**頂点** (vertex) あるいは**節点** (node) といい, Γ の元を**辺** (edge) または**弧** (arc) または**枝** (branch) という. 有限集合 A と $\Gamma \subset A \times A$ とからなる有向グラフ (A, Γ) は次のように図示(グラフ表示)される: 各 $a \in A$ に対し平面上の点(丸印)を対応させ, 辺 $(a, a') \in \Gamma$ に対しては点 a から点 a' へ行く矢印のついた線をひく. 例えば $A=\{a, b, c, d\}$, $\Gamma=\{(a, a), (a, b), (b, c), (c, d), (c, a), (c, c), (d, a)\}$ ならば有向グラフ (A, Γ) を図示すると図5.2のようになる. $(a, a) \in \Gamma$ の形の辺 (a, a) を有向グラフのループという.

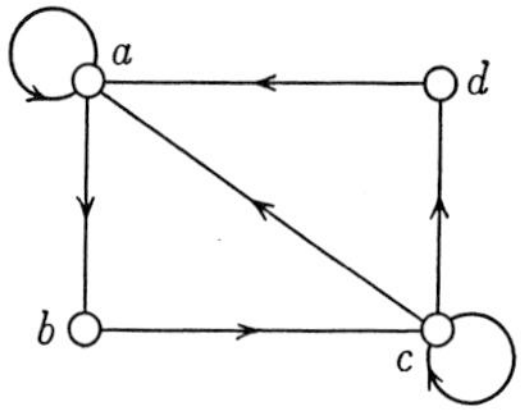

図5.2

結合構造 (A, B, Γ) において, A と B とが共有元を有しない(すなわち $A \cap B = \phi$)ときには, (A, B, Γ) を**2部グラフ** (bipartite graph) という. この名称の意味は次の通りである: $\Omega = A \cup B$ とおき, Γ を $\Omega \times \Omega$ の部分集合と見なせば, 有向グラフ (Ω, Γ) が生じ, Ω の頂点は"第1種"の頂点集合 A と"第2種"の頂点集合 B とに分割され, (Ω, Γ) で2頂点を結ぶ辺は $a \in A$ から $b \in B$ へ向かう形のもの (a, b) に限る——すなわち, グラフが2部分に分かれていると見なせるから, この名がある. 結合構造 (A, B, Γ) に対し, 必要があれば B を B の"コピー"(すなわち, B の元と1対1に対応する元よりなる集合 B') でおきかえて $A \cap B = \phi$ と仮定することができるから, 2部グラフだけ考えても一般性を失わない.

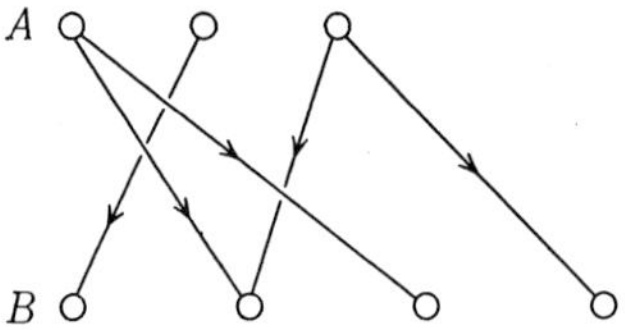

図5.3

以下もっぱら A, B が有限集合であるような結合構造 (A, B, Γ) を考える. このとき $m=|A|$, $n=|B|$ とし, $A=\{a_1, \cdots, a_m\}$, $B=\{b_1, \cdots, b_n\}$ とおく. m 行 n

列の行列 $C=(c_{ij})$ を

$$c_{ij}=\begin{cases}1, & (a_i,b_j)\in\Gamma \text{ のとき},\\ 0, & (a_i,b_j)\notin\Gamma \text{ のとき}\end{cases}$$

で定める．C をこの結合構造の (A, B の元の上記の並べ方に関する) **結合行列** (incidence matrix) という．C の成分は 0 か 1 である．かかる行列を (0, 1) 行列，あるいは組合せ行列 (combinatorial matrix) という．(0, 1) 行列を与えると一つの結合構造が生ずる．

b) マッチング，最大マッチング数

結合構造 (A,B,Γ) のマッチング (matching) とは，A のある部分集合 $A_0(\neq\phi)$ から B への写像 $f: A_0\to B$ であって

(i) f は単射: $a, a'\in A_0$, $a\neq a' \Longrightarrow f(a)\neq f(a')$,

(ii) 各 $a\in A_0$ に対して $(a,f(a))\in\Gamma$

を満たすものをいう．$|A_0|$ をこの**マッチングの大きさ**という．(A,B,Γ) のマッチングのうち大きさ最大のものを**最大マッチング**といい，その大きさを**最大マッチング数**という．特に $A_0=A$ なるマッチング，すなわち大きさ $|A|$ のマッチングを**完全マッチング**という．

c) LP 化

結合構造 (A,B,Γ), $|A|=m$, $|B|=n$ が与えられたとして，その最大マッチング数を求める LP を考えてみる．$A=\{a_1,\cdots,a_m\}$, $B=\{b_1,\cdots,b_n\}$ とし，$A_0\subset A$, f を $A_0\to B$ なる単射とする．$C=(c_{ij})$ を (A, B の元の上記の並べ方に関する) 結合行列とする．f に対し m 行 n 列の行列 $X_f=(x_{ij}{}^f)$, $1\leqq i\leqq m$, $1\leqq j\leqq n$ を次のように作る:

$$x_{ij}{}^f=\begin{cases}1, & a_i\in A_0 \text{ かつ } b_j=f(a_i) \text{ のとき},\\ 0, & a_i\notin A_0 \text{ または } a_i\in A_0,\ b_j\neq f(a_i) \text{ のとき}\end{cases}$$

とすると $x_{ij}{}^f\geqq 0$, かつ $i\in A_0$ なら $x_{i1}{}^f+\cdots+x_{in}{}^f=1$, $i\in A-A_0$ なら $x_{i1}{}^f+\cdots+x_{in}{}^f=0$ である．$f: A_0\to B$ の単射性により，$x_{1j}{}^f+\cdots+x_{mj}{}^f\leqq 1\ (1\leqq j\leqq n)$ である．また各 $a_i\in A_0$ に対して，$(a_i,f(a_i))\in\Gamma$ という条件は，$x_{i1}{}^f c_{i1}+\cdots+x_{in}{}^f c_{in}=1$ と書ける．よって，$\{a\in A_0\,|\,(a,f(a))\in\Gamma\}$ なる集合の元の個数は，

$$\sum_{i=1}^{m}\sum_{j=1}^{n}x_{ij}{}^f c_{ij}$$

である．そこで $K=\boldsymbol{R}$ として，次の LP 問題 $(\mathfrak{F})$ を考えよう．

変数 x_{ij} $(1\leqq i\leqq m,\ 1\leqq j\leqq n)$ に対する制約条件

$$x_{ij}\geqq 0,\qquad \sum_{j=1}^{n}x_{ij}\leqq 1,\qquad \sum_{i=1}^{m}x_{ij}\leqq 1\qquad (1\leqq i\leqq m,\ 1\leqq j\leqq n)$$

の下で

$$F(X)=\sum_{i=1}^{m}\sum_{j=1}^{n}x_{ij}c_{ij}\longrightarrow \max$$

を求めよ．

上の制約条件を満たす行列 $X=(x_{ij})\in\boldsymbol{R}(m,n)$ のなす集合を $\mathfrak{D}$ とする．

$\mathfrak{D}$ の元で成分がすべて整数なるものの全体のなす $\mathfrak{D}$ の部分集合を $\mathfrak{D}_{\boldsymbol{Z}}$ と書く．$X=(x_{ij})\in\mathfrak{D}_{\boldsymbol{Z}}$ なら，各 x_{ij} は0か1である．$x_{i1}+\cdots+x_{in}=1$ なる $a_i\in A$ の全体のなす集合を A_0 とし，$a_i\in A_0$ に対し，$x_{ij}=1$ なる j をとり，$b_j=f(a_i)$ とおいて写像 $f: A_0\to B$ を定義すれば，$X=X_f$ となる．よって，

$$(F\ の\ \mathfrak{D}_{\boldsymbol{Z}}\ 上の最大値)=(A,B,\Gamma)\ の最大マッチング数$$

となる．

さて，$\boldsymbol{O}\in\mathfrak{D}$ だから $\mathfrak{D}\neq\phi$．かつ $\mathfrak{D}$ は有界な凸多面体だから，LP 問題 $(\mathfrak{F})$ は最適値 $F_{\max}$ をもつ．これが F の $\mathfrak{D}_{\boldsymbol{Z}}$ 上の最大値と一致することを示そう．

それには，各 $X=(x_{ij})\in\mathfrak{D}$ が $\mathfrak{D}_{\boldsymbol{Z}}$ の元の凸1次結合となることをいえばよい．いま

$$y_i=1-\sum_{j=1}^{n}x_{ij},\qquad z_j=1-\sum_{i=1}^{m}x_{ij}\qquad (1\leqq i\leqq m,\ 1\leqq j\leqq n)$$

とおいて，$m+n$ 次の正方行列 $\tilde{X}\in\boldsymbol{R}(m+n,m+n)$ を

$$\tilde{X}=\begin{bmatrix}X & Y\\ Z & W\end{bmatrix},\qquad Y=\begin{bmatrix}y_1 & & 0\\ & \ddots & \\ 0 & & y_m\end{bmatrix},\qquad Z=\begin{bmatrix}z_1 & & 0\\ & \ddots & \\ 0 & & z_n\end{bmatrix},\qquad W={}^tX$$

で定義すれば，$\tilde{X}$ は重確率行列(§2.7)となる．よって，$\tilde{X}$ は置換行列 $\tilde{P}_1,\cdots,\tilde{P}_r$ の凸1次結合の形に書ける：$\tilde{X}=\lambda_1\tilde{P}_1+\cdots+\lambda_r\tilde{P}_r$．そこで

$$\tilde{P}_i=\begin{bmatrix}P_i & Q_i\\ S_i & T_i\end{bmatrix},\qquad \begin{array}{l}P_i\in\boldsymbol{R}(m,n),\ \ Q_i\in\boldsymbol{R}(m,m),\\ S_i\in\boldsymbol{R}(n,n),\ \ T_i\in\boldsymbol{R}(n,m)\end{array}$$

$(1\leqq i\leqq r)$ とおくと，$X=\lambda_1P_1+\cdots+\lambda_rP_r$ となる．$P_1,\cdots,P_r\in\mathfrak{D}_{\boldsymbol{Z}}$ である．以上から

$$((A, B, \Gamma)\text{ の最大マッチング数}) = F_{\max}.$$

d) $(\mathfrak{F})$ **の双対 LP 問題** $(\mathfrak{F}^*)$

$(\mathfrak{F})$ の双対 LP 問題 $(\mathfrak{F}^*)$ は，割り当て問題の双対問題と同様にやれば得られる．その形は次のようになる：

$(\mathfrak{F}^*)$ 変数 $u_1, \cdots, u_m, v_1, \cdots, v_n$ に対する制約条件

$$u_i+v_j \geqq c_{ij}, \quad u_i \geqq 0, \quad v_j \geqq 0 \quad (1 \leqq i \leqq m,\ 1 \leqq j \leqq n)$$

の下で

$$G(\boldsymbol{u}, \boldsymbol{v}) = u_1+\cdots+u_m+v_1+\cdots+v_n \longrightarrow \min$$

を求めよ．

もとの LP に最適解があるから，双対 LP 問題も最適解をもつ．最適解 (u_i, v_j) として成分がすべて整数なるものがとれることを示そう．そうでないとして矛盾を導く．最適解 (u_i, v_j) において，$u_1, \cdots, u_m$ 中の整数でない u_i の個数を α，$v_1, \cdots, v_n$ 中の整数でない v_j の個数を β とする．$\alpha+\beta>0$ である．$\alpha+\beta$ が最小となるように最適解 (u_i, v_j) をとる．すると $\alpha>0$, $\beta>0$ となる．実際もし $\alpha>0$, $\beta=0$ なら，ある $u_i \notin \boldsymbol{Z}$ で，$j=1, \cdots, n$ に対して $u_i+v_j>c_{ij}$ $(\because\ c_{ij} \in \boldsymbol{Z},\ v_j \in \boldsymbol{Z})$ となる．よって $\varepsilon=\mathrm{Min}\,\{c_{i1}-v_1, c_{i2}-v_2, \cdots, c_{in}-v_n\}>0$ とおき，u_i を $u_i-\varepsilon$ でおきかえ，他の u_k, v_j をそのままにして，実行可能解 (u_i', v_j') が得られ，しかも $G(\boldsymbol{u}', \boldsymbol{v}')=G(\boldsymbol{u}, \boldsymbol{v})-\varepsilon<G(\boldsymbol{u}, \boldsymbol{v})$ となる．これは $(\boldsymbol{u}, \boldsymbol{v})$ の最適性に反する．同様に $\alpha=0$, $\beta>0$ からも矛盾が出る．よって $\alpha>0$, $\beta>0$ である．

いま，$u_i \notin \boldsymbol{Z}$ なる u_i に関して $\varepsilon=\mathrm{Min}\,\{u_i-[u_i]\}>0$ とおく．($[\xi]$ は ξ を越えない最大の整数を表わす Gauss の記号.) そして (u_i', v_j') を

$$u_i' = \begin{cases} u_i-\varepsilon, & u_i \notin \boldsymbol{Z} \text{ のとき}, \\ u_i, & u_i \in \boldsymbol{Z} \text{ のとき}, \end{cases}$$

$$v_j' = \begin{cases} v_j+\varepsilon, & v_j \notin \boldsymbol{Z} \text{ のとき}, \\ v_j, & v_j \in \boldsymbol{Z} \text{ のとき} \end{cases}$$

で定める．(u_i', v_j') も実行可能解であることを見よう．$v_j' \geqq 0\ (1 \leqq j \leqq n)$ は明らか．$u_i \notin \boldsymbol{Z}$ なら $u_i-[u_i] \geqq \varepsilon$ だから $u_i'=u_i-\varepsilon \geqq [u_i] \geqq 0$．次に $u_i'+v_j' \geqq u_i+v_j$ ならば問題はない．$u_i'+v_j'<u_i+v_j$ となる心配のあるのは，$u_i'=u_i-\varepsilon$, $v_j'=v_j$ のときであるが，そのとき $v_j \in \boldsymbol{Z}$ だから，$c_{ij} \leqq [u_i+v_j]=[u_i]+v_j$．一方 ε の決め方から，$u_i-[u_i] \geqq \varepsilon$．$\therefore\ c_{ij} \leqq u_i-\varepsilon+v_j=u_i'+v_j'$．$(u_i', v_j')$ では，整数成分の総数

が (u_i, v_j) のそれより多いから，(u_i, v_j) のとり方により (u_i', v_j') は最適解ではない．よって $G(\boldsymbol{u}', \boldsymbol{v}') > G(\boldsymbol{u}, \boldsymbol{v})$．よって，

$$0 < \sum(u_i' - u_i) + \sum(v_j' - v_j) = (\beta - \alpha)\varepsilon.$$

$\therefore$ $\beta > \alpha$ となる．

次に $v_j \notin \boldsymbol{Z}$ について $\varepsilon' = \mathrm{Min}\,\{v_j - [v_j]\} > 0$ とおき上と同様に進む．すなわち

$$u_i'' = \begin{cases} u_i + \varepsilon', & u_i \notin \boldsymbol{Z} \text{ のとき}, \\ u_i, & u_i \in \boldsymbol{Z} \text{ のとき}, \end{cases}$$

$$v_j'' = \begin{cases} v_j - \varepsilon', & v_j \notin \boldsymbol{Z} \text{ のとき}, \\ v_j, & v_j \in \boldsymbol{Z} \text{ のとき} \end{cases}$$

とおく．すると上と同様に (u_i'', v_j'') も実行可能解で，$G(\boldsymbol{u}'', \boldsymbol{v}'') > G(\boldsymbol{u}, \boldsymbol{v})$ がわかる．よって，

$$0 < \sum(u_i'' - u_i) + \sum(v_j'' - v_j) = (\alpha - \beta)\varepsilon'.$$

$\therefore$ $\alpha > \beta$ となる．これで $\alpha > \beta$ かつ $\beta > \alpha$ という矛盾が生じたから，整数成分の最適解 (u_i, v_j) の存在がわかった．

双対LP問題の整数成分の最適解 (u_i, v_j) の意味づけを考える．まず $u_i \in \{0, 1\}$，$v_j \in \{0, 1\}$ であることに注意しよう．実際，例えば $u_i \geqq 2$ なる u_i があれば，$u_i' = u_i - 1$，$u_k' = u_k$ $(k \neq i)$，$v_j' = v_j$ $(1 \leqq j \leqq n)$ とおいて，実行可能解 (u_k', v_j') が生じ，しかも $\sum u_k' + \sum v_j' < \sum u_k + \sum v_j$ となり矛盾．$\therefore$ $1 \geqq u_i \geqq 0$．同様に $1 \geqq v_j \geqq 0$ である．

そこで，

$$A_1 = \{a_i \in A \mid u_i = 1\}, \qquad B_1 = \{b_j \in B \mid v_j = 1\}$$

とおく．すると，$A_1 \subset A$，$B_1 \subset B$ は次の性質をもつ：

(＊)　どんな $(a_k, b_l) \in \Gamma$ に対しても $a_k \in A_1$ または $b_l \in B_1$ の少なくとも一方が成り立つ．

実際，$(a_k, b_l) \in \Gamma \Longrightarrow u_k + v_l \geqq c_{kl} = 1 \Longrightarrow u_k = 1$ または $v_l = 1 \Longrightarrow a_k \in A_1$ または $b_l \in B_1$．

一般に(＊)を満たすような部分集合の対 (A_1, B_1)，$A_1 \subset A$，$B_1 \subset B$ を，結合構造 (A, B, Γ) の**被覆** (covering) といい，$|A_1| + |B_1|$ をこの**被覆の大きさ**という．そして大きさ最小の被覆を**最小被覆**といい，その大きさを**最小被覆数**という．

任意の被覆 (A', B') に対して次のように $(\mathfrak{F}^*)$ の実行可能解 (u_i', v_j') が生ずる：

$$u_i' = \begin{cases} 1, & a_i \in A' \text{ のとき}, \\ 0, & a_i \notin A' \text{ のとき}, \end{cases}$$

$$v_j' = \begin{cases} 1, & b_j \in B' \text{ のとき}, \\ 0, & b_j \notin B' \text{ のとき}. \end{cases}$$

実際 $u_i' \geqq 0$, $v_j' \geqq 0$. かつ $(a_i, b_j) \in \Gamma$ なら $a_i \in A'$ または $b_j \in B'$ だから, $u_i' + v_j' \geqq 1 = c_{ij}$. よって, $(\mathfrak{F}^*)$ の任意の最適整数解 (u_i, v_j) から上のように定まる被覆 (A_0, B_0) をとれば

$$|A'| + |B'| = \sum u_i' + \sum v_j' \geqq \sum u_i + \sum v_j = |A_0| + |B_0|.$$

よって, $(\mathfrak{F}^*)$ の目的関数の最小値は, 最小被覆数に等しい. これと双対定理とから次の定理を得る.

定理 5.2 A, B を有限集合とし, (A, B, Γ) を結合構造とすれば, その最大マッチング数は最小被覆数に等しい. (König-Egerváry の定理)

問 図5.3の最小被覆数を求めよ.

e) 結婚定理

定理 5.3 A, B を有限集合とし, (A, B, Γ) を結合構造とする. (A, B, Γ) が完全マッチングをもつためには次の条件が成り立つことが必要十分である:

“A の任意の部分集合 J に対して, J の少なくも一つの元 a に対して, $(a, b) \in \Gamma$ となるような $b \in B$ の全体のなす集合を J^* とすれば, $|J^*| \geqq |J|$.” (P. Hall の結婚定理)

証明 完全マッチング $f: A \to B$ があれば, $J^* \supset f(J)$ より $|J^*| \geqq |J|$ となる. 逆に完全マッチングが存在しないとする. すると (A, B, Γ) の最大マッチング数は $< |A|$ である. したがって最小被覆 (A_0, B_0) をとれば, $|A_0| + |B_0| < |A|$ である. $J = A - A_0$ とおく. $b \in J^*$ なら, ある $a \in J$ に対し $(a, b) \in \Gamma$ だから, $a \in A_0$ または $b \in B_0$ となる. しかし $a \notin A_0$ であるから, $b \in B_0$ が成り立たねばならぬ. よって $J^* \subset B_0$. $\therefore$ $|J^*| \leqq |B_0| < |A| - |A_0| = |J|$. ▮

この定理を結婚定理と呼ぶのは, 次の例による. A を女子何人かの集合, B を男子何人かの集合とする. Γ を, 互いに知り合いであるような $a \in A$, $b \in B$ の対 (a, b) の全体からなる $A \times B$ の部分集合とする. どの女子 $a \in A$ もある男子 $b \in B$, ただし $(a, b) \in \Gamma$, と結婚するような対応がつけられる条件(重婚は認めないとして)が上の定理5.3中の “…” である.

f）SDR

有限集合 Ω の部分集合 $B_1, \cdots, B_n$ が与えられているとしよう．($B_i=B_j$, $i\neq j$, なるものがあってもよい．) 元 $b_1\in B_1$, $\cdots$, $b_n\in B_n$ が互いに相異なるとき $\{b_1, \cdots, b_n\}$ を $\{B_1, \cdots, B_n\}$ の SDR (set of distinct representative, 相異なる元からなる代表系の意) という．SDR の存在が問題になるのは，例えば，Ω がある国の国会議員全体の集合，$\{B_1, \cdots, B_n\}$ が国会の n 個の委員会とする．権力集中を避けるには委員会 B_i の委員長 b_i が他の委員会 B_j の委員長を兼ねることを避ける必要がある．そのような委員長の選出が SDR である．

さて，$A=\{1, \cdots, n\}$，$B=\Omega$ とし，$A\times B$ の部分集合 Γ を $\Gamma=\{(i, x)\in A\times B \mid x\in B_i\}$ で定めれば，結合構造 (A, B, Γ) が生ずる．$\{B_1, \cdots, B_n\}$ の SDR とは，(A, B, Γ) の完全マッチングのことに他ならないから次の定理を得る．

定理 5.4 (P. Hall の SDR 定理)　有限集合 Ω の部分集合系 $\{B_1, \cdots, B_n\}$ の SDR が存在するためには，任意の相異なる k 個の番号 $i_1, \cdots, i_k$ に対して，$|B_{i_1}\cup\cdots\cup B_{i_k}|\geqq k$ となることが必要十分である．

g）SDR の応用（割り当て問題の解法）

$A=(a_{ij})$ を有理数を成分とする n 次正方行列とし，割り当て問題："n 文字 $\{1, \cdots, n\}$ の置換 σ に対して，$\mathrm{Max}\,(a_{1,\sigma(1)}+\cdots+a_{n,\sigma(n)})$ ($\mathrm{Max}\,(a_{\sigma(1),1}+\cdots+a_{\sigma(n),n})$ といっても同じ) を求めよ" を解く手順を述べる．共通分母を払って，各 $a_{ij}\in\boldsymbol{Z}$ としてよい．

双対問題は，$u_i+v_j\geqq a_{ij}$ $(1\leqq i, j\leqq n)$ の下で $u_1+\cdots+u_n+v_1+\cdots+v_n\to\min$ であった．上の Max を与える σ と，下の最小値を与える最適解 (u_i, v_j) に対して必ず $u_i+v_{\sigma(i)}=a_{i,\sigma(i)}$ $(1\leqq i\leqq n)$ となることは既述であるが，逆に，$u_i+v_j\geqq a_{ij}$ なる束縛をみたす (u_i, v_j) とある置換 σ に対して，$u_i+v_{\sigma(i)}=a_{i,\sigma(i)}$ $(1\leqq i\leqq n)$ が成り立てば，$\sum u_i+\sum v_i=\sum u_i+\sum v_{\sigma(i)}=\sum a_{i,\sigma(i)}$ だから，どちらも最適解となる．以下かかる (u_i, v_j), σ の構成法を述べよう．

（第1段）　束縛 $u_i+v_j\geqq a_{ij}$ をみたす整数 $(u_1, \cdots, u_n, v_1, \cdots, v_n)$ を任意にとる．u_i' を

$$u_i'=\mathrm{Max}\,\{a_{i1}-v_1, \cdots, a_{in}-v_n\} \qquad (1\leqq i\leqq n)$$

で定める．すると $u_i\geqq u_i'$ かつ $u_i'+v_j\geqq a_{ij}$．よって (u_i', v_j) も束縛を満たす．$\Omega=\{1, \cdots, n\}$ の部分集合 S_i を

$$S_i = \{j \in \Omega \mid u_i' + v_j = a_{ij}\} \qquad (1 \leqq i \leqq n)$$

で定める．u_i' の作り方より，$S_1 \neq \phi$, …, $S_n \neq \phi$ である．また $\sum u_i' + \sum v_j \leqq \sum u_i + \sum v_j$ となっている．

(第2段)　$\{S_1, \cdots, S_n\}$ が SDR $s_i \in S_i$ $(1 \leqq i \leqq n)$ をもてば，

$$\sigma = \begin{pmatrix} 1 & 2 & \cdots & n \\ s_1 & s_2 & \cdots & s_n \end{pmatrix}$$

とおくと，σ は置換で，$u_i' + v_{\sigma(i)} = a_{i,\sigma(i)}$ $(1 \leqq i \leqq n)$ を満たす．よって (u_i', v_j), σ はともに最適解で

$$\sum u_i' + \sum v_i$$

が求める Max $\sum a_{i,\sigma(i)}$ を与える．

(第3段)　$\{S_1, \cdots, S_n\}$ が SDR を持たないならば Ω 中に相異なる k 個の元 $i_1, \cdots, i_k$ が存在して

$$|S_{i_1} \cup \cdots \cup S_{i_k}| < k$$

となる．(∵ 定理5.6, かかる $i_1, \cdots, i_k$ を実際構成する手順はネットワーク上の流れの応用として§5.4で述べる．今の所はメノコで $i_1, \cdots, i_k$ を探すことにする.)　$K = \{i_1, \cdots, i_k\}$，$L = S_{i_1} \cup \cdots \cup S_{i_k}$ とおく．そして $(u_1^*, \cdots, u_n^*, v_1^*, \cdots, v_n^*)$ を

$$u_i^* = \begin{cases} u_i' - 1, & i \in K, \\ u_i', & i \notin K, \end{cases}$$

$$v_j^* = \begin{cases} v_j + 1, & j \in L, \\ v_j, & j \notin L \end{cases}$$

で定める．(u_i^*, v_j^*) も束縛式 $u_i^* + v_j^* \geqq a_{ij}$ を満たす．実際，心配なのは $i \in K$, $j \notin L$ のときであるが，$j \notin L = S_{i_1} \cup \cdots \cup S_{i_k}$ と $i \in K$ とから $j \notin S_i$．∴ $u_i' + v_j > a_{ij}$，∴ $u_i' + v_j - 1 \geqq a_{ij}$，∴ $u_i^* + v_j^* \geqq a_{ij}$ だからよろしい．

さて目的関数値は

$$\sum u_i^* + \sum v_j^* = (\sum u_i') - |K| + (\sum v_i) + |L| < \sum u_i' + \sum v_i$$

となり改良されている．

(第4段)　この (u_i^*, v_j^*) から再出発して第1段に述べた操作(u_i^* の“正規化”$(u_i^*)'$ をとって，部分集合系 $S_1^*, \cdots, S_n^*$ を作る…)をくりかえす．

以上のくりかえしを含む“流れ作業”は有限回で終了する．$\sum u_i + \sum v_i$ はつねに $\geqq a_{11} + \cdots + a_{nn}$ であって下に有界，かつ，単調減少の整数列をひきおこすからである．終了時に最適解を得る．

例 5.1　$A = \begin{bmatrix} 2 & 3 & 0 & 1 & 2 \\ 4 & 1 & 2 & 1 & 1 \\ 3 & 4 & 1 & 1 & 1 \\ 1 & 2 & 2 & 2 & 1 \\ 1 & 2 & 2 & 2 & 2 \end{bmatrix}$,　出発点 $\boldsymbol{u} = (2, 2, 2, 2, 2)$, $\boldsymbol{v} = (2, 2, 2, 2, 2)$.

正規化された $\boldsymbol{u}'$ は $\boldsymbol{u}' = (1, 2, 2, 0, 0)$ となり，S_i は

$$S_1 = \{2\}, \quad S_2 = \{1\}, \quad S_3 = \{2\},$$
$$S_4 = \{2, 3, 4\}, \quad S_5 = \{2, 3, 4, 5\}$$

となる．ここまでを次のパターンで表わすことにする．

$\boldsymbol{u}'$	$\boldsymbol{u}$ \ $\boldsymbol{v}$	2	2	2	2	2	
1	2	2	3	0	1	2	$S_1 = \{2\}$
2	2	4	1	2	1	1	$S_2 = \{1\}$
2	2	3	4	1	1	1	$S_3 = \{2\}$
0	2	1	2	2	2	1	$S_4 = \{2, 3, 4\}$
0	2	1	2	2	2	2	$S_5 = \{2, 3, 4, 5\}$

$\{S_1, \cdots, S_5\}$ は SDR がない ($S_1 \cup S_3 = \{2\}$ を見よ)．よって $K = \{1, 3\}$，$L = S_1 \cup S_3 = \{2\}$ として

$$\boldsymbol{u}^* = (0, 2, 1, 0, 0),$$
$$\boldsymbol{v}^* = (2, 3, 2, 2, 2),$$
$$15 = \sum u_i + \sum v_i > \sum u_i^* + v_i^* = 14 \quad (\text{改良！}).$$

(u_i^*, v_j^*) から出発して同じことをやる．

		2	3	2	2	2	S_i
0	0	2	3	0	1	2	1, 2, 5
2	2	4	1	2	1	1	1
1	1	3	4	1	1	1	1, 2
0	0	1	2	2	2	1	3, 4
0	0	1	2	2	2	2	3, 4, 5

今度は SDR がある：$5 \in S_1$，$1 \in S_2$，$2 \in S_3$，$3 \in S_4$，$4 \in S_5$．よって

$$\sigma = \begin{pmatrix} 1 & 2 & 3 & 4 & 5 \\ 5 & 1 & 2 & 3 & 4 \end{pmatrix},$$

$$\boldsymbol{u} = (0, 2, 1, 0, 0),$$

$$\boldsymbol{v} = (2, 3, 2, 2, 2)$$

が最適解となり，最適値は $\sum u_i + \sum v_i = 14$．σ によるえらび方を図示すれば

$$A = \begin{bmatrix} 2 & 3 & 0 & 1 & \boxed{2} \\ \boxed{4} & 1 & 2 & 1 & 1 \\ 3 & \boxed{4} & 1 & 1 & 1 \\ 1 & 2 & \boxed{2} & 2 & 1 \\ 1 & 2 & 2 & \boxed{2} & 2 \end{bmatrix}.$$

h) Dilworth の定理

有向グラフ (A, Γ) において，$(a, b) \in \Gamma$ のときこれを記号 $a \leqq b$ で表わすことにする．この 2 項関係 $a \leqq b$ が次の 3 性質をもつとき (A, Γ)（または単に A）を**半順序集合** (partially ordered set) という．

(i)　各 $a \in A$ に対し $a \leqq a$　（反射律）．

(ii)　$a \leqq b,\ b \leqq a \Longrightarrow a = b$　（反対称律）．

(iii)　$a \leqq b,\ b \leqq c \Longrightarrow a \leqq c$　（推移律）．

$a \leqq b$ のとき $b \geqq a$ とも書く．$a \leqq b$ かつ $a \neq b$ のとき $a < b$ と書く．$b > a$ の意味も同様とする．

例 5.2　集合 X の部分集合全体を Ω とし，$a, b \in \Omega$ の半順序関係 $a \leqq b$ を $a \subset b$（包含関係）によって定義すれば，Ω は半順序集合となる．この Ω を 2^X と書く．——

半順序集合 A の 2 元 a, b に対して，$a \leqq b$ あるいは $b \leqq a$ のいずれかが成り立つとき，a と b とは**比較可能**という．そうでないときは a, b は**比較不能**あるいは**独立**であるという．A の部分集合 $C\ (\neq \phi)$ のどの 2 元も比較可能のとき，C を A 中の**鎖** (chain) あるいは**全順序部分集合**という．また $A \supset C\ (\neq \phi)$ のどの 2 元 $a, b\ (a \neq b)$ も独立なるとき，C を A 中の**独立集合**という．

例 5.3　$2^X = \Omega \ni a, b\ (a \neq b)$．かつ a と b は有限集合で同数の元からなっていれば，a と b は独立である．——

半順序集合 A の鎖 $C_1, \cdots, C_r$ が $A = C_1 \dotplus \cdots \dotplus C_r$ を満たすとき，$\{C_1, \cdots, C_r\}$ を

A の**鎖分割** (chain decomposition) といい，r をこの鎖分割の大きさという．大きさ最小の鎖分割があるとき，それを**最小鎖分割**といい，その大きさを半順序集合 A の**最小鎖分割数**という．

半順序集合 A の中の独立部分集合 U で，U の元の個数 $|U|$ が最大なるものがあるとき，U を**最大独立集合**といい，$|U|$ を A の**最大独立度**という．

以下 A を有限半順序集合とする．すると A の最小鎖分割数も最大独立度も確定する．いま $A=C_1\dotplus\cdots\dotplus C_r$ を A の任意の鎖分割とし，$A\supset U$ を A の任意の独立集合とする．$U\ni u, u'\ (u\neq u')$ なら u, u' は別々の C_i に属するはずだから，各 C_i は高々1個の U の元しか含まない．よって $|U|\leqq r$．これが任意の独立集合 U と任意の鎖分割 $\{C_1, \cdots, C_r\}$ について成り立つのだから

$$(A\ の最大独立度) \leqq (A\ の最小鎖分割数)$$

となる．実はここで $\geqq$ も成り立つことを示そう．

いま有限半順序集合 A に対し，$A\times A$ の部分集合 $\tilde{\Gamma}$ を，$\tilde{\Gamma}=\{(a, b)\in A\,|\,a<b\}$ で定義する．そして結合構造 $(A, A, \tilde{\Gamma})$ の任意の最大マッチング $f: A_0\to A$ $(A\supset A_0)$ を一つとる．$|A_0|=r$，$A_0=\{a_1, \cdots, a_r\}$，$f(a_i)=b_i\ (1\leqq i\leqq r)$ とおく．いま対 (a_i, b_i) に対して，$b_j=a_i$ なる j, $1\leqq j\leqq r$ と，$b_i=a_l$ なる l, $1\leqq l\leqq r$，とを探す．そのような j があれば，それは一意的である ($b_1, \cdots, b_k$ は互いに相異なるから)．このとき，系列

$$a_j,\ \ b_j,\ \ a_i,\ \ b_i$$

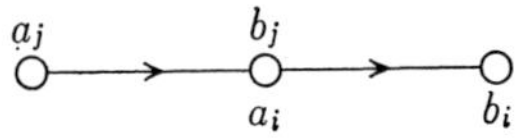

図 5.4

を，a_i, b_i を左に延長した系列ということにしよう．同様に，$b_i=a_l$ なる l も高々1個しかない ($a_1, \cdots, a_k$ は互いに相異なるから)．このとき系列

$$a_i,\ \ b_i,\ \ a_l,\ \ b_l$$

を，a_i, b_i を右に延長した系列という．$b_h=a_j$ なる h があれば，a_j, b_j, a_i, b_i はさらに左に延長されて $a_h, b_h, a_j, b_j, a_i, b_i$ となる．このようにして a_i, b_i から出発して，できるだけ左と右に延長して生ずる系列

$$(*)\qquad a_p,\ \ b_p,\ \ \cdots,\ \ a_j,\ \ b_j,\ \ a_i,\ \ b_i,\ \ a_l,\ \ b_l,\ \ \cdots,\ \ a_q,\ \ b_q$$

を，対(a_i, b_i)を通る系列ということにする．このとき，A の部分集合

$$C = \{a_p, b_p, \cdots, a_j, b_j = a_i, b_i = a_l, b_l, \cdots, a_q, b_q\}$$

は A の鎖である．$a_p < \cdots < a_j < a_i < a_l < \cdots < a_q < b_q$ であるから，(＊)中の対$(a_p, b_p), \cdots, (a_i, b_i), \cdots, (a_q, b_q)$ の個数を t とすれば，$|C| = t+1 \geqq 2$ を満たす．しかも，(＊)の形の系列から生ずる鎖同志は互いに共有元をもたない．(もし共有元があれば，ある対(a_i, b_i)を共有するが，一方上述より，C は(a_i, b_i)なる対で一意に確定するから，そのような鎖も一致することになる.) よって，(＊)の形の列から生ずる鎖が m 個あるとして，それらを $C_1, \cdots, C_m$ とし，$A-(C_1 \cup \cdots \cup C_m) = \{c_1, \cdots, c_s\}$ として，1 元からなる鎖 $C_{m+j} = \{c_j\}$，$1 \leqq j \leqq s$，を作れば A の鎖分割 $A = C_1 \dotplus \cdots \dotplus C_m \dotplus \cdots \dotplus C_{m+s}$ を得る．しかも上に示したように，$r = |A_0|$ 個の対(a_i, b_i)は，$C_1, \cdots, C_m$ に属する列のどれかに 1 回ずつ登場し，各 C_i 中には対が $|C_i|-1$ 個あるから，

$$r = \sum_{i=1}^{m}(|C_i|-1) = \sum_{i=1}^{m}|C_i| - m = |A|-s-m.$$

$$\therefore \quad \text{鎖分割 } \{C_1, \cdots, C_{m+s}\} \text{ の大きさ} = |A|-r = s+m.$$

次に結合構造$(A, A, \tilde{\Gamma})$の最小被覆(A_1, A_2)，$A_1 \subset A$，$A_2 \subset A$ をとり，$U = A-(A_1 \cup A_2)$ とおくと，U は半順序集合 A 中の独立集合である．実際，$a, b \in U$，$a \neq b$ が比較可能とし，例えば $a<b$ とする．すると $(a, b) \in \tilde{\Gamma}$ だから $a \in A_1$ または $b \in A_2$ となる($\because$ (A_1, A_2)が被覆だから)．しかし $a \in U$，$b \in U$ だからこれは不可能である．よって U は独立集合だから，上述により $|U| \leqq m+s$ である．一方，$|A_1|+|A_2| = |A_0| = r$ ($\because$ 定理 5.2)，よって

$$|U| = |A|-|A_1 \cup A_2| \geqq |A|-(|A_1|+|A_2|) = |A|-r = m+s.$$

$\therefore$ $|U| \geqq m+s$. よって，$|U| = m+s$. したがって

$$(A \text{ の最大独立度}) \geqq (A \text{ の最小鎖分割数})$$

を得る．以上をまとめて次の定理を得る．

定理 5.5(Dilworth の定理)　有限半順序集合 A の最大独立度と最小鎖分割数とは一致する．(この共通の値を A の **Dilworth 数**という.)

例 5.4　n 個の元からなる集合 X から生ずる半順序集合 $\Omega = 2^X$(例 5.2 参照)の Dilworth 数は $\binom{n}{r}$, $r = \left[\frac{n}{2}\right]$，なることが知られている．また q 個の元からなる有限体上の n 次元ベクトル空間の部分空間の全体が包含関係を半順序として

なす半順序集合 $\Omega_{n,q}$ の Dilworth 数は

$$f_{n,q}(r)=\frac{(q^n-1)(q^n-q)\cdots(q^n-q^{r-1})}{(q^r-1)(q^r-q)\cdots(q^r-q^{r-1})},\qquad r=\left[\frac{n}{2}\right]$$

であることが知られている．(章末問題3,4参照)

§5.4 回路網上の流れ

a) 回路網(ネットワーク)と流れ

図5.5は東京から大阪へ向かう電話回線の配線図(仮想の)で，イ～へは中継所である．イからハへ向かう矢印上の 7 はイからハへ向かって7万回線の容量があることを意味する．このとき，東京から大阪へ向けて同時に何回線の通話を(中継所を通って)送れるであろうか．ただし各中継所に入った通話の総数は，そこから出て行く通話の総数に等しいものとする．

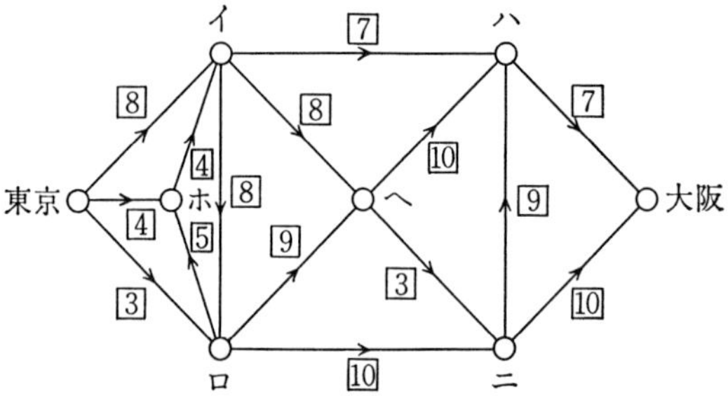

図5.5

これも一つの LP 問題であることを示そう．一般に，有限集合 Ω と，$\Gamma\subset\Omega\times\Omega$ の対からなる有向グラフ(§5.3参照) (Ω,Γ) と，Γ 上で定義されたある順序体 K 中に値をとる関数 $c:\Gamma\to K$ と，Ω 中の相異なる2点 s,t とからなる組(上例では s が東京，t が大阪，$K=\boldsymbol{R}$，c が各辺の回線容量を与える関数である)

$$((\Omega,\Gamma),c:\Gamma\to K,s,t)$$

が次の条件を満たすとき，これを**回路網**(**ネットワーク**，network)という：

(i) $(x,x)\notin\Gamma$ (各 $x\in\Omega$ に対し).

(ii) $c(\gamma)\geqq 0$ (各 $\gamma\in\Gamma$ に対し).

$c(\gamma)$ を辺 γ の**容量**(capacity)，s を**入口**または**湧き口**(source)，t を**出口**または

吸い口 (sink) という.

この回路網上の**流れ** (flow) とは，Γ 上で定義された K 中の値をとる関数 $f:\Gamma\to K$ であって，次の条件を満たすものをいう：(上例では各辺上の同時通話数を与える関数が流れである)

(イ) 各 $\gamma\in\Gamma$ に対し $0\leqq f(\gamma)\leqq c(\gamma)$.

(ロ) 各 $x\in\Omega-\{s,t\}$ に対して，次の "保存則" が成り立つ：

$$f(x,\Omega)=f(\Omega,x).$$

(ハ) $f(s,\Omega)-f(\Omega,s)\geqq 0$.

ただし $f(x,\Omega), f(\Omega,x)$ の意味は次の通り：一般に，関数 $g:\Gamma\to K$ と Ω の部分集合 Z, W に対して，$\Gamma\cap(Z\times W)=\Theta$ として

$$g(Z,W)=\sum_{\gamma\in\Theta}g(\gamma)$$

とおく．$g(x,W)$ は $Z=\{x\}$ の場合である．したがって，$\gamma=(x,w)$，$w\in W$，なる形の Γ の元 γ 上の g の値の和が $g(x,W)$ である．$g(Z,x)$ も同様である．よって，$Z=Z_1\dot{+}Z_2$ ならば

$$g(Z,W)=g(Z_1,W)+g(Z_2,W),$$
$$g(W,Z)=g(W,Z_1)+g(W,Z_2)$$

である．

流れ f は $f(\Omega,\Omega)=f(s,\Omega)+f(t,\Omega)+f(U,\Omega)=f(\Omega,s)+f(\Omega,t)+f(\Omega,U)$，$U=\Omega-\{s,t\}$，を満たし，かつ各 $u\in U$ に対し $f(u,\Omega)=f(\Omega,u)$ だから，$f(U,\Omega)=f(\Omega,U)$.

$$\therefore\quad f(s,\Omega)-f(\Omega,s)=f(\Omega,t)-f(t,\Omega).$$

この共通の値を $v(f)$ と書き，流れ f の**値**，あるいは**総流量**という．上例では $v(f)$ は東京から大阪への同時通話の総数である．辺 $\gamma\in\Gamma$ に対する $f(\gamma)$ を γ 上の流量という．最大の値をもつ流れをこの回路網の**最大流**という．

最大流を求める問題が LP 問題であることを見よう．$\Omega=\{s=x_1,x_2,\cdots,x_M=t\}$，$|\Omega|=M$，$\Gamma=(\gamma_1,\cdots,\gamma_N)$，$N=|\Gamma|$ とし，M 行 N 列の行列 $A=(a_{ij})$ を次のように定める．(A を頂点一弧間の結合行列 (incidence matrix) という.)

$$a_{ij}=\begin{cases}1, & \gamma_j=(x_i,*)\ \text{の形のとき},\\ -1, & \gamma_j=(*,x_i)\ \text{の形のとき},\\ 0, & \text{それ以外のとき}.\end{cases}$$

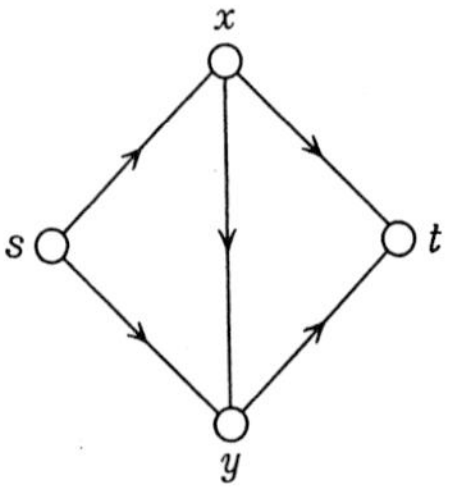

図 5.6

例えば図 5.6 の場合は

$A =$

	(s,x)	(s,y)	(x,y)	(x,t)	(y,t)
s	1	1	0	0	0
x	-1	0	1	1	0
y	0	-1	-1	0	1
t	0	0	0	-1	-1

である.

$f(\gamma_j)=\xi_j$ とおくと，流れの条件は,

(イ) $0\leqq \xi_j \leqq c_j$ $(c_j=c(\gamma_j))$, $1\leqq j\leqq N$,

(ロ) $\sum_{j=1}^{N} a_{ij}\xi_j = 0$ $(2\leqq i\leqq M-1)$,

(ハ) $a_{11}\xi_1+\cdots+a_{1N}\xi_N \geqq 0$

である．この制約の下で

$$F(\xi) = a_{11}\xi_1+\cdots+a_{1N}\xi_N = -(a_{M1}\xi_1+\cdots+a_{MN}\xi_N)$$

の最大値を求める LP が，最大流を求める問題である.

この LP は実行可能(例えば $\xi_1=\cdots=\xi_N=0$ は実行可能解)で定義域は有界凸多面体であるから，最大流は必ず存在する.

b) 切　断

回路網 $((\Omega,\Gamma), c:\Gamma\to K, s, t)$ の**切断**(cut)なる概念を定義しよう．Ω の部分集合 X で，$s\in X$, $t\in\Omega-X$ なるものをとる．$\bar{X}=\Omega-X$ とおき，Γ の部分集合 $\Gamma\cap(X\times\bar{X})$ を $(X,\bar{X})$ と書いて，これを上の回路網の切断という．例えば図 5.7 で $X=\{s,x,y\}$ ならば $(X,\bar{X})=\{(x,z),(x,w),(y,w)\}$ である.

$c(X,\bar{X})$ を切断 $(X,\bar{X})$ の**容量**という.

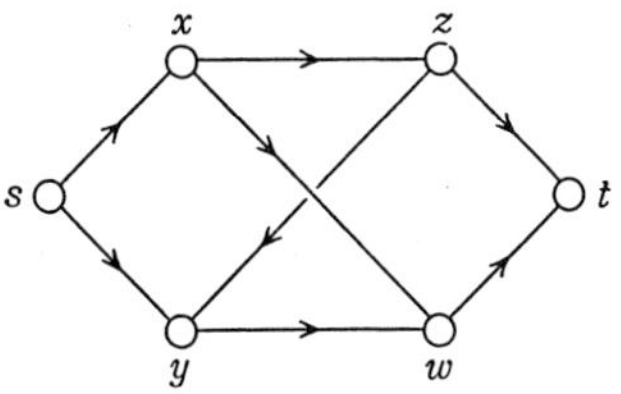

図 5.7

補題 5.1　任意の流れ f の総流量 $v(f)$ は，任意の切断 $(X, \bar{X})$ の容量 $c(X, \bar{X})$ を越えない：$v(f) \leqq c(X, \bar{X})$.

証明　LP 問題と見なした最大流問題の双対問題を考えてもよいが，次のように直接に示す．まず

$$v(f) = f(s, \Omega) - f(\Omega, s) = f(X, \Omega) - f(\Omega, X)$$

($\because$ 各 $x \in X - \{s\}$ に対し $f(x, \Omega) = f(\Omega, x)$). $\Omega = X \dotplus \bar{X}$ より

$$f(X, \Omega) = f(X, X) + f(X, \bar{X}),$$

$$f(\Omega, X) = f(X, X) + f(\bar{X}, X).$$

$$\therefore \quad v(f) = f(X, \bar{X}) - f(\bar{X}, X) \leqq f(X, \bar{X}) \leqq c(X, \bar{X}).$$ ∎

系　任意の流れ f と任意の切断 $(X, \bar{X})$ に対し

$$\begin{cases} v(f) \leqq f(X, \bar{X}) \leqq c(X, \bar{X}), \\ v(f) = f(X, \bar{X}) - f(\bar{X}, X). \end{cases}$$

定義 5.1　容量 $c(X, \bar{X})$ の最小なる切断を**最小切断**という．

c) パス，単調パス，流量増加型のパス

Ω 中の 2 点 $x, y\ (x \neq y)$ に対し，x から y への**パス**あるいは**順逆路**とは，頂点 $x_i \in \Omega$ と辺 $\gamma_i \in \Gamma$ とからなる交互列

(*)　　$x = x_1,\ \gamma_1,\ x_2,\ \cdots,\ x_{r-1},\ \gamma_{r-1},\ x_r = y$

であって，次の (i), (ii) を満たすものをいう：

(i)　$x_1, \cdots, x_r$ は互いに相異なる．

(ii)　$\gamma_i = (x_i, x_{i+1})$ または $\gamma_i = (x_{i+1}, x_i)$ の少なくとも一方が各 i, $1 \leqq i \leqq r-1$, に対し成り立つ．

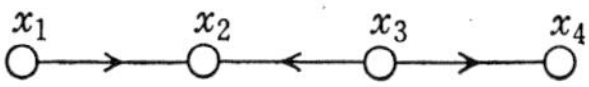

図 5.8

流れ f と，x から y へのパス(＊)との間に

(＊＊)
$$\begin{cases} \gamma_i=(x_i, x_{i+1}) & \text{のときは}\quad f(\gamma_i)<c(\gamma_i), \\ \gamma_i=(x_{i+1}, x_i) & \text{のときは}\quad f(\gamma_i)>0 \end{cases}$$

が成り立つとき，このパスを **f 単調**という．特に入口 s から出口 t への f 単調なパスを，f に関して**流量増加型のパス** (flow augmenting path) という．

定理 5.6　流れ f が最大流であるための必要十分条件は，f に関して流量増加型のパスが存在しないことである．

証明　流量増加型のパス

$$s=x_1,\ \gamma_1,\ x_2,\ \cdots,\ \gamma_{p-1},\ x_p=t$$

があったとし

$$\begin{cases} \varepsilon_i=c(\gamma_i)-f(\gamma_i), & \gamma_i=(x_i, x_{i+1})\ \text{のとき}, \\ \varepsilon_i=f(\gamma_i), & \gamma_i=(x_{i+1}, x_i)\ \text{のとき} \end{cases}$$

とおく．そして $\varepsilon=\mathrm{Min}\,(\varepsilon_1, \cdots, \varepsilon_{p-1})>0$ とおく．新しい流れ f' を次のように作る：

$$f'(\gamma)=\begin{cases} f(\gamma_i)+\varepsilon, & \gamma=\gamma_i=(x_i, x_{i+1})\ \text{のとき}, \\ f(\gamma_i)-\varepsilon, & \gamma=\gamma_i=(x_{i+1}, x_i)\ \text{のとき}, \\ f(\gamma), & \gamma\notin\{\gamma_1, \cdots, \gamma_{p-1}\}\ \text{のとき}. \end{cases}$$

すると $0\leqq f'(\gamma)\leqq c(\gamma)$，$\gamma\in\Gamma$，と保存則は容易にわかり $v(f')=v(f)+\varepsilon>v(f)$．よって f は最大流ではない．

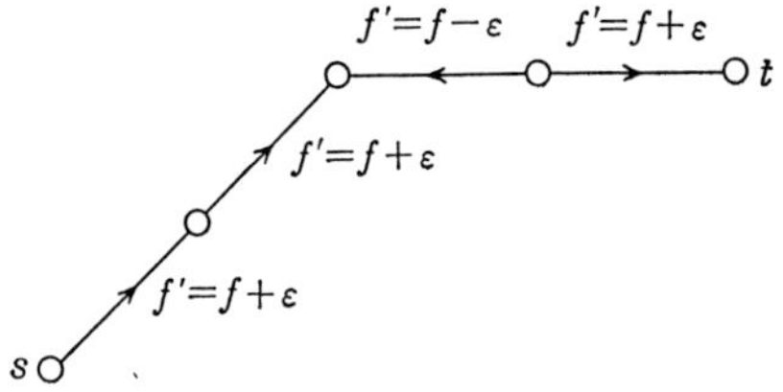

図 5.9

逆に f に関して流量増加型のパスがないとしよう．s から x への f 単調なパスがあるような $x\in\Omega$ と s とからなる頂点集合を X とすると，$s\in X$，$t\notin X$．よって切断 $(X, \bar{X})$ が生ずる．さて

(＊)
$$\gamma\in(X, \bar{X}) \Longrightarrow f(\gamma)=c(\gamma).$$

実際，もし $f(\gamma)<c(\gamma)$ なら，$\gamma=(x,y)$ とし，s から x への f 単調パスの末尾に γ, y を添加して，s から y への f 単調パスが生じ，$y\in X$ となって矛盾．次に

$$(**) \qquad \gamma\in(\bar{X},X) \Longrightarrow f(\gamma)=0.$$

実際，もし $f(\gamma)>0$ なら，$\gamma=(y,z)$ とし，s から z への f 単調パスの末尾に γ, y を添加して，s から y への単調パスが生じ，$y\in X$ となって矛盾．

$(*)$ と $(**)$ とより，$f(X,\bar{X})=c(X,\bar{X})$，$f(\bar{X},X)=0$．$\therefore\ v(f)=f(X,\bar{X})-f(\bar{X},X)=c(X,\bar{X})$．よって f は最大流，$(X,\bar{X})$ は最小切断である．∎

d）最大流・最小切断の定理

定理 5.7 (Ford-Fulkerson の最大流・最小切断の定理)　任意の最大流 f と任意の最小切断 $(X,\bar{X})$ に対し $v(f)=c(X,\bar{X})$．

証明　f に対し $v(f)=c(Y,\bar{Y})$ なる切断の存在は上の定理 5.6 中にある．よって $v(f)=c(Y,\bar{Y})\geqq c(X,\bar{X})$．一方 $v(f)\leqq c(X,\bar{X})$ は既知だから $v(f)=c(X,\bar{X})$．∎

注意　この定理を LP の双対定理から導くこともできる．例えば，巻末参考書 [8] 参照．

e）ラベリング法

回路網 $\{(\Omega,\Gamma), c:\Gamma\to K, s, t\}$ とその上の流れ f が与えられているとしよう．f に関して流量増加型のパスがあるか否かを組織的に調べて発見する手順として有名なのが Ford-Fulkerson の**ラベリング法** (labeling method) である．

$$\mathscr{L}=\Omega\times S\times K, \qquad S=\{+,-\}$$

とおく．Ω の部分集合 L_1, L_2, M と写像 $\varphi: L-\{s\}\to\mathscr{L}$ (ただし $L=L_1\dot{+}L_2$) のなす組 (L_1, L_2, M, φ) が次の条件 $(\alpha)\sim(\delta)$ を満たすとき，これを上の回路網の **f ラベリング**という：$\varphi(x)=(\psi(x), \varepsilon(x), \Delta(x))$ とおく．($\psi(x)\in\Omega$，$\varepsilon(x)\in S$，$\Delta(x)\in K$.)

(α)　$\Omega=L_1\dot{+}L_2\dot{+}M$.

(β)　$s\in L_1\dot{+}L_2$,　$t\in L_2\dot{+}M$.

(γ)　$x\in L_1$ かつ x,γ,y が f 単調パスなら $y\in L_1\dot{+}L_2$.

(δ)　各 $x\in L-\{s\}$ に対し，頂点列

$$x_1=x, \quad x_2=\psi(x_1), \quad x_3=\psi(x_2), \quad \cdots$$

は相異なる点からなり，有限回で $x_{r+1}=s$ に達する．そして次の性質がある：

(P_1)：$\varepsilon(x_i)=+$ なら $(x_{i+1}, x_i)\in\Gamma$，かつ $x_{i+1}, (x_{i+1}, x_i), x_i$ は f 単調パスである：

$$f(x_{i+1}, x_i) < c(x_{i+1}, x_i).$$

(P_2)：$\varepsilon(x_i)=-$ なら $(x_i, x_{i+1})\in\Gamma$，かつ $x_{i+1}, (x_i, x_{i+1}), x_i$ は f 単調パスである：

$$f(x_i, x_{i+1}) > 0.$$

(P_3)：$0<\Delta(x_1)\leqq\Delta(x_2)\leqq\cdots\leqq\Delta(x_r)$.

(P_4)：$\varepsilon(x_i)=+$ なら $c(x_{i+1}, x_i)-f(x_{i+1}, x_i)\geqq\Delta(x_i)$.

(P_5)：$\varepsilon(x_i)=-$ なら $f(x_i, x_{i+1})\geqq\Delta(x_i)$.

$\varphi(x)$ を $x\in L-\{s\}$ の**ラベル**という．$L_1-\{s\}$ の点を**ラベルつき，調査済**という．L_2 の点を**ラベルつき，未調査**という．M の点を**ラベルなし**という．

$t\in L_2$ なる f ラベリング (L_1, L_2, M, φ) を**改良可能**という．そのとき，$x_1=t$, $x_2=\psi(x_1)$, $x_3=\psi(x_2)$, $\cdots$, $\psi(x_r)=x_{r+1}=s$ なる列が生じ，$s=x_{r+1}, x_r, \cdots, x_1=t$ に対して，x_{i+1}, x_i 間に $\varepsilon(x_i)$ の符号に応じて (x_{i+1}, x_i) または (x_i, x_{i+1}) を挿入して得られるパスは f に関して流量増加型となる．このとき，流れ f' が既述によって作れ，$v(f')=v(f)+\Delta(t)$ となる．

さて，一般に $x\in L_2$ に対して

$$Q(x)=\{y\in M \mid x \text{ から } y \text{ への } f \text{ 単調パス } x, \gamma, y \text{ がある}\}$$

とおいて M の部分集合 $Q(x)$ を定義する．

$t\notin L_2$，かつ各 $x\in L_2$ に対して $Q(x)=\phi$ なる f ラベリング (L_1, L_2, M, φ) を**最大型**という．このとき f は最大流で，$L=L_1\dot{+}L_2$ とおくと $(L, \bar{L})$ は最小切断である $(\bar{L}=M)$.

実際 $\gamma\in(L, \bar{L})\Longrightarrow f(\gamma)=c(\gamma), \gamma\in(\bar{L}, L)\Longrightarrow f(\gamma)=0$ をいえばよい（∵ 補題5.1の系）．$\gamma=(x, y)\in(L, \bar{L})$ とする．$x\in L_1$ なら (γ) より x, γ, y は f 単調でない．∴ $f(\gamma)=c(\gamma)$．$x\in L_2$ なら $Q(x)=\phi$ により，$f(\gamma)=c(\gamma)$．次に $\gamma=(y, x)\in(\bar{L}, L)$ とする．$x\in L_1$ なら (γ) より $f(\gamma)=0$．$x\in L_2$ なら $Q(x)=\phi$ より $f(\gamma)=0$．以上から

$$v(f)=f(L, \bar{L})-f(\bar{L}, L)=c(L, \bar{L})$$

がわかったから，f は最大流，$(L, \bar{L})$ は最小切断である．

改良可能でもなく，最大型でもない f ラベリング (L_1, L_2, M, φ) を**拡大可能**と

いう．このような f ラベリングに対しては次のように新しい f ラベリング $(L_1^*, L_2^*, M^*, \varphi^*)$ が作れる：$t \notin L_2$ であるが，$Q(x) \neq \phi$ なる $x \in L_2$ をとる．

$$L_1^* = L_1 \cup \{x\},$$
$$L_2^* = (L_2 - \{x\}) \cup Q(x),$$
$$M^* = M - Q(x)$$

とおく．

次に $z \in L_1 \dot{+} L_2 - \{s\}$ に対しては

$$\varphi^*(z) = \varphi(z)$$

とおく．$z \in Q(x)$ に対しては

$$\varphi^*(z) = (\psi^*(z), \varepsilon^*(z), \varDelta^*(z))$$

とおく．ただし

$$\psi^*(z) = x,$$
$$\varepsilon^*(z) = \begin{cases} +, & (x, z) \in \varGamma,\ f(x, z) < c(x, z) \text{ のとき(甲)}, \\ -, & (z, x) \in \varGamma,\ f(z, x) > 0 \text{ のとき(乙)}, \end{cases}$$
$$\varDelta^*(z) = \begin{cases} \mathrm{Min}\,(\varDelta(x), c(x, z) - f(x, z)) & \text{(甲のとき)}, \\ \mathrm{Min}\,(\varDelta(x), f(z, x)) & \text{(乙のとき)}. \end{cases}$$

すると，$(L_1^*, L_2^*, M^*, \varphi^*)$ も f ラベリングになることはすぐ確かめられる（読者これを試みよ）．$|M^*| < |M|$ である．$(L_1^*, L_2^*, M^*, \varphi^*)$ を (L_1, L_2, M, φ) の**拡大**という．

$c: \varGamma \to K$, $f: \varGamma \to K$ がいずれも整数値で，f ラベリング中の関数 $\varDelta(x)$ も整数値なら，上記で改良された流れ f' も整数値である．また拡大ラベリング中の関数 $\varDelta^*(x)$ も整数値である．$v(f') \geqq v(f) + 1$, $|M^*| < |M|$ だから，整数値 ($c, f, \varDelta$ が) のラベリングから出発して

流れの改良，　ラベリングの拡大

をくりかえせば，有限回で最大型のラベリング，したがって最大流に達する．0 流から出発して，流れの改良をつねに $v(f') = v(f) + 1$ にとって進めば，$0 \leqq i \leqq v(f)_{\max}$ なる各整数 i に対して，$v(\tilde{f}) = i$ なる流れ $\tilde{f}$ も作れる．

$L_1^0 = \phi$, $L_2^0 = \{s\}$, $M^0 = \varOmega - \{s\}$, とおくと，(L_1^0, L_2^0, M^0) は任意の流れ f に対して f ラベリングとなる（φ^0 は不要である）．これを**初期ラベリング**という．

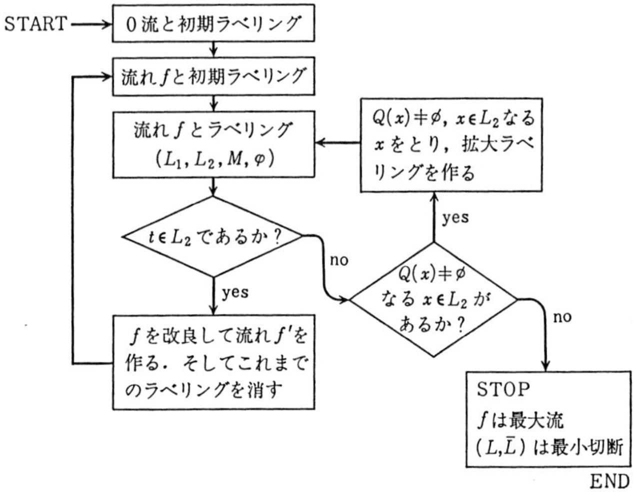

図5.10

例5.5

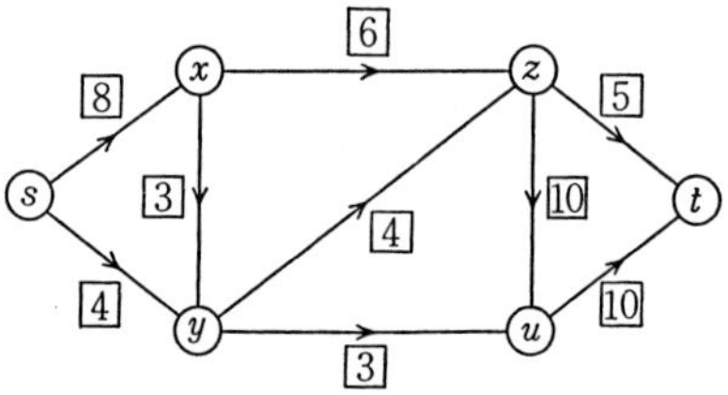

図5.11

図5.11の回路網に対し，試みに下の流れ f から出発してみよう (図5.12).

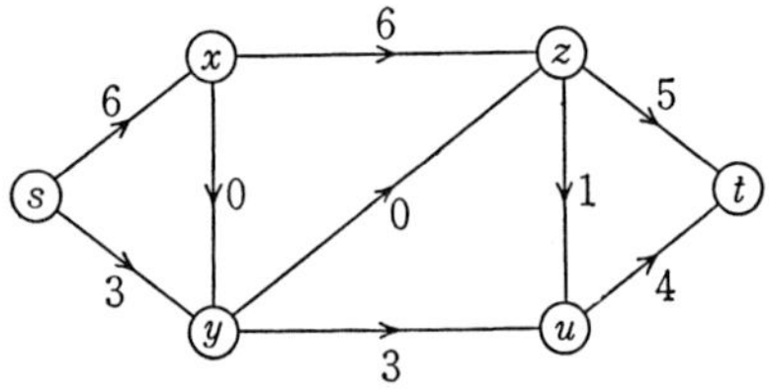

図5.12

ラベリングを拡大して行くと t に達する (図5.13).

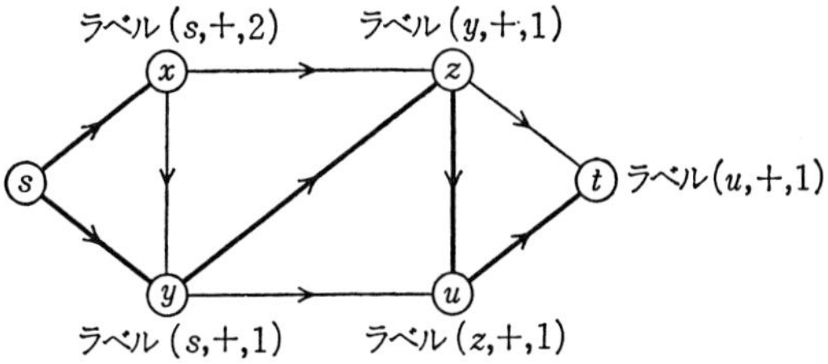

図 5.13

よって流れを改良して，さらにラベリングし直す：

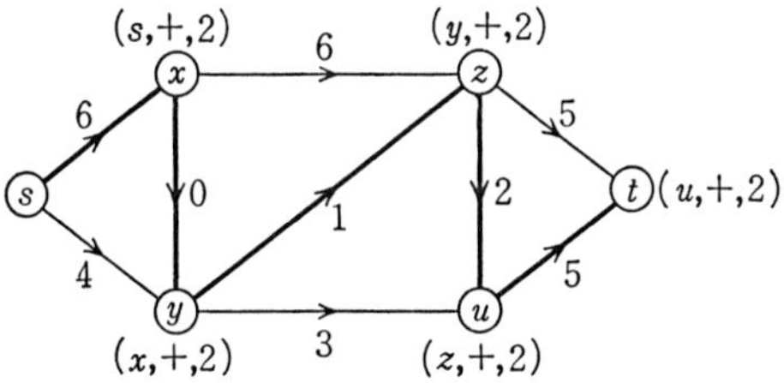

図 5.14

またもや t に達したから流れを改良する．

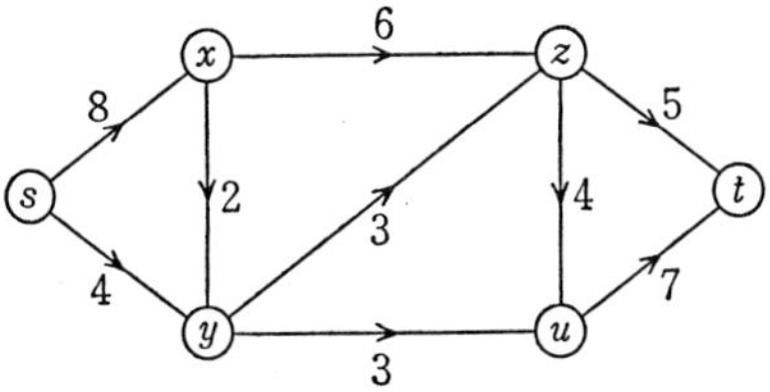

図 5.15

これは初期ラベリングがすでに最大型である． $\therefore\ v(f)_{\max}=12$, $\{(s,x),(s,y)\}$ が最小切断を与える．

f) 最大マッチングを求める手順

2部グラフ (Ω,Γ), $\Omega=X\dot{+}Y$, $\Gamma\subset X\times Y$ に対し，新しく2点 s,t を添加して $\tilde{\Omega}=\Omega\dot{+}\{s\}\dot{+}\{t\}$ と $\tilde{\Gamma}=(\{s\}\times X)\cup\Gamma\cup(Y\times\{t\})$ とを作り，$((\tilde{\Omega},\tilde{\Gamma}),c:\tilde{\Gamma}\to K,s,t)$ なる回路網を作る．ただし c は $\tilde{\Gamma}$ 上至る所値を1とおく．(図5.16参照) するとこの回路網上の整数値の流れ f と，2部グラフのマッチング $\varphi:X_0\to Y$ (X_0

$\subset X$) とが1対1に対応することが容易にわかる．そして，$v(f)=|X_0|$ である．よって最大流をラベリング法で求めれば，最大マッチングが構成できるわけである．

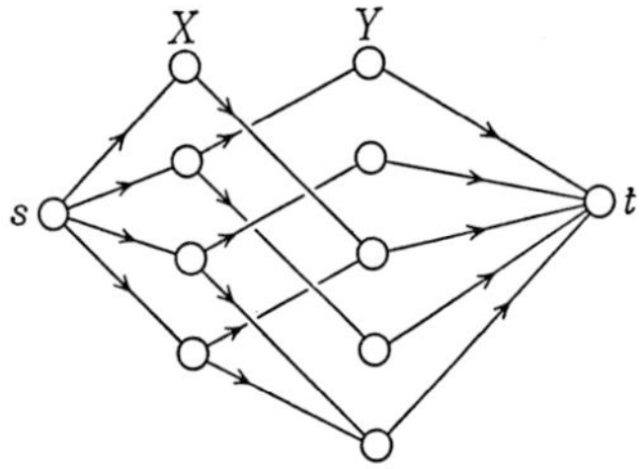

図5・16

問　　題

1　次の2部グラフ（結合行列で与えてある）の最大マッチング数およびそれを与える最大マッチングを求めよ．

［ヒント］　ネットワークの流れに直せ．

(i) $\begin{bmatrix} 0 & 1 & 1 & 0 \\ 1 & 1 & 0 & 1 \\ 1 & 0 & 0 & 1 \end{bmatrix}$,　(ii) $\begin{bmatrix} 0 & 0 & 1 & 1 & 1 & 0 \\ 1 & 1 & 1 & 0 & 0 & 0 \\ 0 & 0 & 0 & 1 & 1 & 0 \\ 0 & 0 & 1 & 0 & 1 & 0 \\ 1 & 0 & 0 & 0 & 0 & 0 \\ 0 & 1 & 0 & 0 & 0 & 0 \end{bmatrix}$.

2　結合構造 (A, B, Γ) と，$A \ni a$，$B \ni b$ に対して，$|(a \times B) \cap \Gamma| = f(a)$，$|(A \times b) \cap \Gamma| = g(b)$ とおく．もし，$f(a) = \mathrm{const} = c$，$g(b) = \mathrm{const} = c'$ で，$c \geqq c'$ ならば (A, B, Γ) は完全マッチングをもつことを示せ．

［ヒント］　$J \subset A$ に対し，$|(J \times B) \cap \Gamma| = |J| \cdot c$，$J^* = \{b \in B \mid (J \times b) \cap \Gamma \neq \phi\}$ とおくと，$|(J \times B) \cap \Gamma| \leqq |J^*| \cdot c'$.

3　n 個の元よりなる有限集合 X の部分集合の全体のなす半順序集合を Ω，$\Omega_j = \{J \in \Omega \mid |J| = j\}$，$[n/2] = m$，とおく．

(i) このとき次を示せ：$0 \leqq j < m$ なら，単射 $\varphi_j : \Omega_j \to \Omega_{j+1}$ が存在して，$\varphi_j(J) \supset J$（各 $J \in \Omega_j$ に対し），$m < j \leqq n$ なら単射 $\psi_j : \Omega_j \to \Omega_{j-1}$ が存在して，$\psi_j(J) \subset J$（各 $J \in \Omega_j$ に対して）．

［ヒント］　問題2.

(ii) Ω の Dilworth 数は $\binom{n}{m}$ に等しい．

4　q 個の元からなる有限体 $\boldsymbol{F}_q$ 上の n 次元ベクトル空間を V とし，V の部分空間全体

のなす半順序集合を $\Omega_{n,q}$ とする．$\Omega_{n,q}{}^{j}=\{U\in\Omega_{n,q}\mid \dim U=j\}$ とおけば，$[n/2]=m$ に対して，問題3と同様に単射 φ_j, ψ_j が存在することを示せ．これにより $\Omega_{n,q}$ の Dilworth 数が $|\Omega_{n,q}{}^{m}|$ に等しいことを示せ．そして，一般に

$$|\Omega_{n,q}{}^{j}|=\frac{(q^n-1)(q^n-q)\cdots(q^n-q^{j-1})}{(q^j-1)(q^j-q)\cdots(q^j-q^{j-1})}$$

を示せ．

5　次のネットワークの最大流を求めよ．

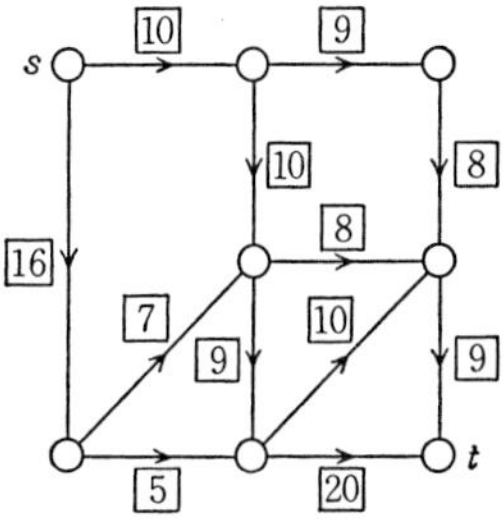

6　ネットワーク $((\Omega,\Gamma), c:\Gamma\to K, s, t)$ において，Γ 中で s へ入る辺と t から出る辺をすべて Γ から除いたネットワークの最大流は，もとのネットワークの最大流となる．これを証明せよ．

7　複数の湧き口と複数の吸い口のある流れの問題を定式化し，これが湧き口，吸い口それぞれ1個という基本的な場合に帰着することを示せ．

［ヒント］　最大マッチングを流れ問題に直すときと同様に，s, t を新しく添加せよ．

8　次の正方行列の定める割り当て問題を解け．

$$\text{(i)}\quad\begin{bmatrix}9&8&7&9&8\\3&1&9&6&3\\0&2&9&3&4\\9&8&7&6&2\\9&9&8&3&2\end{bmatrix},\qquad \text{(ii)}\quad\begin{bmatrix}8&9&7&9&8\\8&7&9&7&8\\6&4&6&3&2\\6&3&9&3&5\\5&3&9&5&5\end{bmatrix}.$$

9　次の行列ゲームの値を求めよ．

$$\text{(i)}\quad\begin{bmatrix}4&6&5&6\\2&6&6&3\\6&3&4&5\end{bmatrix},\qquad \text{(ii)}\quad\begin{bmatrix}0&1&-1\\-2&0&1\\1&-2&0\end{bmatrix}.$$

10　有限半順序集合 P の独立な部分集合 U で，U を含むような P 中の独立集合が U に限るものを，極大独立集合という．極大独立集合 U に対し，$|U|$ が P の Dilworth 数にならないような P, U の例をあげよ．

第6章　非負行列

本章の目的は非負正方実行列に関する Perron-Frobenius の理論と呼ばれるものの紹介である．$A=(a_{ij})\in \boldsymbol{R}(n,n)$ が $A\geqq 0$ かつ後述の分解不能性をもつとき，A の固有値について著しい性質がある．Perron が始めて $A>0$ に対して発見したこの性質は Frobenius により，分解不能な $A\geqq 0$ に対して拡張され，広汎な応用をもつに至った．ここでは，応用の一例として，既約基本ルート系の分類に応用してみよう．それは複素単純 Lie 環の分類を与えることになる (Lie 環論により) のである．なお，非負行列論の他の形の扱い方もある．例えば本講座 "Jordan 標準形と単因子論 II" 第4章を参照されたい．

§6.1　分解不能な行列

a) 有向グラフの強連結性と周期

Ω を有限集合を頂点集合とする有向グラフ (Ω,Γ) を考える (§5.3, a) 参照)．$i,j\in\Omega$ に対して，Ω の元からなる系列 $\sigma=(i_0,i_1,\cdots,i_p)$ が

$$i_0=i,\quad i_p=j,\quad (i_s,i_{s+1})\in\Gamma\quad (0\leqq s\leqq p-1)$$

を満たすとき ($i_0,i_1,\cdots,i_p$ の中に等しいものがあってもよい)，σ を Γ の中を通

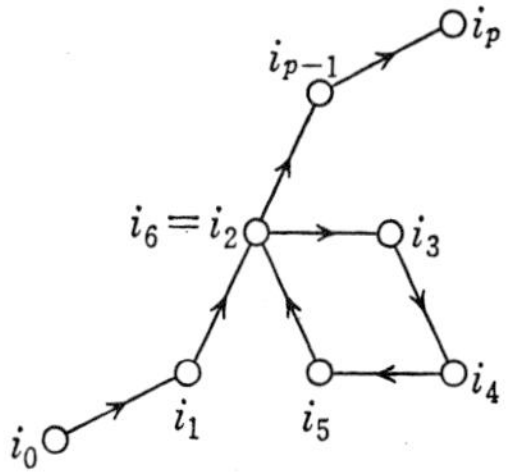

図6.1

って i から j へ行く系列，略して i から j へ行く Γ 系列という．そして p を Γ 系列 σ の長さといい，$p=l(\sigma)$ と書く．i から j へ行く Γ 系列全体のなす集合を $\Gamma(i,j)$ と書く．(一般に $\Gamma(i,j)$ は無限集合である.)　$\Gamma(i,j)\ni\sigma=(i_0,i_1,\cdots,i_p)$ と

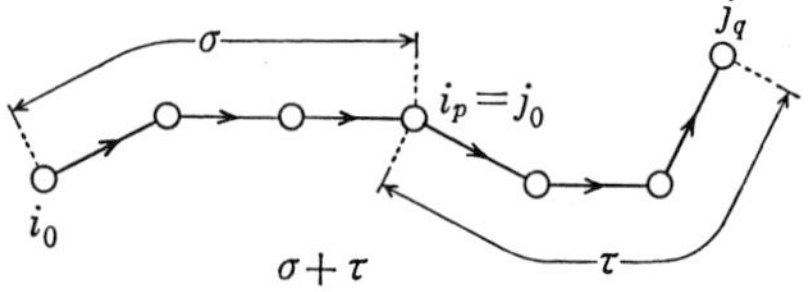

図6.2

$\Gamma(j,k)\ni\tau=(j_0,j_1,\cdots,j_q)$ に対して，σ と τ を“つないだ”系列 $\sigma+\tau\in\Gamma(i,k)$ を

$$\sigma+\tau=(i_0,i_1,\cdots,i_p,j_1,\cdots,j_q)$$

で定義する．$l(\sigma+\tau)=l(\sigma)+l(\tau)$ である．

定義6.1　有向グラフ (Ω,Γ) が**強連結**(strongly connected)とは，$|\Omega|\geqq 2$ かつ Ω 中の任意の2点 i,j, $i\neq j$, に対して $\Gamma(i,j)\neq\phi$ なることをいう．——

強連結有向グラフ (Ω,Γ) に対しては $\Gamma(i,i)\neq\phi$ である．実際 $j\in\Omega-\{i\}$ をとり($\because$ $|\Omega|\geqq 2$ 故可能である)，$\sigma_1\in\Gamma(i,j)$, $\tau_1\in\Gamma(j,i)$ をとれば $\sigma_1+\tau_1\in\Gamma(i,i)$. そこで，$\sigma$ が $\Gamma(i,i)$ 中を動くときの $l(\sigma)$ 達の最大公約数を $h_i\,(>0)$ とおく．h_i が $i\in\Omega$ のとり方によらぬことを示そう．各 $\rho\in\Gamma(j,j)$ に対し，上の σ_1,τ_1 をとれば $\sigma_1+\rho+\tau_1\in\Gamma(i,i)$, $\therefore$ $h_i\,|\,(l(\sigma_1)+l(\rho)+l(\tau_1))$[1]. 一方，$\sigma_1+\tau_1\in\Gamma(i,i)$. $\therefore$ $h_i\,|\,(l(\sigma_1)+l(\tau_1))$. $\therefore$ $h_i\,|\,l(\rho)$. $\therefore$ $h_i\,|\,h_j$. 同様に $h_j\,|\,h_i$. $\therefore$ $h_i=h_j$. この共通の値 h を強連結な有向グラフ (Ω,Γ) の**周期**(period)という．

さて，$\Gamma(i,j)\ni\sigma,\tau\Longrightarrow l(\sigma)\equiv l(\tau)\pmod h$[2] を示そう．実際 $\tau_1\in\Gamma(j,i)$ をとれば $h\,|\,(l(\sigma)+l(\tau_1))$, $h\,|\,(l(\tau)+l(\tau_1))$. $\therefore$ $h\,|\,(l(\sigma)-l(\tau))$. いま，ある $\sigma\in\Gamma(i,j)$ に対し，$h\,|\,l(\sigma)$ となるとき(したがって各 $\sigma\in\Gamma(i,j)$ でそうなるが)，$i\sim j$ と書くと，$\sim$ は容易にわかるように，Ω 上の一つの同値関係(equivalence relation)になる．いま $i_0\in\Omega$ を固定して，$\Omega\to\boldsymbol{Z}/(h)$ なる写像 f を次のように定める($\boldsymbol{Z}/(h)$ は $\boldsymbol{Z}$ の $h\boldsymbol{Z}$ による商群，すなわち，h を法として考えた整数のなす加群である)：まず $\sigma\in\Gamma(i_0,i)$ を任意にとり，$f(i)$ なる値を，$l(\sigma)$ を h を法として考えた整数の値(これを $(l(\sigma)\bmod h)$ と書く)とおく：$f(i)=(l(\sigma)\bmod h)$. すると

$$(*)\qquad i,j\in\Omega \quad \text{に対して}\quad i\sim j\Leftrightarrow f(i)=f(j).$$

実際 $\sigma\in\Gamma(i_0,i)$, $\tau\in\Gamma(i_0,j)$, $\rho\in\Gamma(i,j)$ とすれば，$\sigma+\rho\in\Gamma(i_0,j)$. $\therefore$ $l(\sigma)+$

1) $x\,|\,y$ は“x は y の約数である”と読む．
2) $x\equiv y\pmod h$ は $x-y$ が h で割り切れることを表わす記号である．

$l(\rho)\equiv l(\tau)\ (\mathrm{mod}\, h)$．よって，$i\sim j \Leftrightarrow l(\rho)\equiv 0\ (\mathrm{mod}\, h) \Leftrightarrow l(\sigma)\equiv l(\tau)\ (\mathrm{mod}\, h)$ $\Leftrightarrow f(i)=f(j)$．

次に $f: \Omega\to \boldsymbol{Z}/(h)$ が全射であることを見よう．いま $i\in\Omega$，$i\neq i_0$ をとり，$\sigma\in\Gamma(i_0, i)$，$\tau\in\Gamma(i, i_0)$ をとる．$\sigma+\tau=(i_0, i_1, \cdots, i_p)$，$i_p=i_0$，とおくと，$i_0\neq i$ より $l(\sigma)>0$．$\therefore\ p=l(\sigma)+l(\tau)>0$．しかも $h|p$ だから，$p\geqq h$．よって，$f(i_0), f(i_1), \cdots, f(i_{h-1})$ は mod h でそれぞれ $0, 1, \cdots, h-1$ と一致する．$\therefore\ f(\{i_0, i_1, \cdots, i_{h-1}\})=\boldsymbol{Z}/(h)$．

(＊)と $f(\Omega)=\boldsymbol{Z}/(h)$ とより，Ω は h 個の同値類(～に関する) $\Omega_1, \cdots, \Omega_h$ に分割される：$\Omega=\Omega_1\dot{+}\cdots\dot{+}\Omega_h$，ただし，$\Omega_t=\{i\in\Omega \mid f(i)=(t \,\mathrm{mod}\, h)\}$．この分割は次の性質をもっている：

(＊＊)　　$s+1\not\equiv t\ (\mathrm{mod}\, h)$，$i\in\Omega_s$，$j\in\Omega_t \Longrightarrow (i, j)\notin\Gamma$．

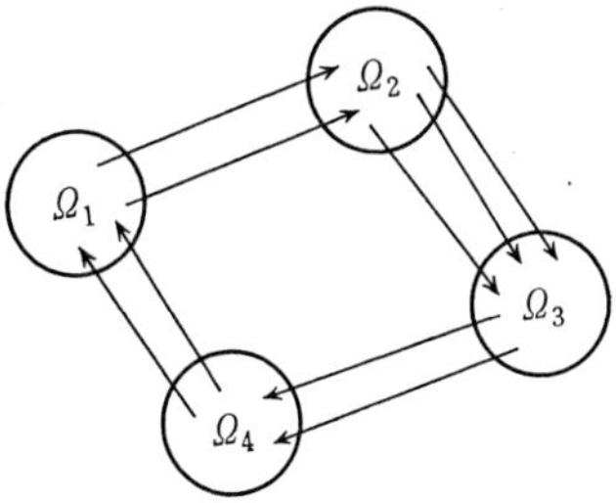

図 6.3

b）分解不能な行列

行列 $A=(a_{ij})\in K(n, n)$ (K は体)に対し，一つの有向グラフ (Ω, Γ) を次のように作る：$\Omega=\{1, \cdots, n\}$，$\Gamma=\{(i, j)\in\Omega\times\Omega \mid a_{ij}\neq 0\}$．これを A の定める有向グラフという．

例 6.1　$K=\boldsymbol{C}$，$n=5$，

$$A=\begin{bmatrix} 0 & 1 & 2 & 0 & 0 \\ i & 2 & 1 & 0 & 1 \\ 0 & 0 & 0 & 1 & 0 \\ 1 & 1 & 2 & 0 & 1 \\ 0 & 0 & 1 & 0 & 0 \end{bmatrix}.$$

この (Ω, Γ) は強連結である．(Γ を通ってどの点からも他の点へ自由に“通行可能”だから！) 図 6.4 参照．

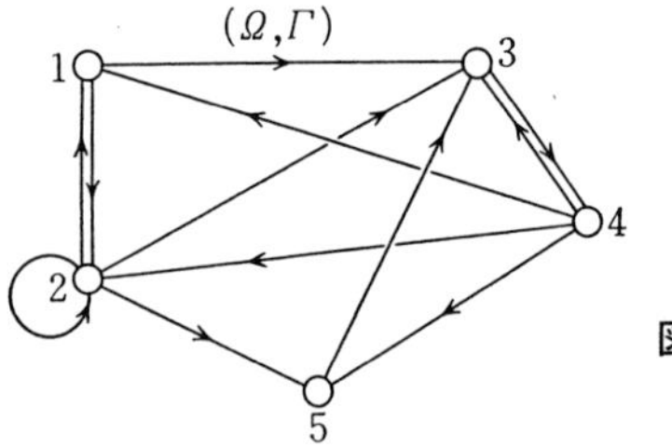

図6.4

定義6.2 $A\in K(n,n)$の定める有向グラフ(Ω,Γ)が強連結のとき，Aを**分解不能**(indecomposable)といい，(Ω,Γ)の周期をAの周期という．(Ω,Γ)が強連結でないなら，Aを**分解可能**という．(上例6.1のAの周期は$h=1$である.) ——

Aの周期がhのとき，Aの定める強連結グラフ(Ω,Γ)の頂点集合Ωをa)の$(**)$が成り立つように分割する：$\Omega=\Omega_1\dot{+}\cdots\dot{+}\Omega_h$．$K^n$の基底$\{\boldsymbol{e}_i\}$，$\boldsymbol{e}_i={}^t(0,\cdots,\overset{i}{1},\cdots,0)$を並べかえて，始めに$|\Omega_1|$個の$\boldsymbol{e}_j$ $(j\in\Omega_1)$がある順で並び，次に$|\Omega_2|$個の$\boldsymbol{e}_j$ $(j\in\Omega_2)$がある順で並び，…とする．このように$\{\boldsymbol{e}_j\}$を並べかえた基底$\boldsymbol{e}_{\nu_1},\cdots,\boldsymbol{e}_{\nu_n}$ともとの順$\boldsymbol{e}_1,\cdots,\boldsymbol{e}_n$の間の基底変換の行列は，一つの置換行列$P$で与えられる．よって基底$\boldsymbol{e}_{\nu_1},\cdots,\boldsymbol{e}_{\nu_n}$に関する線型写像$A:K^n\to K^n$の行列は$PAP^{-1}$となる．$PAP^{-1}$は$A$の行と列を置換$\begin{pmatrix}1 & 2 & \cdots & n\\ \nu_1 & \nu_2 & \cdots & \nu_n\end{pmatrix}$に従って並べかえた行列である．一方性質$(**)$により，$PAP^{-1}$の形は

(6.1)

	Ω_1	Ω_2				Ω_h
Ω_1	0	A_1	0	$\cdots$	0	0
Ω_2	0	0	A_2	$\cdots$	0	0
	$\vdots$	$\vdots$	$\ddots$	$\cdots$	$\ddots$	$\vdots$
	0	0	0	$\cdots$	0	A_{h-1}
Ω_h	A_h	0	0	$\cdots$	0	0

となる．このように，基底の並べかえをすれば，分解不能行列Aは始めから(6.1)の形(これをAの**周期標準形**という)をもつとして論じてよい．

周期標準形(6.1)をもつAに対しては，

$$A^2 = \begin{array}{|c|c|c|c|c|}\hline 0 & 0 & A_1A_2 & 0 & 0 \\ \hline 0 & 0 & 0 & A_2A_3 & 0 \\ \hline 0 & 0 & 0 & 0 & A_{h-2}A_{h-1} \\ \hline A_{h-1}A_h & 0 & 0 & 0 & 0 \\ \hline 0 & A_hA_1 & 0 & 0 & 0 \\ \hline \end{array}\ , \qquad \cdots,$$

$$A^{h-1} = \begin{array}{|c|c|c|c|c|}\hline 0 & 0 & 0 & 0 & X_1 \\ \hline X_2 & 0 & 0 & 0 & 0 \\ \hline 0 & X_3 & 0 & 0 & 0 \\ \hline 0 & 0 & \ddots & 0 & 0 \\ \hline 0 & 0 & 0 & X_h & 0 \\ \hline \end{array}\ ,$$

$$X_1 = A_1A_2\cdots A_{h-1}, \quad X_2 = A_2A_3\cdots A_h, \quad \cdots, \quad X_h = A_hA_1\cdots A_{h-2},$$

$$(6.2) \qquad A^h = \begin{array}{|c|c|c|c|c|}\hline Y_1 & 0 & 0 & 0 & 0 \\ \hline 0 & Y_2 & 0 & 0 & 0 \\ \hline 0 & 0 & Y_3 & 0 & 0 \\ \hline 0 & 0 & 0 & \ddots & 0 \\ \hline 0 & 0 & 0 & 0 & Y_h \\ \hline \end{array}\ ,$$

$$Y_1 = A_1A_2\cdots A_h, \quad Y_2 = A_2\cdots A_hA_1, \quad \cdots, \quad Y_h = A_hA_1\cdots A_{h-1}$$

が成り立つ．よって，$A^p=(a_{ij}{}^{(p)})$ は，次の性質をもつ:

$$(6.3) \qquad p \not\equiv 0 \pmod h \quad \text{なら} \quad a_{11}{}^{(p)} = \cdots = a_{nn}{}^{(p)} = 0.$$

§6.2　分解不能な実非負行列 (F 行列)

以下登場する体は実数体 $\boldsymbol{R}$ および複素数体 $\boldsymbol{C}$ である．以下簡単のために，行列 $A \in \boldsymbol{R}(n,n)$ が分解不能かつ非負行列 (すなわち $A \geqq 0$) のとき，A を **F 行列** (Frobenius 行列の意) と呼ぶ．また複素行列 $B=(b_{ij}) \in \boldsymbol{C}(n,n)$ に対し，B の固有値を $\lambda_1, \cdots, \lambda_n$ として $\mathrm{Max}\,\{|\lambda_1|, \cdots, |\lambda_n|\}$ を $\rho(B)$ と書き，これを B の**固有値半径**という．一般に複素行列 (特に行ベクトルや列ベクトルに対しても) $C=(c_{ij}) \in \boldsymbol{C}(m,n)$ に対して，$C^+=(|c_{ij}|) \in \boldsymbol{R}(m,n)$ とおく．$C^+ \geqq 0$ である．

さて，$A=(a_{ij})$，$A^p=(a_{ij}{}^{(p)})$ とおく．A の定める有向グラフを (Ω, Γ) とする．

$$a_{ij}{}^{(p)}=\sum_{i_1,\cdots,i_{p-1}} a_{ii_1}a_{i_1i_2}\cdots a_{i_{p-1}j}$$

であるから，$\sigma=(i_0, i_1, \cdots, i_p)\in\Gamma(i,j)$ に対して，

$$a_\sigma=a_{i_0i_1}a_{i_1i_2}\cdots a_{i_{p-1}i_p}$$

とおけば，

$$a_{ij}{}^{(p)}=\sum_{\substack{\sigma\in\Gamma(i,j)\\ l(\sigma)=p}} a_\sigma$$

と書ける．よって，$A\geqq 0$ ならば，

(6.4) $\quad a_{ij}{}^{(p)}>0 \Leftrightarrow \sigma\in\Gamma(i,j)$ が存在して $a_\sigma>0$，$l(\sigma)=p$

である．さて，$\Gamma(i,j)\ni\sigma=(i_0, i_1, \cdots, i_p)$ なる系列中において，等しい i_r と i_s $(r<s)$ があれば，途中を省いた系列 $\sigma'=(i_0, i_1, \cdots, i_r, i_{s+1}, \cdots, i_p)$ も $\in\Gamma(i,j)$ かつ $l(\sigma')<l(\sigma)$ となる．よって，この操作をくりかえせば，$\Gamma(i,j)\neq\phi$ なら，相異なる $i_0, i_1, \cdots, i_q$ よりなる $\tau=(i_0, i_1, \cdots, i_q)$ が $\Gamma(i,j)$ に存在することがわかる．したがって，$q+1\leqq|\Omega|=n$．$\therefore\ q\leqq n-1$．よって (6.4) より

(6.5) $\quad \Gamma(i,j)\neq\phi$ ならば $a_{ij}+a_{ij}{}^{(2)}+\cdots+a_{ij}{}^{(n-1)}>0$

を得る．単位行列を I で表わせば

定理 6.1 F 行列 $A\in\boldsymbol{R}(n,n)$ に対し $(I+A)^{n-1}>0$.

証明 $(I+A)^{n-1}=I+\binom{n-1}{1}A+\binom{n-1}{2}A^2+\cdots+A^{n-1}$ の (i,i) 成分 x_{ii} は $\geqq 1>0$. (i,j) 成分 x_{ij} $(i\neq j)$ は，$\Gamma(i,j)\neq\phi$ により，(6.5) を用いて

$$x_{ij}=(n-1)a_{ij}+\binom{n-1}{2}a_{ij}{}^{(2)}+\cdots+a_{ij}{}^{(n-1)}>0. \qquad \blacksquare$$

補題 6.1 非負行列 $A\in\boldsymbol{R}(n,n)$ と正数 s とに対して，

$$\rho(A)<s \Leftrightarrow s\boldsymbol{y}>A\boldsymbol{y} \text{ なる } \boldsymbol{y}>\boldsymbol{o},\ \boldsymbol{y}\in\boldsymbol{R}^n, \text{ がある．}$$

証明 $(\Longrightarrow)$ $(1/s)A=B$ とおくと，$\rho(B)<1$. よって B のどの固有値 λ も $|\lambda|<1$ となるから，

$$I+B+B^2+\cdots$$

は収束する (B の Jordan 標準形を考えればわかる)．しかもその和は $(I-B)^{-1}$ に等しい．($(I-B)(I+B+\cdots+B^r)=I-B^{r+1}$，$B^{r+1}\to 0$ だから.) よって $(I-B)^{-1}$

$\geqq 0$ である．$\boldsymbol{z}={}^t(1,\cdots,1)$ とおくと，$(I-B)^{-1}\boldsymbol{z}=\boldsymbol{y}>\boldsymbol{o}$ ($\because$ $\boldsymbol{z}>\boldsymbol{o}$, $(I-B)^{-1}\neq 0$, $(I-B)^{-1}\geqq 0$)．$\therefore$ $\boldsymbol{z}=(I-B)\boldsymbol{y}=\boldsymbol{y}-B\boldsymbol{y}$．$\therefore$ $\boldsymbol{y}>B\boldsymbol{y}$．

($\Longleftarrow$)　$(1/s)A=B$ は $\boldsymbol{y}>B\boldsymbol{y}$, $\boldsymbol{y}>\boldsymbol{o}$ を満たしている．$\boldsymbol{y}-B\boldsymbol{y}=\boldsymbol{u}>\boldsymbol{o}$ とおくと，$B^i\boldsymbol{u}\geqq\boldsymbol{o}$ $(i=1,2,\cdots)$．しかも

$$\begin{aligned}\boldsymbol{u}_m &= \boldsymbol{u}+B\boldsymbol{u}+B^2\boldsymbol{u}+\cdots+B^m\boldsymbol{u} = (I+B+\cdots+B^m)(I-B)\boldsymbol{y}\\ &= \boldsymbol{y}-B^{m+1}\boldsymbol{y} \leqq \boldsymbol{y}.\end{aligned}$$

よって，$\boldsymbol{u}_m={}^t(\xi_1{}^{(m)},\cdots,\xi_n{}^{(m)})$ とおくと，$\xi_j{}^{(1)}\leqq\xi_j{}^{(2)}\leqq\cdots$ は単調増加で有界な数列であるから収束する．$\therefore$ $\boldsymbol{u}_m-\boldsymbol{u}_{m-1}\to\boldsymbol{o}$．$\therefore$ $B^m\boldsymbol{u}\to\boldsymbol{o}$．$B\geqq 0$, $\boldsymbol{u}>\boldsymbol{o}$ だから，$B^m\to 0$．よって (Jordan 標準形を考えればわかるように) $\rho(B)<1$．$\therefore$ $\rho(A)<s$．▌

定理 6.2　F 行列 A に対し $\rho(A)>0$．$r=\rho(A)$ は A の固有値で，$A\boldsymbol{x}=r\boldsymbol{x}$, $\boldsymbol{x}>\boldsymbol{o}$ なる固有ベクトル $\boldsymbol{x}\in\boldsymbol{R}^n$ を持つ．

証明　$s_1>s_2>\cdots>r$, $\lim s_i=r$ なる数列 $\{s_i\}$ をとる．補題 6.1 より，$s_i\boldsymbol{y}_i>A\boldsymbol{y}_i$ なる $\boldsymbol{y}_i>\boldsymbol{o}$, $\boldsymbol{y}_i\in\boldsymbol{R}^n$ がある．必要があれば $\boldsymbol{y}_i$ を正数倍でおきかえ，$\boldsymbol{y}_i$ の成分和が $=1$ としてよい．すると $\{\boldsymbol{y}_i\}$ は $\boldsymbol{R}^n$ 中の有界点列故，収束部分列をもつ．よって始めから $\lim\boldsymbol{y}_i=\boldsymbol{y}$ があるとしてよい．$\boldsymbol{y}\geqq\boldsymbol{o}$ かつ $\boldsymbol{y}$ の成分和 $=1$ 故 $\boldsymbol{y}\neq\boldsymbol{o}$．しかも $s_i\boldsymbol{y}_i>A\boldsymbol{y}_i$ 故 $r\boldsymbol{y}\geqq A\boldsymbol{y}$．さて $(I+A)^{n-1}>0$ (定理 6.1) より $(I+A)^{n-1}\boldsymbol{y}=\boldsymbol{v}$ とおくと，$\boldsymbol{v}>\boldsymbol{o}$．そこで $r\boldsymbol{y}=A\boldsymbol{y}$ を示そう．もし $r\boldsymbol{y}\neq A\boldsymbol{y}$ なら，$r\boldsymbol{y}\geqq A\boldsymbol{y}$ 故，$\boldsymbol{o}<(I+A)^{n-1}(rI-A)\boldsymbol{y}=(rI-A)(I+A)^{n-1}\boldsymbol{y}=r\boldsymbol{v}-A\boldsymbol{v}$．$\therefore$ $r\boldsymbol{v}>A\boldsymbol{v}$．$\boldsymbol{v}>\boldsymbol{o}$ 故 $r>\rho(A)$ (補題 6.1)．これは矛盾であるから，$r\boldsymbol{y}=A\boldsymbol{y}$ が得られた．$\boldsymbol{y}\neq\boldsymbol{o}$ 故 r は A の固有値である．したがって $\boldsymbol{o}<(I+A)^{n-1}\boldsymbol{y}=(1+r)^{r-1}\boldsymbol{y}$．$\therefore$ $\boldsymbol{y}>\boldsymbol{o}$．$r>0$ を示そう．もし $r=0$ なら $A\boldsymbol{y}=\boldsymbol{o}$．$\boldsymbol{y}>\boldsymbol{o}$ 故 $A=0$．$\therefore$ $(I+A)^{n-1}=I$．これは $(I+A)^{n-1}>0$ に反する．▌

固有値 $r=\rho(A)$ を，F 行列 A の **Frobenius 根**または **Frobenius 固有値**という．

定理 6.3　$A\in\boldsymbol{R}(n,n)$ を F 行列，$\alpha\in\boldsymbol{R}$, $\boldsymbol{x}\in\boldsymbol{R}^n$, $\alpha\geqq 0$, $\boldsymbol{x}\geqq\boldsymbol{o}$, $\boldsymbol{x}\neq\boldsymbol{o}$ とする．もし $A\boldsymbol{x}=\alpha\boldsymbol{x}$ ならば，$\alpha=\rho(A)$, $\boldsymbol{x}>\boldsymbol{o}$．

証明　${}^tA$ の定める有向グラフは，A の定める有向グラフの辺の向きを全部逆転して得られる．よって ${}^tA$ も F 行列である．$\rho({}^tA)=\rho(A)$ は明らか (${}^tA$ と A の固有値は一致するから)．$r=\rho(A)$ とし，${}^tA\boldsymbol{y}=r\boldsymbol{y}$, $\boldsymbol{y}>\boldsymbol{o}$ なる $\boldsymbol{y}\in\boldsymbol{R}^n$ をとる

と，$(\alpha\boldsymbol{x}\,|\,\boldsymbol{y})=(A\boldsymbol{x}\,|\,\boldsymbol{y})=(\boldsymbol{x}\,|\,{}^tA\boldsymbol{y})=(\boldsymbol{x}\,|\,r\boldsymbol{y})$．よって $\alpha(\boldsymbol{x}\,|\,\boldsymbol{y})=r(\boldsymbol{x}\,|\,\boldsymbol{y})$．ここで $(\boldsymbol{x}\,|\,\boldsymbol{y})>0$ である（$\because$ $\boldsymbol{x}\geqq\boldsymbol{o}$, $\boldsymbol{x}\neq\boldsymbol{o}$, $\boldsymbol{y}>\boldsymbol{o}$）．$\therefore$ $\alpha=r$．$(I+A)^{n-1}>0$ より，$(I+A)^{n-1}\boldsymbol{x}=(1+\alpha)^{n-1}\boldsymbol{x}>\boldsymbol{o}$．$\therefore$ $\boldsymbol{x}>\boldsymbol{o}$．▌

定理 6.4 $A\in\boldsymbol{R}(n,n)$ を F 行列とし，$B\in\boldsymbol{C}(n,n)$，$A\geqq B^+$ とすれば，

（i） $\rho(A)\geqq\rho(B)$，

（ii） 等号 $\rho(A)=\rho(B)$ が成立すれば，$A=B^+$．しかも，$\rho(A)=|\lambda|$ なる B の任意の固有値 $\lambda=r\varepsilon$ $(r=\rho(A),\ |\varepsilon|=1,\ \varepsilon\in\boldsymbol{C})$ に対して，$\varepsilon_1,\cdots,\varepsilon_n$ を対角成分とする n 次のユニタリ対角行列 $D=\mathrm{diag}(\varepsilon_1,\cdots,\varepsilon_n)$，$|\varepsilon_1|=\cdots=|\varepsilon_n|=1$，が存在して，$B=\varepsilon DAD^{-1}$，

(iii) $\alpha=\varepsilon' r$，$|\varepsilon'|=1$，を A の固有値とすれば，ユニタリ対角行列 D_1 が存在して，$A=\varepsilon' D_1AD_1^{-1}$ となる．

証明 （i） $B=(b_{ij})$ とし，λ を B の任意の固有値とする．$B\boldsymbol{x}=\lambda\boldsymbol{x}$，$\boldsymbol{x}\neq\boldsymbol{o}$，なる固有ベクトル $\boldsymbol{x}\in\boldsymbol{C}^n$，$\boldsymbol{x}={}^t(x_1,\cdots,x_n)$，をとれば $\sum b_{ij}x_j=\lambda x_i$．$\therefore$ $\sum|b_{ij}|\cdot|x_j|\geqq|\lambda|\cdot|x_i|$．$\therefore$ $B^+\boldsymbol{x}^+\geqq|\lambda|\boldsymbol{x}^+$．${}^tA\boldsymbol{y}=r\boldsymbol{y}$，$\boldsymbol{y}>\boldsymbol{o}$，$r=\rho(A)$，$\boldsymbol{y}\in\boldsymbol{R}^n$，なる $\boldsymbol{y}$ をとると

（＊） $(|\lambda|\boldsymbol{x}^+\,|\,\boldsymbol{y})\leqq(B^+\boldsymbol{x}^+\,|\,\boldsymbol{y})\leqq(A\boldsymbol{x}^+\,|\,\boldsymbol{y})=(\boldsymbol{x}^+\,|\,{}^tA\boldsymbol{y})=r(\boldsymbol{x}^+\,|\,\boldsymbol{y})$．

$(\boldsymbol{x}^+\,|\,\boldsymbol{y})>0$（$\because$ $\boldsymbol{x}^+\neq\boldsymbol{o}$）だから，$|\lambda|\leqq r$．$\therefore$ $\rho(B)\leqq\rho(A)$．

(ii) $\rho(A)=\rho(B)$ とし，$r=\rho(A)=|\lambda|$ なる B の固有値 λ をとれば，(i) の（＊）は全部等号で成り立つ．よって，$((A\boldsymbol{x}^+-B^+\boldsymbol{x}^+)\,|\,\boldsymbol{y})=0$．$\therefore$ $A\boldsymbol{x}^+-B^+\boldsymbol{x}^+=\boldsymbol{o}$（$\because$ $\boldsymbol{y}>\boldsymbol{o}$）同様に $|\lambda|\boldsymbol{x}^+=B^+\boldsymbol{x}^+$．$\therefore$ $|\lambda|\boldsymbol{x}^+=A\boldsymbol{x}^+$．$\therefore$ $\boldsymbol{x}^+>\boldsymbol{o}$．（定理 6.3）これと $(A-B^+)\boldsymbol{x}^+=\boldsymbol{o}$ より，$A=B^+$．

$$x_i=\varepsilon_i|x_i|,\quad |\varepsilon_i|=1\quad(1\leqq i\leqq n),\qquad D=\mathrm{diag}(\varepsilon_1,\cdots,\varepsilon_n)$$

とおくと，D はユニタリ対角行列で，$D\boldsymbol{x}^+=\boldsymbol{x}$．これと $B\boldsymbol{x}=\lambda\boldsymbol{x}=\varepsilon r\boldsymbol{x}$ より，$BD\boldsymbol{x}^+=\varepsilon rD\boldsymbol{x}^+$．よって，$\varepsilon^{-1}D^{-1}BD=S=(s_{ij})$ とおくと，$S\boldsymbol{x}^+=r\boldsymbol{x}^+$．しかも，$s_{ij}=\varepsilon^{-1}\varepsilon_i^{-1}b_{ij}\varepsilon_j$．$\therefore$ $|s_{ij}|=|b_{ij}|$．$\therefore$ $S^+=B^+=A$．よって，$S=S^+$ がいえれば $\varepsilon^{-1}D^{-1}BD=S=S^+=A$ となって，証明が完了する．

$S\boldsymbol{x}^+=r\boldsymbol{x}^+=A\boldsymbol{x}^+=S^+\boldsymbol{x}^+$ により

$$s_{i1}|x_1|+\cdots+s_{in}|x_n|=|s_{i1}|\cdot|x_1|+\cdots+|s_{in}|\cdot|x_n|.$$

よって複素数 $\xi_1=s_{i1}|x_1|$，$\xi_2=s_{i2}|x_2|$，$\cdots$，$\xi_n=s_{in}|x_n|$ は

$$\xi_1+\cdots+\xi_n=|\xi_1|+\cdots+|\xi_n|$$

を満たす．よく知られているように，このような (ξ_i) は $\xi_1 \geqq 0, \cdots, \xi_n \geqq 0$ を満たす．$\therefore\ s_{ij}|x_j| \geqq 0$．$\boldsymbol{x}^+ > \boldsymbol{o}$ だから $s_{ij} \geqq 0$．$\therefore\ S^+ = S$.

(iii) は (ii) で $A=B$ ととればよい．▌

定理 6.5　F 行列 A の Frobenius 根は単純固有値 (すなわち A の固有多項式の単根) である．

証明　$A=(a_{ij}) \in \boldsymbol{R}(n,n)$，$f(t)=\det(tI-A)$ とおくと，行列式の微分法により，$f(t)$ の導関数 $f'(t)$ は

$$f'(t) = \begin{vmatrix} 1 & -a_{12} & \cdots & -a_{1n} \\ 0 & t-a_{22} & \cdots & -a_{2n} \\ \vdots & \vdots & & \vdots \\ 0 & -a_{n2} & \cdots & t-a_{nn} \end{vmatrix} + \cdots + \begin{vmatrix} t-a_{11} & -a_{12} & \cdots & 0 \\ -a_{21} & t-a_{22} & \cdots & 0 \\ \vdots & \vdots & & \vdots \\ -a_{n1} & -a_{n2} & \cdots & t-a_{nn} \end{vmatrix}$$

$$= \det(tI_{n-1}-A_1) + \cdots + \det(tI_{n-1}-A_n)$$

となる．ただし I_{n-1} は $n-1$ 次の単位行列，A_i は，A の第 i 行と第 i 列とを A から除いて (他はそのままにして) 作った行列である．したがって，A の第 i 行と第 i 列の成分をすべて 0 でおきかえて (他はそのままにして) 作った行列を B_i とおくと，B_i の行と列とに同一の置換をして PB_iP^{-1} を作れば (P は置換行列)

$$PB_iP^{-1} = \begin{bmatrix} 0 & 0 & \cdots & 0 \\ 0 & & & \\ \vdots & & A_i & \\ 0 & & & \end{bmatrix}$$

の形になる．よって

$$\det(tI-B_i) = t \cdot \det(tI_{n-1}-A_i).$$

$\therefore\ \rho(B_i)=\rho(A_i)$．一方，$A \geqq B_i \geqq 0$．$\therefore\ \rho(A) \geqq \rho(B_i)$ ($\because\ B_i = B_i^+$)．しかも $A \neq B_i$ である．(B_i は分解可能である：B_i の定める有向グラフ (Ω, Γ_i) では，$\Gamma_i(i,j)=\phi$ $(j \neq i)$ となっている！)　$\therefore\ \rho(A) > \rho(B_i) = \rho(A_i)$．よって，$r=\rho(A)$ は $\det(rI_{n-1}-A_i)>0$ を満たす．$\therefore\ f'(r)>0$．よって，r は $f(t)$ の単根である．▌

注意　したがって $A\boldsymbol{x}=r\boldsymbol{x}$，$\boldsymbol{x} \neq \boldsymbol{o}$，なる $\boldsymbol{x}$ はスカラー倍を除いて一意に決まる．

定理 6.6　F 行列 A の固有値 λ が $|\lambda|=\rho(A)$ を満たせば，λ は A の単純固有値である．

証明　$\lambda=\varepsilon r$，$|\varepsilon|=1$，$r=\rho(A)$ とおくと $A=\varepsilon DAD^{-1}$ なるユニタリ対角行列

D があるから，A の固有値 $(\alpha_1, \cdots, \alpha_n)$（重複度もこめて）は，$(\varepsilon\alpha_1, \cdots, \varepsilon\alpha_n)$ と順序を除いて一致する．r は $(\alpha_1, \cdots, \alpha_n)$ 中に1回しか登場しないから，εr も $(\varepsilon\alpha_1, \cdots, \varepsilon\alpha_n)$ 中に1回しか登場しない．よって εr は $(\alpha_1, \cdots, \alpha_n)$ 中にも1回しか登場しない．すなわち単純固有値となる．▌

定理 6.7　F 行列 A の周期を h とすれば，A の固有値 λ, $|\lambda|=\rho(A)$, は h 個あって，すべて単純固有値である．$r=\rho(A)$ とおけば，それらは $r, \varepsilon_0 r, \varepsilon_0{}^2 r, \cdots, \varepsilon_0{}^{h-1}r$ $(\varepsilon_0=e^{2\pi i/h})$ の形である．

証明　$|\lambda|=r=\rho(A)$ なる A の固有値はすべて単純固有値である．（定理 6.6）これらの全体を $\alpha_1=r, \alpha_2, \cdots, \alpha_k$ とする．$\Lambda=\{\alpha_1, \cdots, \alpha_k\}$ とおく．$\Lambda \ni \alpha_i=\varepsilon r$ なら，εA と A とが相似行列（∵ 定理 6.4, (iii)）だから，$\varepsilon\Lambda=\Lambda$．∴ $(\varepsilon\alpha_1)\cdots(\varepsilon\alpha_k)=\alpha_1\cdots\alpha_k$．∴ $\varepsilon^k=1$．よって，Λ の k 個の元を並べかえて，$\alpha_1=r$, $\alpha_2=\varepsilon_0 r$, $\cdots$, $\alpha_k=\varepsilon_0{}^{k-1}r$, $\varepsilon_0=e^{2\pi i/k}$, としてよい．ユニタリ対角行列 D が存在して，$A=\varepsilon_0 DAD^{-1}$ となる．∴ $AD=\varepsilon_0 DA$．いま $A\boldsymbol{x}=r\boldsymbol{x}$, $\boldsymbol{x}>\boldsymbol{o}$, なる $\boldsymbol{x}$ をとると，

$$AD\boldsymbol{x} = \varepsilon_0 DA\boldsymbol{x} = r\varepsilon_0 D\boldsymbol{x},$$
$$AD^2\boldsymbol{x} = AD(D\boldsymbol{x}) = \varepsilon_0 DAD\boldsymbol{x} = \varepsilon_0 D(\varepsilon_0 DA)\boldsymbol{x} = \varepsilon_0{}^2 D^2 A\boldsymbol{x} = \varepsilon_0{}^2 r D^2\boldsymbol{x},$$
$$\cdots\cdots\cdots\cdots\cdots$$

となるから，一般に

$$AD^i\boldsymbol{x} = \varepsilon_0{}^i r D^i \boldsymbol{x} \qquad (i=0, 1, \cdots)$$

となる．特に $D^k\boldsymbol{x}=\boldsymbol{u}$ は，$A\boldsymbol{u}=r\boldsymbol{u}$ を満たすから，$\boldsymbol{x}$ のスカラー倍である：$\boldsymbol{u}=c\boldsymbol{x}$, $c\in \boldsymbol{C}$, とおくと，D がユニタリ対角行列故，$|c|=1$．$D^k\boldsymbol{x}=c\boldsymbol{x}$ より，c^{-1} の任意の k 乗根 μ, $|\mu|=1$, をとって，D の代りに μD を考えれば，始めから，$D^k\boldsymbol{x}=\boldsymbol{x}$ としてよい．D の対角性と $\boldsymbol{x}>\boldsymbol{o}$ より，$D^k=I$ となる．いま，A, D を同時に置換行列で変換して，始めから

$$D = \begin{bmatrix} \boxed{\varepsilon_0{}^{\nu_1} I_1} & & & 0 \\ & \boxed{\varepsilon_0{}^{\nu_2} I_2} & & \\ & & \ddots & \\ 0 & & & \boxed{\varepsilon_0{}^{\nu_s} I_s} \end{bmatrix} \qquad (0 \leqq \nu_1 < \nu_2 < \cdots < \nu_s \leqq k-1)$$

としてよい．$(I_1, \cdots, I_s$ は単位行列.)　D の代りに $\varepsilon_0{}^{-\nu_1}D$ を考えれば，始めから

$\nu_1=0$ としてよい．D の区切りに対応して，

$$A=\begin{array}{|c|c|c|c|}\hline A_{11} & A_{12} & \cdots & A_{1s} \\ \hline A_{21} & A_{22} & \cdots & A_{2s} \\ \hline \cdots & \cdots & \cdots & \cdots \\ \hline A_{s1} & A_{s2} & \cdots & A_{ss} \\ \hline \end{array}$$

と A を区切れば，$AD=\varepsilon_0 DA$ より，$A_{ij}\varepsilon_0{}^{\nu_j}=\varepsilon_0{}^{1+\nu_i}A_{ij}$．よって，$A_{ij}\neq 0$ なら $\varepsilon_0{}^{\nu_j}=\varepsilon_0{}^{1+\nu_i}$．$\therefore$ $\nu_j\equiv 1+\nu_i \pmod k$．したがって

(＊) $$\nu_j \not\equiv 1+\nu_i \pmod k \Longrightarrow A_{ij}=0$$

である．

A の定める有向グラフの強連結性により，$A_{11}, A_{12}, \cdots, A_{1n}$ 中には $\neq 0$ なる A_{1i} がある．よって (＊) より $1+\nu_1\equiv\nu_i \pmod k$．$\therefore$ $1\equiv\nu_i \pmod k$．$\therefore$ $\nu_i=1$，$i=2$ ($\because$ $0=\nu_1<\nu_2<\cdots<\nu_s\leqq k-1$)．そのとき，$\nu_1, \cdots, \nu_s$ が mod k で互いに相異なることより $i\neq j$ なら $1+\nu_1\not\equiv\nu_j \pmod k$．よって

$$(A_{11}, \cdots, A_{1n})=(0, A_{12}, 0, \cdots, 0)$$

の形となる．$A_{2j}\neq 0$ なる j をとれば $1+\nu_2\equiv\nu_j \pmod k$．$\therefore$ $2\equiv\nu_j \pmod k$．$\therefore$ $\nu_j=2$，$i=3$ ($\because$ $0=\nu_1<\nu_2<\nu_3<\cdots<\nu_s\leqq k-1$)．よって，上と同様に

$$(A_{21}, \cdots, A_{2n})=(0, 0, A_{23}, 0, \cdots, 0)$$

となる．以下同様に進行して，

$$\nu_1=0,\quad \nu_2=1,\quad \nu_3=2,\quad \cdots,\quad \nu_{s-1}=s-2,$$
$$1+\nu_i\equiv\nu_{i+1} \pmod k,\qquad 1\leqq i\leqq s-1,$$

および，

$$(A_{i1}, \cdots, A_{in})=(0, \cdots, 0, A_{i,i+1}, 0, \cdots, 0)$$

$(1\leqq i\leqq s-1)$ を得る．したがって，$\nu_{s-1}<\nu_s\leqq k-1$ より，$s-2<\nu_s\leqq k-1$．$\therefore$ $s<k+1$．$\therefore$ $s\leqq k$．強連結性より $A_{sj}\neq 0$ なる j があるから $1+\nu_s\equiv\nu_j \pmod k$．しかし $\nu_2=1, \nu_3=2, \cdots, \nu_{s-1}=s-2$ はこれを満たすことはできない ($\because$ $s-1\leqq 1+\nu_s\leqq k$)．よって $j=1$．$\therefore$ $\nu_s\equiv k-1 \pmod k$．$\therefore$ $\nu_s=k-1$．これと $1+\nu_{s-1}\equiv\nu_s \pmod k$ より，$s-1\equiv k-1 \pmod k$．$\therefore$ $s=k$ ($\because$ $1\leqq s\leqq k$)．よって，A の形は (6.1) の周期標準形と同様な形：

$$A = \begin{array}{|c|c|c|c|c|}\hline 0 & A_{12} & 0 & 0 & 0 \\ \hline 0 & 0 & A_{23} & 0 & 0 \\ \hline 0 & 0 & 0 & \ddots & 0 \\ \hline 0 & 0 & 0 & 0 & A_{k-1,k} \\ \hline A_{k1} & 0 & 0 & 0 & 0 \\ \hline \end{array}$$

になる．よって(6.2)と同様の計算で，A^p の$(1,1)$成分が$\neq 0$となるためには $p\equiv 0 \pmod k$ が必要である．よって，A の定める有向グラフ(Ω, Γ)において，各 $\sigma\in\Gamma(1,1)$，$l(\sigma)=p$，に対し，$k\,|\,p$．$\therefore$ $k\,|\,h$（$\because$ 周期 h の定義）．よって特に，$k\leqq h$ である．

$k\geqq h$ をいえば証明が完了する．いま，A は周期標準形(6.1)をもつとしてよい．$A\boldsymbol{x}=r\boldsymbol{x}$，$r=\rho(A)$，$\boldsymbol{x}>\boldsymbol{o}$ なる $\boldsymbol{x}$ を $\boldsymbol{x}=({}^t\boldsymbol{x}_1, {}^t\boldsymbol{x}_2, \cdots, {}^t\boldsymbol{x}_h)$，$\boldsymbol{x}_i\in\boldsymbol{R}^{n_i}$ $(n_i=|\Omega_i|)$，$1\leqq i\leqq h$，と区切れば，A^h を(6.2)の形にとって，$A^h\boldsymbol{x}=r^h\boldsymbol{x}$ から $Y_i\boldsymbol{x}_i=r^h\boldsymbol{x}_i$．$\boldsymbol{x}_i>\boldsymbol{o}$ 故，r^h は Y_i の固有値である．よって，A の固有値を $\alpha_1, \cdots, \alpha_n$ とすると，A^h の固有値は $\alpha_1{}^h, \cdots, \alpha_n{}^h$ で，これらのうちの h 個がそれぞれ $Y_1, \cdots, Y_h$ の固有値だから，$\alpha_1{}^h=\cdots=\alpha_h{}^h=r^h$ としてよい．よって，$|\alpha_1|=\cdots=|\alpha_h|=r$．よって，$A$ は少なくとも h 個の固有値 α，$|\alpha|=r$，をもつ．よって，$k\geqq h$．▌

定義 6.3 F行列 A の周期が1のとき，A を**原始的**(**プリミティブ**，primitive)という．

定理 6.8 F行列 A に対して，$\rho(A)^{-1}A=B$ とおけば，A が原始的 $\Leftrightarrow$ $\lim\limits_{i\to\infty} B^i$ が存在する．

証明 $\rho(B)=1$ だから，B の Jordan 標準形と定理6.7とをあわせて考えればわかるように，"$\lim B^i$ が存在する" $\Leftrightarrow$ B の周期は1 $\Leftrightarrow$ A の周期は1．▌

補題 6.2 F行列 $A\in\boldsymbol{R}(n,n)$ と $\boldsymbol{x}\in\boldsymbol{R}^n$，$\boldsymbol{x}\geqq\boldsymbol{o}$，$\boldsymbol{x}\neq\boldsymbol{o}$ に対し，$A\boldsymbol{x}=\boldsymbol{y}={}^t(y_1, \cdots, y_n)$，$\boldsymbol{x}={}^t(x_1, \cdots, x_n)$ とおき，$x_i>0$ なる i に対して $\mathrm{Min}\,\{y_i/x_i\}=\alpha_A(\boldsymbol{x})$，$\mathrm{Max}\,\{y_i/x_i\}=\beta_A(\boldsymbol{x})$ とおくと，$\alpha_A(\boldsymbol{x})\leqq\rho(A)\leqq\beta_A(\boldsymbol{x})$．しかも $\alpha_A(\boldsymbol{x})<\beta_A(\boldsymbol{x})$ なら $\alpha_A(\boldsymbol{x})<\rho(A)<\beta_A(\boldsymbol{x})$．

証明 $\alpha=\alpha_A(\boldsymbol{x})$，$\beta=\beta_A(\boldsymbol{x})$，$r=\rho(A)$ とおくと，定義から $\alpha\boldsymbol{x}\leqq\boldsymbol{y}=A\boldsymbol{x}\leqq\beta\boldsymbol{x}$．${}^tA\boldsymbol{z}=r\boldsymbol{z}$ なる $\boldsymbol{z}>\boldsymbol{o}$ をとると，$(\alpha\boldsymbol{x}\,|\,\boldsymbol{z})\leqq(\boldsymbol{y}\,|\,\boldsymbol{z})\leqq(\beta\boldsymbol{x}\,|\,\boldsymbol{z})$．$\therefore$ $(\alpha\boldsymbol{x}\,|\,\boldsymbol{z})\leqq(A\boldsymbol{x}\,|\,\boldsymbol{z})=(\boldsymbol{x}\,|\,{}^tA\boldsymbol{z})=r(\boldsymbol{x}\,|\,\boldsymbol{z})\leqq(\beta\boldsymbol{x}\,|\,\boldsymbol{z})$．$(\boldsymbol{x}\,|\,\boldsymbol{z})>0$ だから，$\alpha\leqq r\leqq\beta$．もし $\alpha=r$ なら上

の不等式と $\boldsymbol{z}>\boldsymbol{o}$ から $\alpha\boldsymbol{x}=A\boldsymbol{x}$. ∴ $\alpha\boldsymbol{x}=\boldsymbol{y}$. ∴ $\beta=\alpha$. 同様に $\beta=r$ からも $\alpha=\beta$ が得られる. よって $\alpha<\beta$ なら $\alpha<r<\beta$. ▌

定理 6.9　n 次 F 行列 A に対して, $B=I+A$ とおく. 任意の $\boldsymbol{a}>\boldsymbol{o}$, $\boldsymbol{a}\in\boldsymbol{R}^n$, に対して, $B^j\boldsymbol{a}=\boldsymbol{a}_j\,(j=1,2,\cdots)$ とおくと, $\alpha_B(\boldsymbol{a}_1)\leqq\alpha_B(\boldsymbol{a}_2)\leqq\cdots$, $\beta_B(\boldsymbol{a}_1)\geqq\beta_B(\boldsymbol{a}_2)\geqq\cdots$ かつ, $\lim\alpha_B(\boldsymbol{a}_j)=\lim\beta_B(\boldsymbol{a}_j)=1+\rho(A)$. ($\alpha_B, \beta_B$ は補題 6.2 の通り.)

証明　$\alpha_B(\boldsymbol{a}_j)\boldsymbol{a}_j\leqq B\boldsymbol{a}_j\leqq\beta_B(\boldsymbol{a}_j)\boldsymbol{a}_j$ の各項に $B\geqq 0$ を掛けて $\alpha_B(\boldsymbol{a}_j)\boldsymbol{a}_{j+1}\leqq B\boldsymbol{a}_{j+1}\leqq\beta_B(\boldsymbol{a}_j)\boldsymbol{a}_{j+1}$. よって, α_B, β_B の定義により, $\alpha_B(\boldsymbol{a}_j)\leqq\alpha_B(\boldsymbol{a}_{j+1})\leqq\beta_B(\boldsymbol{a}_{j+1})\leqq\beta_B(\boldsymbol{a}_j)$. 一方, $\alpha_B(\boldsymbol{a}_j)\leqq 1+r\leqq\beta_B(\boldsymbol{a}_j)$, $r=\rho(A)$, $(j=1,2,\cdots)$ は補題 6.2 からわかる (∵ $1+r=\rho(I+B)$ は容易にわかる). 一方 B は原始的だから, $\{(B/(1+r))^j\}_{j=1,2,\dots}$ は収束する (定理 6.8). よって, $(B/(1+r))^j\boldsymbol{a}=(1+r)^{-j}\boldsymbol{a}_j\to\boldsymbol{b}$ となる.

$$\therefore\quad (1+r)^{-j}B\boldsymbol{a}_j=(1+r)^{-(j+1)}\boldsymbol{a}_{j+1}\cdot(1+r)\longrightarrow(1+r)\boldsymbol{b}.$$

すなわち, $(1+r)^{-j}\boldsymbol{a}_{j+1}\to(1+r)\boldsymbol{b}$. これより容易にわかるように, $\alpha_B(\boldsymbol{a}_j)\to 1+r$, $\beta_B(\boldsymbol{a}_j)\to 1+r$. ▌

注意　これは F 行列の Frobenius 根の近似計算法を与えている.

§6.3　F 行列の応用: 既約基本ルート系の分類

a) D 系

V を $\boldsymbol{R}$ 上の有限次元 Euclid ベクトル空間, すなわち $\boldsymbol{R}$ 上の有限次元のベクトル空間で, 正定値の内積 $(\boldsymbol{x}|\boldsymbol{y})$ が与えられているとする. V の部分集合 $\Phi\,(\neq\phi)$ が**鈍交ベクトル系** (略して **D 系**) であるとは, $\boldsymbol{o}\notin\Phi$ かつ Φ 中の相異なる任意の 2 元 $\boldsymbol{x},\boldsymbol{y}$ に対して, $(\boldsymbol{x}|\boldsymbol{y})\leqq 0$ となることをいう. D 系 Φ 中に次の同値関係 $\sim$ を定義する: $\boldsymbol{x}\sim\boldsymbol{y}\Leftrightarrow\boldsymbol{x}=\boldsymbol{x}_1,\boldsymbol{x}_2,\cdots,\boldsymbol{x}_r=\boldsymbol{y}$ が D 系 Φ 中に存在して, $(\boldsymbol{x}_i|\boldsymbol{x}_{i+1})\neq 0\ (1\leqq i\leqq r-1)$. すると Φ は同値類 $\Phi_\lambda\ (\lambda\in\Lambda)$ に分割される. Φ_λ の張る V の部分空間を V_λ とすれば, 定義から $\lambda\neq\mu$ のとき V_λ と V_μ は直交する. よって $\sum V_\lambda$ は直和となるから, $\dim V\geqq\sum\dim V_\lambda$. よって同値類の個数 $|\Lambda|$ は有限である. $|\Lambda|=1$ のとき D 系 Φ を**既約**といい, $|\Lambda|>1$ のとき, Φ を**可約**という. そのとき各同値類 Φ_λ を Φ の**既約成分**という. D 系 Φ の張る V の部分空間の次元を $\dim\Phi$ と書き, Φ の**次元**という.

補題 6.3 (Witt)　$V\supset\{\boldsymbol{a}_1,\cdots,\boldsymbol{a}_r\}$ が D 系でかつ 1 次従属関係 $\sum\lambda_i\boldsymbol{a}_i=\boldsymbol{o}$ をもてば $\sum|\lambda_i|\boldsymbol{a}_i=\boldsymbol{o}$.

証明　$\lambda_1 \geqq 0, \cdots, \lambda_p \geqq 0, \lambda_{p+1} < 0, \cdots, \lambda_r < 0$ としてよい．$\boldsymbol{x} = \lambda_1 \boldsymbol{a}_1 + \cdots + \lambda_p \boldsymbol{a}_p = -(\lambda_{p+1}\boldsymbol{a}_{p+1} + \cdots + \lambda_r \boldsymbol{a}_r)$ とおくと

$$0 \leqq (\boldsymbol{x} \mid \boldsymbol{x}) = \left(\sum_{i=1}^{p} \lambda_i \boldsymbol{a}_i \,\middle|\, -\sum_{j=p+1}^{r} \lambda_j \boldsymbol{a}_j\right) = \sum_{i=1}^{p} \sum_{j=p+1}^{r} (-\lambda_i \lambda_j)(\boldsymbol{a}_i \mid \boldsymbol{a}_j) \leqq 0.$$

$\therefore\ \boldsymbol{x} = \boldsymbol{o}.\ \therefore\ \lambda_1 \boldsymbol{a}_1 + \cdots + \lambda_p \boldsymbol{a}_p - \lambda_{p+1}\boldsymbol{a}_{p+1} - \cdots - \lambda_r \boldsymbol{a}_r = \boldsymbol{o}.$ ▮

D 系 Φ, $|\Phi| = l$ の元を 1 列に並べて $\boldsymbol{a}_1, \cdots, \boldsymbol{a}_l$ とする．

$$\alpha_{ij} = \frac{|(\boldsymbol{a}_i \mid \boldsymbol{a}_j)|}{(\boldsymbol{a}_i \mid \boldsymbol{a}_i)} - \delta_{ij}, \qquad A = (\alpha_{ij}) \in \boldsymbol{R}(l, l) \qquad (1 \leqq i, j \leqq l)$$

で定まる行列を $A = A_\Phi$ と書き，**Φ に属する行列**という．Φ の元の並べ方を変えれば，A_Φ の行と列に同一の置換が生ずる．A_Φ は $PA_\Phi P^{-1}$ に変る（P: 置換行列）．

定理 6.10　既約 D 系 $\Phi = \{\boldsymbol{a}_1, \cdots, \boldsymbol{a}_l\}$ に属する行列 A_Φ は F 行列で，$\rho(A_\Phi) \leqq 1$．しかも $\rho(A_\Phi) < 1 \Leftrightarrow \Phi$ が 1 次独立．Φ の真部分集合は必ず 1 次独立である．

証明　$A_\Phi = (\alpha_{ij})$ とおくと $\alpha_{ii} = 0$, $i \neq j$ なら $\alpha_{ij} = |(\boldsymbol{a}_i \mid \boldsymbol{a}_j)|/(\boldsymbol{a}_i \mid \boldsymbol{a}_i) \geqq 0$．よって $A_\Phi \geqq 0$．もし A_Φ の定める有向グラフ (Ω, Γ) が強連結でないなら，$\Gamma(i, j) = \phi$ なる i, j, $i \neq j$, がある．すると $\boldsymbol{a}_i$ と $\boldsymbol{a}_j$ の属する Φ の既約成分は相異なるから，Φ は既約でなくなる．よって A_Φ は F 行列である．さて，Φ が 1 次従属としよう．$\lambda_1 \boldsymbol{a}_1 + \cdots + \lambda_l \boldsymbol{a}_l = \boldsymbol{o}$ なる ${}^t(\lambda_1, \cdots, \lambda_l) = \boldsymbol{x} \in \boldsymbol{R}^l$ がある．$\boldsymbol{x} \geqq \boldsymbol{o}$, $\boldsymbol{x} \neq \boldsymbol{o}$, としてよい（∵ 補題 6.3）．すると，$\left(\sum_i \lambda_i \boldsymbol{a}_i \,\middle|\, \boldsymbol{a}_j\right) = 0$．$\therefore\ \sum_i \lambda_i (\boldsymbol{a}_i \mid \boldsymbol{a}_j)/(\boldsymbol{a}_j \mid \boldsymbol{a}_j) = 0.$

$$\therefore\quad \sum_{i=1}^{l} (-\alpha_{ji}\lambda_i + \delta_{ji}\lambda_i) = 0.$$

$\therefore\ A_\Phi \boldsymbol{x} = \boldsymbol{x}$．$\boldsymbol{x} \geqq \boldsymbol{o}$, $\boldsymbol{x} \neq \boldsymbol{o}$ だから $1 = \rho(A_\Phi)$（∵ 定理 6.3）．次に Φ を 1 次独立とする．Φ の張る V の部分空間を U とし，U の基底 $\boldsymbol{b}_1, \cdots, \boldsymbol{b}_l$ をとって $(\boldsymbol{a}_i \mid \boldsymbol{b}_j) = \delta_{ij}$ ならしめる．$\boldsymbol{a}_0 = -(\boldsymbol{b}_1 + \cdots + \boldsymbol{b}_l)$ とおくと，$(\boldsymbol{a}_i \mid \boldsymbol{a}_0) = -1$ $(i = 1, \cdots, l)$ だから，$\{\boldsymbol{a}_0, \boldsymbol{a}_1, \cdots, \boldsymbol{a}_l\}$ も D 系，かつ既約である．（なぜなら $\Psi = \{\boldsymbol{a}_0, \boldsymbol{a}_1, \cdots, \boldsymbol{a}_l\}$ の既約成分で $\boldsymbol{a}_0$ を含むものは $\boldsymbol{a}_1, \cdots, \boldsymbol{a}_l$ を全部含まざるを得ないから．）$\boldsymbol{a}_0, \boldsymbol{a}_1, \cdots, \boldsymbol{a}_l$ の順に並べて A_Ψ を作ると前述より $\rho(A_\Psi) = 1$．一方

$$A_\Psi = \begin{bmatrix} 0 & * & \cdots & * \\ * & & & \\ \vdots & & A_\Phi & \\ * & & & \end{bmatrix} \qquad (* \text{の所は正数})$$

の形だから，$1 = \rho(A_\Psi) > \rho(A_\Phi)$（∵ 定理 6.4）．

次に各 $\Phi \ni \boldsymbol{a}$ に対して，$\Phi - \{\boldsymbol{a}\}$ が1次独立なることを示そう．Φ が1次独立なら明らか．Φ が1次従属とする．$\boldsymbol{a}=\boldsymbol{a}_1$, $\Phi=\{\boldsymbol{a}_1, \cdots, \boldsymbol{a}_l\}$ とすると，$\sum \lambda_i \boldsymbol{a}_i = \boldsymbol{o}$ なる1次関係式に対して，$\boldsymbol{x}={}^t(\lambda_1, \cdots, \lambda_n)$ は，$A_\Phi \boldsymbol{x}=\boldsymbol{x}$ を満たすから，スカラー倍を除いて決まる．よって $\lambda_1=0$ なら，$\boldsymbol{x}=\boldsymbol{o}$．よって $\boldsymbol{a}_2, \cdots, \boldsymbol{a}_l$ は1次独立である．▌

有限な D 系 Φ に対し，行列 A_Φ の固有値半径 $\rho(A_\Phi)$ を Φ の**特有値**と呼び，$\rho(\Phi)$ と書く．この値は A_Φ を作るときの Φ の元の並べ方には依存しない．$\Phi=\{\boldsymbol{a}_1, \cdots, \boldsymbol{a}_l\}$ を既約 D 系とし，部分系 $\Phi'=\{\boldsymbol{a}_2, \cdots, \boldsymbol{a}_l\}$ をとれば，A_Φ の第1行と第1列を0でおきかえた行列の固有値半径が $\rho(A_{\Phi'})$ に等しいから，定理6.4より次の"単調性"が出る．

定理 6.11　有限既約 D 系 Φ の真部分集合 $\Phi' \neq \phi$ に対し $\rho(\Phi) > \rho(\Phi')$．

定理 6.12　D 系は有限集合である．既約 D 系 Φ が n 次元なら $|\Phi| \leqq n+1$．

証明　D 系 Φ を既約成分に分割すれば，Φ が既約のときに $|\Phi|<\infty$ をいえばよい．Φ の任意の有限部分集合 Φ_0 に対し（Φ_0 の2元を結ぶような隣接2元が非直交の列の元を Φ_0 に添加して）既約な有限 D 系 Φ_1 が生ずるが，$|\Phi_1| \leqq 1+\dim \Phi_1 \leqq 1+\dim \Phi$（∵ 定理6.10）．∴ $|\Phi_0| \leqq 1+\dim \Phi$．∴ $|\Phi|<\infty$．後半は定理6.10中にある．▌

D 系 Φ, Ψ の張る部分空間をそれぞれ U, W とする．U から W への線型写像 $f: U \to W$ で，$f=c \cdot g$, $c \in \boldsymbol{R}$, $c>0$, $g: U \to W$ は直交変換（すなわち全単射線型写像であって，$(g(\boldsymbol{x}) \mid g(\boldsymbol{y}))=(\boldsymbol{x} \mid \boldsymbol{y})$ $(\boldsymbol{x}, \boldsymbol{y} \in U)$）の形に書けるものを**相似変換**という．ある相似変換 f により $f(\Phi)=\Psi$ となるとき，$\Phi \simeq \Psi$ と書き，Φ と Ψ は**相似である**という．相似関係 $\simeq$ は D 系間の同値関係である．

定理 6.13　既約 D 系 Φ, Ψ に対し，$\Phi \simeq \Psi \Leftrightarrow$ 適当な並べ方の下に $A_\Phi = A_\Psi$．

証明　$\Longrightarrow$ は明らか．$\Longleftarrow$ を示す．$\Phi=\{\boldsymbol{a}_1, \cdots, \boldsymbol{a}_l\}$，$\Psi=\{\boldsymbol{b}_1, \cdots, \boldsymbol{b}_l\}$，$(\boldsymbol{a}_i \mid \boldsymbol{a}_j)/(\boldsymbol{a}_i \mid \boldsymbol{a}_i)=(\boldsymbol{b}_i \mid \boldsymbol{b}_j)/(\boldsymbol{b}_i \mid \boldsymbol{b}_i)$ $(1 \leqq i, j \leqq l)$ とする．番号 i_0 を一つ固定し，$(\boldsymbol{b}_{i_0} \mid \boldsymbol{b}_{i_0})/(\boldsymbol{a}_{i_0} \mid \boldsymbol{a}_{i_0})=c^2$, $c>0$ とする．相似変換 $\boldsymbol{x} \mapsto c\boldsymbol{x}$ により，Φ から $c\Phi$ へ移れば，始めから $c=1$ としてよい．Φ 中で i_0 と"隣接する" j すなわち $(\boldsymbol{a}_{i_0} \mid \boldsymbol{a}_j) \neq 0$ なる j については，$1=(\boldsymbol{b}_{i_0} \mid \boldsymbol{b}_{i_0})/(\boldsymbol{a}_{i_0} \mid \boldsymbol{a}_{i_0})=(\boldsymbol{b}_{i_0} \mid \boldsymbol{b}_j)/(\boldsymbol{a}_{i_0} \mid \boldsymbol{a}_j)$．∴ $(\boldsymbol{a}_{i_0} \mid \boldsymbol{a}_j)=(\boldsymbol{b}_{i_0} \mid \boldsymbol{b}_j)$．したがって $(\boldsymbol{a}_j \mid \boldsymbol{a}_{i_0})/(\boldsymbol{a}_j \mid \boldsymbol{a}_j)=(\boldsymbol{b}_j \mid \boldsymbol{b}_{i_0})/(\boldsymbol{b}_j \mid \boldsymbol{b}_j)$ より $(\boldsymbol{a}_j \mid \boldsymbol{a}_j)=(\boldsymbol{b}_j \mid \boldsymbol{b}_j)$．よって j と隣接する k についても同様にやれる．Φ の既約性より，このように進めば Φ を覆うから，$(\boldsymbol{a}_i \mid \boldsymbol{a}_j)=(\boldsymbol{b}_i \mid \boldsymbol{b}_j)$ $(1 \leqq i, j \leqq l)$ となる．Φ の張る空間 U から Ψ の張

る空間 W への線型写像 $g: \sum \xi_i \boldsymbol{a}_i \mapsto \sum \xi_i \boldsymbol{b}_i$ がある．($\sum \xi_i \boldsymbol{a}_i = \boldsymbol{o} \Longrightarrow (\sum \xi_i \boldsymbol{a}_i \mid \sum \xi_j \boldsymbol{a}_j) = 0 \Longrightarrow (\sum \xi_i \boldsymbol{b}_i \mid \sum \xi_j \boldsymbol{b}_j) = 0 \Longrightarrow \sum \xi_i \boldsymbol{b}_i = \boldsymbol{o}$ だから定義できる！）g が直交変換で，$g(\Phi) = \Psi$ となることは容易にわかる．▌

b）既約基本ルート系

既約 D 系 Φ に対し，$\rho(\Phi) < 1$，$2A_\Phi$ の成分は皆整数，が成り立つとき，Φ を**既約な基本ルート系**といい，$C_\Phi = 2I - 2A_\Phi$ を Φ の **Cartan 行列**という．このとき $|\Phi| = l$ なら，行列 $B = (b_{ij}) = 2A_\Phi$ は次の性質をもつ：

(α)　B は l 次 F 行列，　$b_{ij} \in \boldsymbol{Z}$　$(1 \leqq i, j \leqq l)$.

(β)　$b_{ii} = 0$　$(1 \leqq i \leqq l)$.

(γ)　$b_{ij} \neq 0 \Longrightarrow b_{ji} \neq 0$.

(δ)　$\rho(B) < 2$.

以下かかる B を決定し，$B = 2A_\Phi$ となる既約基本ルート系 Φ を与えよう．そうすれば既約基本ルート系が相似性を除いて分類されたことになる(定理 6.13).

(α), (β), (γ) を満たす行列 B を l 次の **L 行列**と呼び，その全体のなす集合を $\mathfrak{L}_l$ と書く．(δ) も満たす $B \in \mathfrak{L}_l$ の全体のなす集合を $\mathfrak{L}_l^*$ と書く．

$B \in \mathfrak{L}_l$ の定める有向グラフ (Ω, Γ)，$\Omega = \{1, \cdots, l\}$，$\Gamma = \{(i,j) \in \Omega \times \Omega \mid b_{ij} \neq 0\}$ では頂点 i から j へ行く辺があれば，必ず頂点 j から i へ行く辺もある．そこでこれらの辺にそれぞれ b_{ij}, b_{ji} を書き込んだ図形 (Ω, Γ, B) を，B の **D 図形**と呼ぶ．例えば頂点番号を丸印中に書いて

$$B = \begin{bmatrix} 0 & 1 & 0 & 0 \\ 5 & 0 & 1 & 2 \\ 0 & 1 & 0 & 4 \\ 0 & 8 & 3 & 0 \end{bmatrix}$$

ならその D 図形は図 6.5 となる．以下 $b_{ij} = 1$ のときは b_{ij} の記入を省略する．

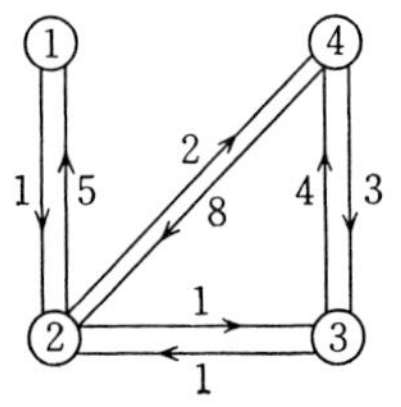

図 6.5

$B\in\mathfrak{L}_l$ に対して，次の2操作を考える:（I）B の第 i 行と第 i 列を除く．(II) B のある成分 $b_{ij}>0$ を，より小さい整数 b_{ij}', $b_{ij}>b_{ij}'\geqq 0$, でおきかえる．(これは D 図形では (I)′: 一つの頂点とそこから出る辺を除く．(II)′: b_{ij} の記入されている辺の数値 b_{ij} を小さくする (0にするときはこの辺を除く) の2操作に当る.) B からこれらの2操作を有限回繰返して得られる行列 C を B より低い行列といい，記号 $B\supseteqq C$ で表わす．$B\supseteqq C$, $B\neq C$ ならば，$\rho(B)>\rho(C)$ が成り立つ (∵ 定理6.4).

$B\in\mathfrak{L}_l$ に対し，$\rho(B)=2$ か否かの判定法を述べる．それは ${}^tB\boldsymbol{x}=2\boldsymbol{x}$ なる $\boldsymbol{x}>\boldsymbol{o}$ の存在，すなわち $\sum b_{ji}x_j=2x_i$ の正ベクトル解の存在に同値である．これは D 図形に移っていえば，各頂点 i に正の量 x_i を記入して，“各 i における x_i の2倍が，隣接頂点 j での量 x_j の b_{ji} 倍の総和 (j が隣接頂点を動くとき) に等しい”となるようにできるかということである．以下これを**正量記入法**と呼ぶ.

$B=(b_{ij})\in\mathfrak{L}_l{}^*$ なら，$b_{ij}\neq 0$ に対して，$X=\begin{bmatrix}0 & b_{ij}\\ b_{ji} & 0\end{bmatrix}$ は $\rho(X)\leqq\rho(B)<2$ を満たす．$\rho(X)=\sqrt{b_{ij}b_{ji}}$ 故，$1\leqq b_{ij}b_{ji}<4$. よって $b_{ij}\leqq b_{ji}$ とすると，次の三つの場合しか起らない:

(イ) $b_{ij}=1,\quad b_{ji}=1.$

(ロ) $b_{ij}=1,\quad b_{ji}=2.$

(ハ) $b_{ij}=1,\quad b_{ji}=3.$

これに応じ D 図形の対応部分をそれぞれ次のごとく書く.

(イ)　　(ロ)　　(ハ)

以下 $B\in\mathfrak{L}_l{}^*$ とする．$1\leqq i,j\leqq l$ に対する b_{ij} の最大値を m とする.

$m=3$ の場合　$l=2$ なら $B\in\mathfrak{L}_2{}^*$ の D 図形は 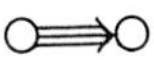 に限る．$\boldsymbol{R}^2$ の正規直交基底を作って $B=2A_\Phi$ なる Φ が作れる (問題2参照)．この Φ を (G_2) 型既約基本ルート系という．$l>2$ なら，B の分解不能性により，$B\supseteqq C$ が存在して，C の D 図形が

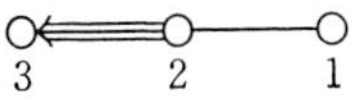

または

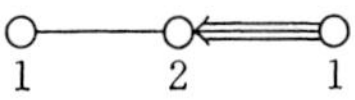

となる．しかし正量記入法(x_i を頂点の下に書いた)により，$\rho(C)=2$．$\therefore \rho(B)\geqq 2$．よってこの場合は終る．

$m=2$ の場合　B の D 図形が ○⟹○ を 2 箇所以上含めば，B の分解不能性より，$B\supseteq C$ が存在して，C の D 図形が

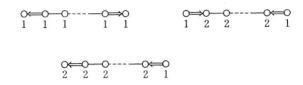

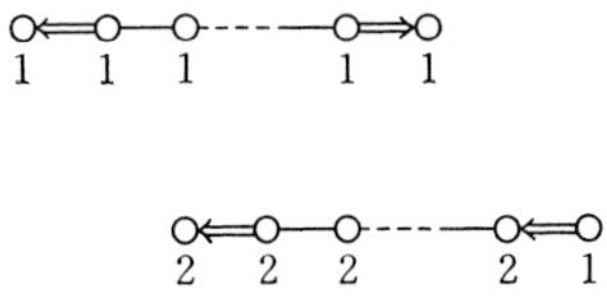

のいずれかとなるが，正量記入法(上に記入)により $\rho(C)=2$ で矛盾．よって ○⟹○ は 1 箇所である．他に分岐点があれば，$B\supseteq C$ が存在して，C の D 図形が

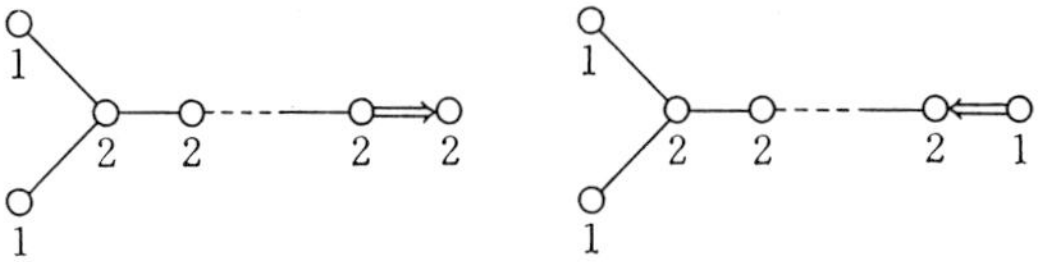

のいずれかとなるが，正量記入した C は $\rho(C)=2$ で矛盾．よって分岐点はなく，B の D 図形は長い線分状となる．○⟸○ がこの長い線分の内部にあったとする．正量記入法により

は $\rho(C_1)=\rho(C_2)=2$．よって B の D 図形は

(F_4) 型 

に限る．このとき，$B\Subset C_1$ より，確かに $\rho(B)<2$．$B=2A_\Phi$ なる Φ がとれる(問題 2)．Φ を (F_4) 型という．

○⟹○ が端に来れば，B の D 図形は

(B_l) 型 　　(C_l) 型 

となる．このときは上の分岐点のある C に対し $C \supset B$ となるから確かに $\rho(B)<2$ である．$B=2A_\Phi$ なる Φ も存在する(問題2)．それぞれ (B_l) 型，(C_l) 型という．

$m=1$ の場合 B の D 図形が閉回路を含めば，$B \supset C$ が存在して，C の D 図形が図 6.6 のようになる．正量記入法より $\rho(C)=2$ で矛盾．よって閉回路はない．分岐点の個数が $\geqq 2$ なら，ある $B \supset C$ の D 図形が図 6.7 となり，$\rho(C)=2$ で矛盾．よって分岐点の個数 ν は 1 か 0．$\nu=1$ とする．分岐点から 4 本以上枝が出るならば，ある $B \supset C$ の D 図形が図 6.8 となり，$\rho(C)=2$ で矛盾．よって枝数 $\leqq 3$ で，B の D 図形は図 6.9 のようになる．$p \leqq q \leqq r$ とする．$p \geqq 2$ なら $B \supset C$，$\rho(C)=2$ (図 6.10) で矛盾．∴ $p=1$．$q \geqq 3$ なら，$B \supset C$，$\rho(C)=2$ (図 6.

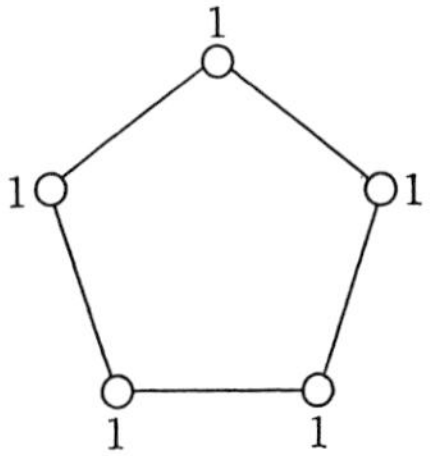

図 6.6

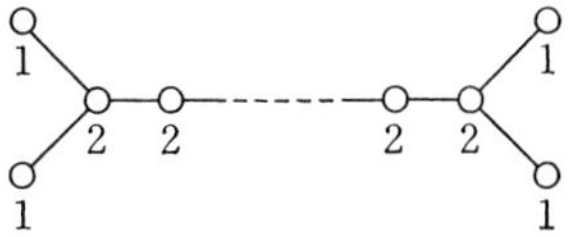

図 6.7

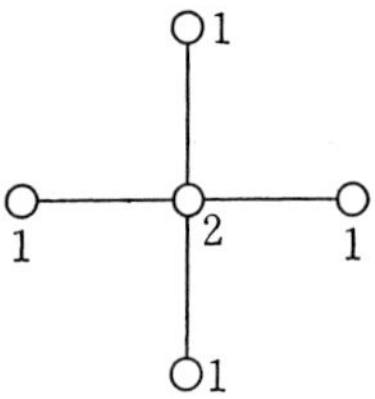

図 6.8

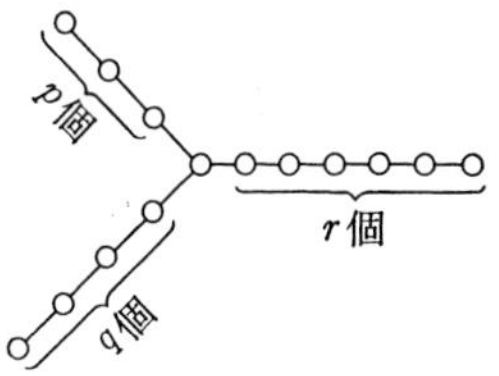

図 6.9

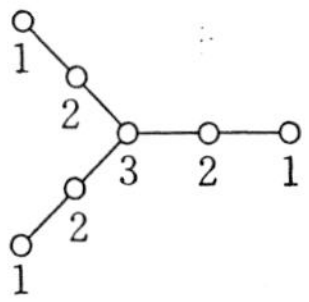

図 6.10

11) で矛盾．∴ $q=1$ か 2．$p=1$，$q=2$ とする．$r \geqq 5$ なら，$B \supseteq C_0$，$\rho(C_0)=2$ (図 6.12) で矛盾．∴ $r \leqq 4$．このときは，上の $C_0 \supseteq B$ だから，確かに $\rho(B)<2$ である．$B=2A_\Phi$ なる Φ がある (問題 2)．これらをそれぞれ (E_6) 型，(E_7) 型，(E_8) 型という (図 6.13)：

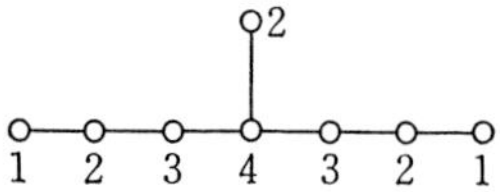

図 6.11

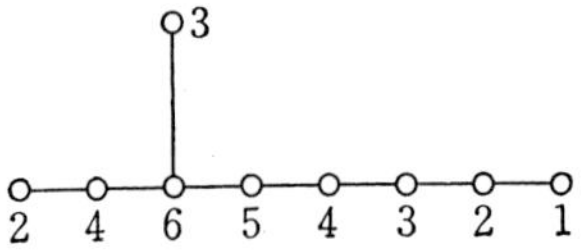

図 6.12

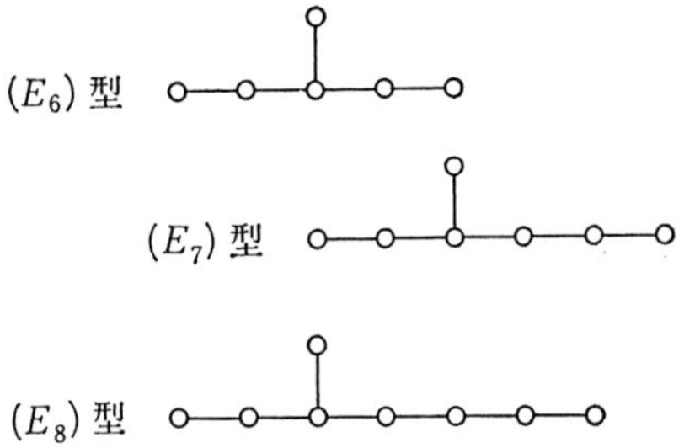

図 6.13

$p=1$，$q=1$ なら，B の D 図形は図 6.14 のようになる．よって図 6.7 の C が $C \supseteq B$ となるから確かに，$\rho(B)<2$．$B=2A_\Phi$ なる Φ がある (問題 2)．これを (D_l) 型という．最後に分枝点の個数 $\nu=0$ とすれば，B の D 図形は図 6.15 のようになる．すると閉回路型の C (図 6.6) が $C \supseteq B$ となるから，$\rho(B)<2$．$B=2A_\Phi$ なる Φ がある (問題 2)．これを (A_l) 型という．以上をまとめて次の定理を得る．

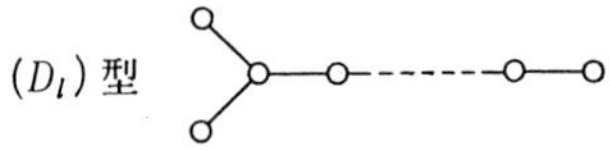

図 6.14

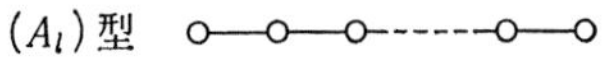

図 6.15

定理 6.14　既約基本ルート系 Φ は，相似性を除けば (A_l), (B_l), (C_l), (D_l), (E_6), (E_7), (E_8), (F_4), (G_2) で尽きる．

問　　題

1　次の3条件は同値であることを示せ.

(i)　A は分解可能である.

(ii)　基本単位ベクトル $e_1, \cdots, e_n$ のうちの r 個 $(1 \leqq r \leqq n-1)$ を適当にとれば，それら r 個の張る部分空間 U が $A(U) \subset U$ を満たす.

(iii)　置換行列 P を適当にとれば，PAP^{-1} は

$$PAP^{-1} = \begin{array}{c} \\ r\left\{\right. \\ n-r\left\{\right. \end{array}\!\!\begin{array}{cc} \overbrace{}^{r} & \overbrace{}^{n-r} \\ \multicolumn{2}{c}{\left(\begin{array}{c|c} * & 0 \\ \hline * & * \end{array}\right)} \end{array} \qquad (1 \leqq r \leqq n-1)$$

の形になる.

2　$\boldsymbol{R}^n$ の正規直交系を $\boldsymbol{e}_1, \cdots, \boldsymbol{e}_n$ とする．次の集合は既約な基本ルート系であることを示せ.

(i)　$\{\boldsymbol{e}_1-\boldsymbol{e}_2, \boldsymbol{e}_2-\boldsymbol{e}_3, \cdots, \boldsymbol{e}_{n-1}-\boldsymbol{e}_n\}$ ……(A_{n-1}) 型.

(ii)　$\{\boldsymbol{e}_1-\boldsymbol{e}_2, \boldsymbol{e}_2-\boldsymbol{e}_3, \cdots, \boldsymbol{e}_{n-1}-\boldsymbol{e}_n, \boldsymbol{e}_n\}$ ……(B_n) 型.

(iii)　$\{\boldsymbol{e}_1-\boldsymbol{e}_2, \boldsymbol{e}_2-\boldsymbol{e}_3, \cdots, \boldsymbol{e}_{n-1}-\boldsymbol{e}_n, 2\boldsymbol{e}_n\}$ ……(C_n) 型.

(iv)　$\{\boldsymbol{e}_1-\boldsymbol{e}_2, \boldsymbol{e}_2-\boldsymbol{e}_3, \cdots, \boldsymbol{e}_{n-1}-\boldsymbol{e}_n, \boldsymbol{e}_{n-1}+\boldsymbol{e}_n\}$ ……(D_n) 型.

(v)　$\{\boldsymbol{e}_1-\boldsymbol{e}_2, \boldsymbol{e}_2-\boldsymbol{e}_3, \cdots, \boldsymbol{e}_5-\boldsymbol{e}_6, \boldsymbol{e}\}$ ……(E_6) 型.

ただし　$\boldsymbol{e} = \dfrac{1}{6}\{(-3+\sqrt{3})(\boldsymbol{e}_1+\boldsymbol{e}_2+\boldsymbol{e}_3) + (3+\sqrt{3})(\boldsymbol{e}_4+\boldsymbol{e}_5+\boldsymbol{e}_6)\}$.

(vi)　$\{\boldsymbol{e}_1-\boldsymbol{e}_2, \boldsymbol{e}_2-\boldsymbol{e}_3, \cdots, \boldsymbol{e}_6-\boldsymbol{e}_7, \boldsymbol{e}\}$ ……(E_7) 型.

ただし　$\boldsymbol{e} = \dfrac{1}{7}\{(-4+\sqrt{2})(\boldsymbol{e}_1+\boldsymbol{e}_2+\boldsymbol{e}_3) + (3+\sqrt{2})(\boldsymbol{e}_4+\boldsymbol{e}_5+\boldsymbol{e}_6+\boldsymbol{e}_7)\}$.

(vii)　$\{\boldsymbol{e}_1-\boldsymbol{e}_2, \boldsymbol{e}_2-\boldsymbol{e}_3, \cdots, \boldsymbol{e}_7-\boldsymbol{e}_8, \boldsymbol{e}\}$ ……(E_8) 型.

ただし　$\boldsymbol{e} = \dfrac{1}{4}\{-3(\boldsymbol{e}_1+\boldsymbol{e}_2+\boldsymbol{e}_3) + (\boldsymbol{e}_4+\boldsymbol{e}_5+\boldsymbol{e}_6+\boldsymbol{e}_7+\boldsymbol{e}_8)\}$.

(viii)　$\{\boldsymbol{e}_1-\boldsymbol{e}_2, \boldsymbol{e}_2-\boldsymbol{e}_3, 2\boldsymbol{e}_3, \boldsymbol{e}_4-(\boldsymbol{e}_1+\boldsymbol{e}_2+\boldsymbol{e}_3)\}$ ……(F_4) 型.

(ix)　$\left\{\dfrac{1}{2}(\boldsymbol{e}_1-\sqrt{3}\,\boldsymbol{e}_2), \sqrt{3}\,\boldsymbol{e}_2\right\}$ ……(G_2) 型.

3　問題2の既約基本ルート系 Φ の定める F 行列 A_Φ の Frobenius 根をそれぞれ求めよ.

4　$A=(a_{ij}) \in K(n,n)$，K: 順序体，において，$a_{ij} \leqq 0$ ($i \neq j$ に対して) とする．このとき次の条件は互いに同値であることを示せ.

(i)　A^{-1} が存在し，$A^{-1} \geqq 0$.

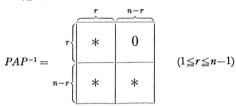

(ii) ある $\boldsymbol{a} \in K^n$, $\boldsymbol{a} > \boldsymbol{o}$ に対し，$A\boldsymbol{x} = \boldsymbol{a}$, $\boldsymbol{x} \geqq \boldsymbol{o}$, なる $\boldsymbol{x} \in K^n$ がある.

(iii) どんな $\boldsymbol{a} \in K^n$, $\boldsymbol{a} \geqq \boldsymbol{o}$ に対しても，$A\boldsymbol{x} = \boldsymbol{a}$, $\boldsymbol{x} \geqq \boldsymbol{o}$ なる $\boldsymbol{x} \in K^n$ がある.

(iv) $a_{11} > 0, \quad \begin{vmatrix} a_{11} & a_{12} \\ a_{21} & a_{22} \end{vmatrix} > 0, \quad \cdots, \quad \begin{vmatrix} a_{11} & \cdots & a_{1n} \\ \vdots & & \vdots \\ a_{n1} & \cdots & a_{nn} \end{vmatrix} > 0.$

5 n 次 F 行列 $A = (a_{ij})$ の行和 $a_{i1} + \cdots + a_{in}$ がいずれも $\leqq \alpha$ ならば固有値半径 $\rho(A)$ は $\rho(A) \leqq \alpha$ となることを示せ.

6 交換可能な F 行列 A, B に対し，$A\boldsymbol{x} = \rho(A)\boldsymbol{x}$, $B\boldsymbol{x} = \rho(B)\boldsymbol{x}$ なる $\boldsymbol{x} > \boldsymbol{o}$ があることを示せ.

7 D 図形がそれぞれ下のような整数成分の F 行列を A, B とする:

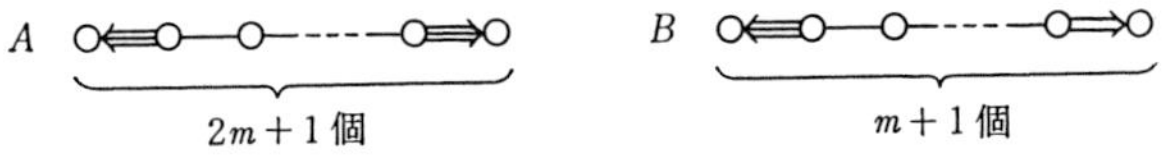

このとき，$\rho(A) = \rho(B)$ を証明せよ.

[ヒント] A を中央で二つ折りにして正量記入法 ($\rho(A)$ に関し) を使え.

8 周期 1 (プリミティブ) な F 行列 A の適当なべキ A^k は >0 となることを示せ. 逆はどうか.

9 F 行列 A に対し，$P = \rho(A)^{-1}A$ とおけば，$\lim_{k \to \infty} (I + P + P^2 + \cdots + P^k)/k$ はつねに存在することを示せ.

10 次の行列 P に対して，$\lim P^k$ を求めよ.

$$
\text{(i)}\quad P = \begin{bmatrix} \frac{1}{3} & \frac{1}{3} & \frac{1}{3} & 0 & 0 \\ 0 & \frac{1}{3} & \frac{1}{3} & \frac{1}{3} & 0 \\ 0 & 0 & \frac{1}{3} & \frac{1}{3} & \frac{1}{3} \\ \frac{1}{3} & 0 & 0 & \frac{1}{3} & \frac{1}{3} \\ \frac{1}{3} & \frac{1}{3} & 0 & 0 & \frac{1}{3} \end{bmatrix}, \qquad \text{(ii)}\quad P = \begin{bmatrix} \frac{1}{4} & \frac{1}{4} & \frac{1}{4} & 0 & \frac{1}{4} \\ \frac{1}{4} & \frac{1}{4} & \frac{1}{4} & \frac{1}{4} & 0 \\ 0 & \frac{1}{4} & \frac{1}{4} & \frac{1}{4} & \frac{1}{4} \\ \frac{1}{4} & 0 & \frac{1}{4} & \frac{1}{4} & \frac{1}{4} \\ \frac{1}{4} & \frac{1}{4} & 0 & \frac{1}{4} & \frac{1}{4} \end{bmatrix}.
$$

11 次の F 行列の周期を求めよ.

(i) $A=\begin{bmatrix} 0&1&0&0&0&0&0&0&0 \\ 0&0&0&1&0&0&0&0&0 \\ 1&0&0&0&0&0&0&0&0 \\ 0&0&1&0&0&0&0&0&1 \\ 0&0&0&1&0&0&0&0&0 \\ 0&0&0&0&1&0&0&0&0 \\ 0&0&0&0&0&1&0&0&0 \\ 0&0&0&0&0&0&1&0&0 \\ 0&0&0&0&0&0&0&1&0 \end{bmatrix}$, (ii) $B=\begin{bmatrix} 0&1&0&0&0&0&0&0 \\ 0&0&1&0&0&0&0&0 \\ 0&0&0&1&1&0&0&0 \\ 1&0&0&0&0&0&0&0 \\ 0&0&0&0&0&1&0&0 \\ 0&0&0&0&0&0&1&0 \\ 0&0&0&0&0&0&0&1 \\ 0&0&1&0&0&0&0&0 \end{bmatrix}$.

12　問題 11 の行列 B に対し，$B^k>0$ となる自然数 k を求めよ．

あとがき

本講座で線型代数の各分野のテーマが企画されたとき，線型不等式の話も必要だろう——という点は皆が同意して，この項目がとりあげられたのであるが，仲間の誰もが別の話題を書く方を好み，この項目のひきうけ手が中々みつからない．筆者はこの分野は全くの素人であるが，やむを得ず俄か勉強でひきうけることになった．線型計画法の本は，専門書も入門書も無数といってよいくらい出ていて，さらに一書を加えるのは(それも素人の本を)ためらわれたが，講座の一端としてやむを得ないことでもあった．さて俄か勉強のかたわら，東大理学部でこの項目のことを講義したが，運よく数学科の学生諸氏から多くの注意をして頂き，この分野に強い興味を持つようになった次第である．

本書を書くにあたって留意した点は，(i) 線型代数の一分野である以上，基礎の体を実数体に限ることなく，任意の順序体にした．それにより線型代数の特徴の一つである体の拡大・縮小に対して理論展開ができる形式になる．たとえばLP の摂動法に登場する“とても小さい量”とか罰金法に登場する“とても大きな量”などは，そのままでは一寸気持が悪いものだが，本書のようにやればキチンと，かつスムースに扱えるように思う．順序体の拡大(無限大変数と無限小変数の導入：第1章)によってそれが可能となるのである．(もっとも，摂動法は第3章で詳しく述べたが，罰金法は章末問題で触れるにとどめた.) (ii) 連立線型不等式論の基本事項を，線型計画法の前に持って来て，LP の手法の原理が明らかとなるようにした．例えば有界凸多面体 D の端点集合 E は有限で，D は E の凸包になる——とか，一般の凸多面体は，(有限個の点の凸包)＋(有限錐：無限方向と呼ばれる)の形である——とかを順序体上で代数的に確立してから線型計画法へ進んでいる．(参考書 [2] は逆向きに話を進めていて印象的である.) (iii) 定式化はややウルサイ位に数学者好みの所がある．例えば第5章のネットワークの流れの“ラベリングの定義”を見られたい．筆者はその方が結局わかり易いのではないかと思っている．(iv) 組合せ理論(combinatorial theory)的な諸事実と LP の双対定理の関係の説明，例えば結婚定理をその見方から導くことなど，にかなりの頁数を割いた(第5章)．参考書 [4] の第2章や [8] がとても面白かったからである．我が国では双対定理のこの面が LP の本ではあまり扱われないのが残念だったのも，このような書き方になった一因である．

構成はほぼ参考書 [3] の形だが，改訂単体法，感度解析，分割原理，整数計画法などの事項を思い切って省略した．入門書では避けてもよいと思ったのである．第6章の非負行列の Perron-Frobenius の理論は，LP とは関係なさそうだが，線型不等式論としては省き得ない．

ともかく，素人の拙速作なので，専門家各位の眼からは不十分な所ばかりであろうと思われる．機会を得て各位の御叱正を仰ぎたい．

参 考 書

[1] 森口繁一: 線型計画法入門, 日科技連, 1957.

[2] 伊理正夫: 線型計画法, 白日社, 1972.

[3] G. B. Dantzig: Linear Programming and Extensions, Princeton University Press, 1963.

[4] L. D. Ford-D. R. Fulkerson: Flows in Networks, Princeton University Press, 1962.

[5] 二階堂副包: 経済のための線型数学, 培風館, 1961.

[6] 古屋茂: 行列と行列式, 培風館, 1957.

[7] 彌永昌吉: 幾何学序説, 岩波書店, 1968.

[8] H. W. Kuhn-A. W. Tucker 編: Linear Inequalities and Related Systems, Annals of Math. Studies, Princeton University Press, 1956.

[9] 伊理正夫: オペレーションズ・リサーチ, 1977年2月号, pp. 110-113. "辞書的順序"や"摂動"は線型計画法の教科書から姿を消すことになるでありましょう.

[1]はわかり易い初等的な入門書としても，また応用面の豊富な実例からも定評のある良著，[2]は極めて個性的でLPの真相に触れる感を至る所で与える名著，[3]は詳しい専門書でほとんど全分野をカバーしている．それにDantzigはLPの生みの親で，気分的に行きとどいている．[4]はネットワークの流れの問題を全くの入門から応用まで流麗の筆で説き，一気に読了させる見事な本である．[5]は双対定理やFrobeniusの非負行列論の入門として好適である．経済学への応用も，悠々たる説明のうまさも，初心者には有難い本である．[6]もコンパクトな厚さの中に極めて豊富な内容を含んだ定評ある名著．Frobeniusの非負行列論の構成は美しい．[7]は本書第2章の凸多面体論の詳しいことを学びたい方のために挙げた．[7]の第3章，特に第5節を見られたい．美しい構成をもった本格的な幾何学書である．[8]は，本書のタネ本である．(この他にも[4], [6]からも借用してあるが.) 線型不等式論とLPについて，多くの面の解説が当時の新発見の情熱と共に生き生きと展開する．この分野に興味ある方は一度是非眼を通されるとよい．

最後に本書の各章と参考書の対応を示しておく．

第1章＝特になし．第2章＝[5], [8]．第3章＝[1], [2], [3]．第4章＝[1], [2], [3], [8]．第5章＝[3], [4], [8]．第6章＝[5], [6]．

■岩波オンデマンドブックス■

岩波講座 基礎数学
線型代数 vii
線型不等式とその応用――線型計画法と行列ゲーム

1977年1月27日 第1刷発行
1987年4月6日 第3刷発行
2019年7月10日 オンデマンド版発行

著 者 岩堀長慶（いわほりながよし）

発行者 岡本 厚

発行所 株式会社 岩波書店
〒101-8002 東京都千代田区一ツ橋2-5-5
電話案内 03-5210-4000
https://www.iwanami.co.jp/

印刷／製本・法令印刷

ISBN 978-4-00-730905-2 Printed in Japan